駿台受験シリーズ

短期攻略

大学入学 共通テスト

地学基礎

小野雄一　著

駿台文庫
SUNDAIBUNKO

はじめに

「地学」は，人間の生活の舞台である地球や，それを取り巻く宇宙について，空間的，時間的に理解を深めていく科目です。すなわち，自分の立っている足元の地面から，地形，岩石，雨，風，海，天球，暦，星など，身の回りの生活の基盤が，地学の対象といえます。中には，火山，地震，豪雨，豪雪など，自然災害や防災，減災に深くかかわる内容もあり，また，人類による環境の変化も学びます。たいへん身近であって，興味深く面白い内容ながら，地球人として生きていくため考える材料が盛りだくさん並んでいると言えるでしょう。

地学の学習では，視野を広げ，想像力をはたらかせながら，1つ1つの事象を具体的に学んでいく必要があります。試験対策のための学習だとしても，ただ用語の暗記に走るような学習では，地学の奥深さ，興味深さを感じられず，学習が効率よく進みません。結果的に，高得点は望めない悲惨な学習になってしまいます。ですから，試験対策のための学習だとしても，文字だけを追う学習に陥らないように，つねに図表や写真を参照しながら，生き生きと大らかに学習していくことが大切です。

共通テストの「地学基礎」では，広範囲から重要な事項が出題されます。どの分野の問題でも，図表が数多く使われ，その読み取りと把握，および，筋道立てた思考力が問われます。計算問題はさほど多くはありませんが，文選択，図選択が多く出題されますから，用語だけを暗記したのでは高得点は取れません。

本書は，共通テストの「地学基礎」の対策として，前身のセンター試験で過去に出題された問題に，オリジナルの問題を加えて編集したものです。過去の問題は，旧科目も含めた大量の試験問題の中から良問を抜粋しています。章立ては，教科書によって分け方が異なりますが，本書では便宜的に5章に分けています。ただ，相互に関連のある内容も多く，あまり章の区分を意識しすぎる必要はないでしょう。また，教科書にある災害や防災，環境に関わる内容は，本書ではそれぞれ関連する章にまとめて入れています。さらに，一部の問題には「地学基礎」の理解を深めるための発展的な内容も含んでいます。

解説は，簡潔さよりも詳しさを意図して，やや分厚く書かれています。単に答えの出し方だけではなく，基本事項の考え方，関連する要点なども加えてあります。文選択の問題では，正解の選択肢だけでなく，不正解の選択肢についても紙面の許すかぎり説明を加えました。正しく解けた設問でも，ぜひ解説に目を通してみるとよいでしょう。

全体で63問。1日3問ずつなら3週間で終わりますが，自分なりのプランを立てて進めていきましょう。本書を使って，諸君が地学の面白さを実感するとともに，共通テスト本番で高得点を取ることを期待します。

小野　雄一

目　次

天　文

・問題の★は
　★　…比較的易しい問題
　★★　…標準的な問題
　★★★…やや難しい問題
をそれぞれ表します。
・各問題の出典は，解答・解説編に記載してあります。

短期攻略

大学入学 共通テスト

地学基礎

第１章　固体地球

第２章　鉱物・岩石

第３章　地質・地史

第４章　大気・海洋

第５章　天文

第1章　固体地球

★★1　＜地球の形と大きさ＞

A

地球は丸い。ギリシャ時代にはすでに一部の人々はそれを理解していた。地球の大きさの見積もりも，紀元前3世紀にはエラトステネスがエジプトで行っている。

彼は，ナイル河口のアレクサンドリアで夏至の日の太陽の南中高度を測定して，太陽が天頂より7.2°南に傾いて南中することを知った（図）。また，アレクサンドリアから南へナイル川を5000スタジア*さかのぼったところにあるシエネ（現在のアスワン）では，夏至の日に太陽が真上を通り，正午には深い井戸の底まで日が射すことが当時広く知られていた。これらの事実から，彼は地球一周の長さを［ア］スタジアであると計算した。これは，現在の測定値と15％ほどしか違わない良い値であった。

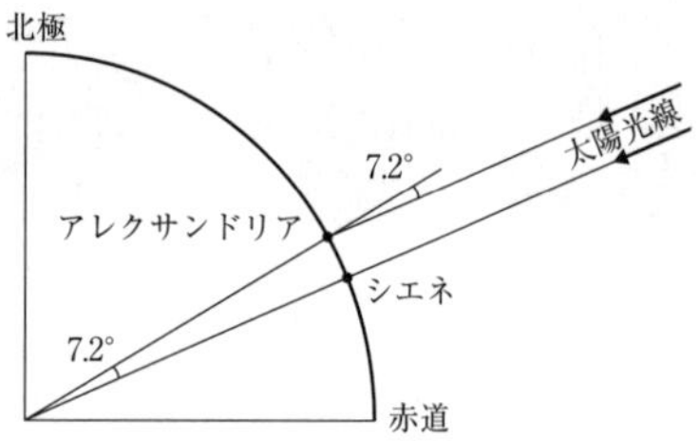

地球の形が球からずれていることは18世紀に明らかになった。フランス学士院は赤道付近と高緯度地方に測量隊を派遣し，地球は極半径より赤道半径の方が［イ］ことを見いだした。これは，［ウ］によるものである。

＊スタジアはエラトステネスの時代の距離の単位

問1　文章中の空欄［ア］に入れる数値として最も適当なものを，次の①～④のうちから一つ選べ。

①　22000　　②　25000　　③　40000　　④　250000

問2　一周4m（直径約1.3m）の地球儀を考える。この縮尺では世界で最も高いエベレスト山（チョモランマ山）の高さ（8848m）はどれくらいになるか。最も適当なものを，次の①～④のうちから一つ選べ。ただし，地球一周は約40000kmである。

①　0.9mm　　②　9mm　　③　90mm　　④　900mm

問3　文章中の空欄［イ］・［ウ］に入れる語句の組合せとして最も適当なものを，次の①～④のうちから一つ選べ。

	イ	ウ
①	短い	地球の自転による遠心力
②	短い	月による潮汐力
③	長い	地球の自転による遠心力
④	長い	月による潮汐力

B

地球の形は平均海水面とその陸地への延長面で表され，これをジオイドと呼ぶ。その形は回転楕円体でよく近似できるが，詳しく見ると非常に複雑であって，簡単な数式で表すことができない。ジオイドに最も近い楕円体を地球楕円体と呼び，赤道半径 a は 6378.137 km，偏平率（偏平度）f は 1/298.257 という値が国際的に採用されている。この場合，地表面上における子午線の 1° あたりの長さ（子午線弧長）を南北両極付近と赤道付近とで比べると，［エ］。歴史的には，この子午線弧長を低緯度のペルーおよび高緯度のラップランド地方（スカンジナビア半島）で精密に測定することによって，自転している地球の形は赤道方向にふくらんだ楕円体に近いことが明らかにされたのである。

問4　文章中の空欄［エ］に入れる文として最も適当なものを，次の ①～③ のうちから一つ選べ。

① 南北両極付近の方が赤道付近より長い
② 南北両極付近の方が赤道付近より短い
③ 南北両極付近と赤道付近では等しい

問5　楕円体の偏平率が 1/300 程度では，極めて球に近い。いま楕円体の特徴を図示するために，偏平率 0.25 の楕円を使うことにすると，短半径は長半径の何倍となるか。最も適当な数値を，次の ①～⑤ のうちから一つ選べ。

① $\frac{4}{5}$　② $\frac{3}{4}$　③ $\frac{3}{5}$　④ $\frac{1}{2}$　⑤ $\frac{1}{3}$

問6　文章中の下線部について，地球が回転楕円体に近い形をしている原因として最も適当なものを，次の ①～⑤ のうちから一つ選べ。

① 赤道付近には，南北両極付近に比べて，月や太陽の引力が大きく作用しているから。
② 地球は自転しており，赤道付近には，南北両極付近に比べて，大きい遠心力がはたらいているから。
③ 高気圧や低気圧などが存在することから分かるように，大気圧は地球表面上どこでも同じではないから。
④ 現実の海面は，風や海流あるいは潮流などの影響により，静止した状態の海面の位置と異なっているから。
⑤ 地球の表面には山脈や海溝のような地形の凹凸があり，また，地球の内部には場所により密度のちがいがあるから。

★2 ＜大陸地殻と海洋地殻＞

地球の表面は，大陸地域と海洋地域とに大きく分けられる。両地域では，単に海水に覆われているかどうかの違いがあるばかりではなく，それらの内部にも，状態やそこに生ずる現象の違いが見られる。たとえば，地殻の厚さや構造，地殻を構成する岩石の年齢，地震の発生状況などがそれである。

問1　大陸地殻および海洋地殻の平均的な厚さの組合せとして正しいものを，次の ①～⑥ のうちから一つ選べ。

	大陸地殻	海洋地殻
①	約 10 km	約 40 km
②	約 10 km	約 100 km
③	約 40 km	約 10 km
④	約 40 km	約 100 km
⑤	約 100 km	約 10 km
⑥	約 100 km	約 40 km

問2　地殻について述べた文として最も適当なものを，次の ①～④ のうちから一つ選べ。

① アフリカの大地溝帯と大西洋中央海嶺の形状はよく似ているが，それらの成因は異なる。

② 大陸地域の地殻構造は，海洋地域のそれに比べて，大規模な褶曲構造などが発達していて，複雑である。

③ 大西洋中央海嶺とアルプスやヒマラヤなど大陸の山脈とは，同じ機構の造山運動によって形成された。

④ 大陸地殻はおもに玄武岩で構成されているが，海洋地殻は玄武岩の上に花こう岩がのっている。

問3　地殻を構成する最古の岩石について述べた文として最も適当なものを，次の ①～④ のうちから一つ選べ。

① 大陸地殻を構成する最古の岩石は，盾状地に存在し，その年齢は約 40 億年である。

② 海洋地殻を構成する最古の岩石は，海嶺地域に存在し，その年齢は約 5 億年である。

③ 大陸地殻を構成する最古の岩石は，高山地帯に存在し，その年齢は約 5 億年である。

④ 海洋地殻を構成する最古の岩石は，海溝地域に存在し，その年齢は約 40 億年である。

問4　地震活動について述べた文として**誤っているもの**を，次の①～④のうちから一つ選べ。

① 100 km よりも浅い地震の震央は，島弧・海溝と海嶺に沿って帯状に連なって分布するが，大陸地域ではある広がりをもって分布する。

② 100 km よりも浅い地震の震央は，大陸・海洋の両地域とも，おもに平坦な地形の地域よりも起伏の大きい地形の地域に多く分布する。

③ 100 km よりも深い地震は，おもに島弧・海溝と海嶺に沿って発生し，大陸地域では発生しない。

④ 大陸地域，海洋地域を問わず，700 km よりも深いところで発生した地震は，観測されていない。

★3 ＜プレートテクトニクス＞

図は，ある地域におけるプレートの生成・移動・沈み込みを模式的に示したものである。［ア］ではアセノスフェアが上昇し，冷えてリソスフェアとなり海洋プレートが生まれる。その後，海洋プレートは数千 km もの距離を移動し，海溝から大陸プレート下のマントル中に 5 cm/ 年の速度で沈み込んでいる。

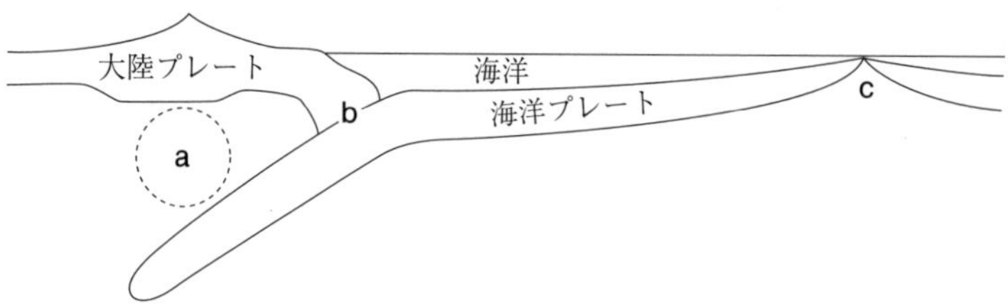

ある地域におけるプレート構造の模式断面図

問 1　文章中の空欄［ア］に入れる語として最も適当なものを，次の ①〜④ のうちから一つ選べ。

① 和達－ベニオフ面
② 巨大地震震源域
③ ホットスポット
④ 中央海嶺

問 2　図中の a と c の場所に共通して見られる地学現象として最も適当なものを，次の ①〜④ のうちから一つ選べ。

① 深発地震
② マグマの生成
③ 造山運動
④ プレート間の横ずれ断層運動

問 3　図中の，海洋プレートが大陸下に沈み込んだ部分の長さは 1000 km であった。沈み込みの向きと速度が変わらなかったとすると，この海洋プレートの先端部分が沈み込みを開始したのはいつと考えられるか。最も適当な数値を，次の ①〜④ のうちから一つ選べ。

① 2 万年前　② 20 万年前　③ 200 万年前　④ 2000 万年前

問４　図中の**b**の場所で起こる地震の説明として**誤っているもの**を，次の ① ～ ④ のうちから一つ選べ。

① 海洋プレートにひきずり込まれた大陸プレートの先端部が，地震時に跳ね返る。

② 大陸プレートと海洋プレートが水平にくい違う横ずれ断層型地震となる。

③ **b**の上で地震時に急激な地殻変動が生じ，津波が発生することがある。

④ 百年に一度程度の頻度で繰り返す巨大地震となる場合がある。

問５　リソスフェアの下にアセノスフェアが存在するために起こる現象として最も適当なものを，次の ① ～ ④ のうちから一つ選べ。

① 地球の重力は，極の方が赤道よりも大きな値を示す。

② 震央から遠いところでＳ波の届かない地域がある。

③ プレートが数 cm/年の速度で動くことができる。

④ 地球に磁場が存在している。

問６　平均的な厚さのリソスフェアが地球の断面に対して占める割合を示した図として最も適当なものを，次の ① ～ ④ のうちから一つ選べ。ただし，黒く塗った部分をリソスフェアとする。

①

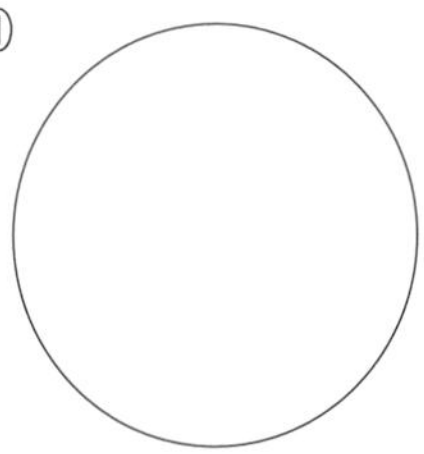

②

③

④

★★4 ＜プレートの運動＞

地球の表面は十数枚のプレートで覆われている。プレートの境界は，2枚のプレートが「離れる」,「近づく」,「すれ違う」の3種類に分けられる。これらの境界では，地球環境の変化の一因となる多様な現象を見ることができる。

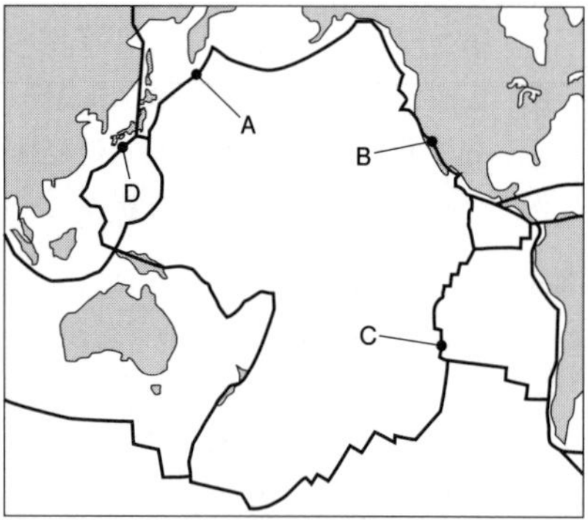

図1　太平洋周辺のプレート境界

問1　図1は太平洋周辺のプレート境界と境界上の地点A～Dを表している。2枚のプレートが離れる境界にある地点として最も適当なものを，下の①～④のうちから一つ選べ。

①　A　　②　B　　③　C　　④　D

問2　2枚のプレートが近づく境界では，一方のプレートが他方のプレートの下に沈み込む場合がある。そのような地帯を沈み込み帯と呼んでいる。沈み込み帯について述べた文として**適当でないもの**を，次の①～⑤のうちから一つ選べ。

①　海溝やトラフと呼ばれる溝状の地形が発達する。
②　巨大地震などの地震活動が活発である。
③　島弧の下ではマグマが発生する。
④　海溝と火山前線（火山フロント）の間に活火山が分布する。
⑤　圧縮の力を受けて生じる活断層が発達する。

問3　図2は海嶺で生まれるプレートのようすを表している。海嶺で生まれたプレートは，ほぼ同じ速さで両側に移動する。図中のa～dのどこの部分がすれ違う区間となるか。最も適当なものを，下の①～⑥のうちから一つ選べ。

①　aからbまでの区間
②　bからcまでの区間
③　cからdまでの区間
④　aからcまでの区間
⑤　bからdまでの区間
⑥　aからdまでの区間

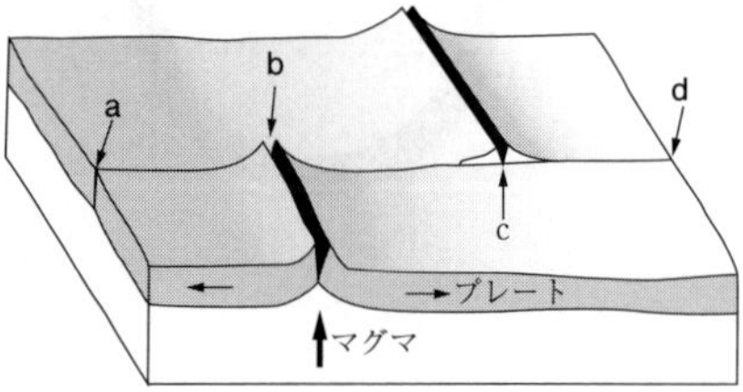

図2　海嶺で生まれるプレート

問4　南アメリカ大陸とアフリカ大陸は，中生代の終わりごろ図3のようにつながっていた。その後分裂して，図4のように大西洋ができた。かつての **X** 地点は，現在 **X′** 地点と **X″** 地点に分かれ，約 6000 km 離れている。約 8000 万年前にこの分裂が始まったとすると，それぞれのプレートは，海嶺から平均して年間何 cm の速さで移動したと考えられるか。最も適当な数値を，下の ① ～ ⑤ のうちから一つ選べ。

① 3.8 cm

② 7.5 cm

③ 15 cm

④ 38 cm

⑤ 75 cm

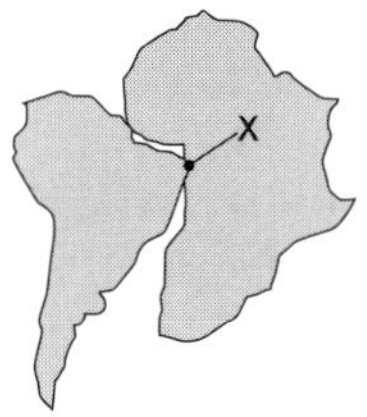

図3　中生代の終わりごろの大陸の位置関係

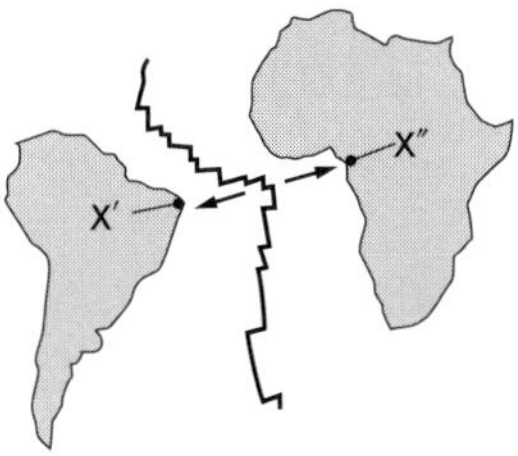

図4　現在の大陸の位置関係（太線は海嶺を示す）

★★5 ＜プレートの境界＞

A

中央海嶺は，海底に長く連なる火山の列である。中央海嶺の下では，マントルを構成する物質が上昇してきて，[ア]ことにより，その一部がとけて，玄武岩質マグマが発生する。玄武岩質マグマは流紋岩質マグマに比べて粘性が[イ]。

問1　文章中の空欄[ア]・[イ]に入れる語句の組合せとして最も適当なものを，次の①～④のうちから一つ選べ。

	ア	イ
①	温度が上がる	低い
②	温度が上がる	高い
③	圧力が下がる	低い
④	圧力が下がる	高い

問2　中央海嶺について述べた文として最も適当なものを，次の①～④のうちから一つ選べ。

① 中央海嶺では大陸地殻がつくられている。
② 中央海嶺の海底では枕状溶岩が見られる。
③ 中央海嶺付近のトランスフォーム断層は正断層である。
④ リソスフェアは，中央海嶺から離れるにつれて薄くなる。

B

図は，中央海嶺で生み出されたプレートA・Bが中央海嶺に直交する向きに移動する様子を矢印で示した模式図である。中央海嶺のC部分とD部分との間にこれらと直交するトランスフォーム断層が存在し，ここではプレートAとプレートBが互いにすれ違うように動いている。プレートB上には，マントル深部に固定された同一のホットスポットを起源とするマグマによって火山島E・Fがつくられている。火山島Eでは火山が活動中である。また，火山島Fは，島から採取された岩石の年代測定によって，200万年前に形成されたことがわかっている。

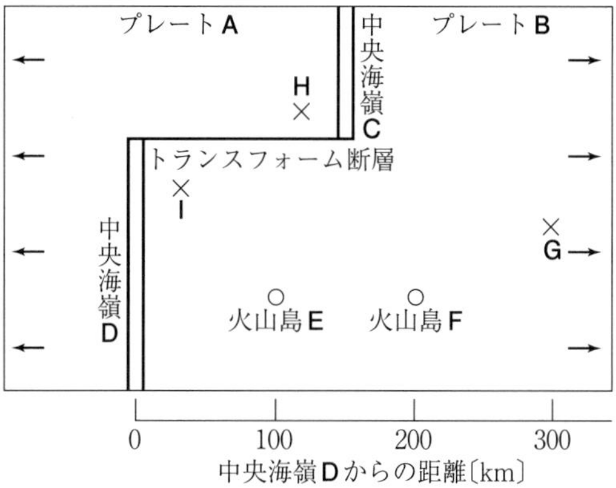

中央海嶺で生み出されたプレートA・Bの様子
矢印はプレートの移動する向きを示す。

問3　図のG点で深海掘削を行い，過去に中央海嶺のD部分で生み出された海洋底の岩石を採取することができた。この岩石の年代測定を行った場合に予想される年代値として最も適当な数値を，次の①～④のうちから一つ選べ。ただし，プレートの移動速度は一定であるとし，中央海嶺はホットスポットに対して移動しないものとする。

①　200万年前　　②　300万年前　　③　400万年前　　④　600万年前

問4　図のトランスフォーム断層を挟んだH点とI点の間の距離は今後時間とともにどのような変化をすると予想されるか。最も適当なものを，次の①～⑤のうちから一つ選べ。ただし，H点とI点はプレート上に固定されており，プレートは一定速度で移動し続けるものとする。

①　変化しない。
②　増加し続ける。
③　減少し続ける。
④　増加した後に減少する。
⑤　減少した後に増加する。

★★6 ＜ホットスポット＞

北太平洋では，図1に示すように，ハワイ諸島からアリューシャン列島付近まで海山および火山島が列をつくって並んでいる。これらは，マントルに固定された点状の熱源（ホットスポット）の上を太平洋プレートが動いていくことによってつくられたと考えられている。

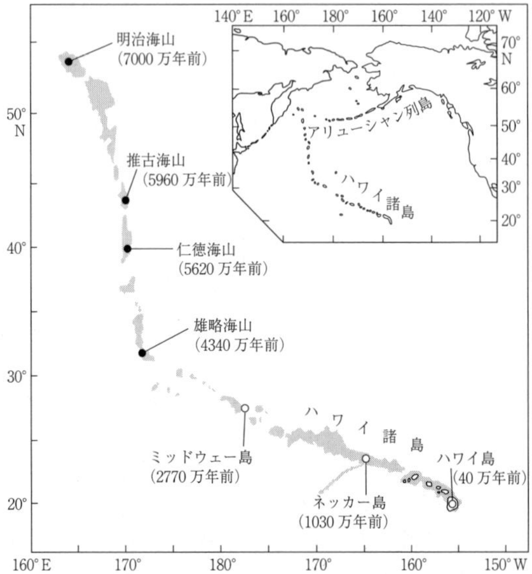

図1

図中の網かけの部分は水深2000 mより浅い海域で，白抜きの丸は主な火山島を、黒丸は主な海山の位置を示す。また（　）内の数字はそれらの形成年代を表す。

問1　縦軸に海山および火山島の形成年代を，横軸に基点の火山島（ハワイ島）からの海山列に沿った距離をとり，図2のようなグラフを作成した。グラフから読み取れるこの7000万年間の太平洋プレートの動きとして最も適当なものを，下の①～④のうちから一つ選べ。

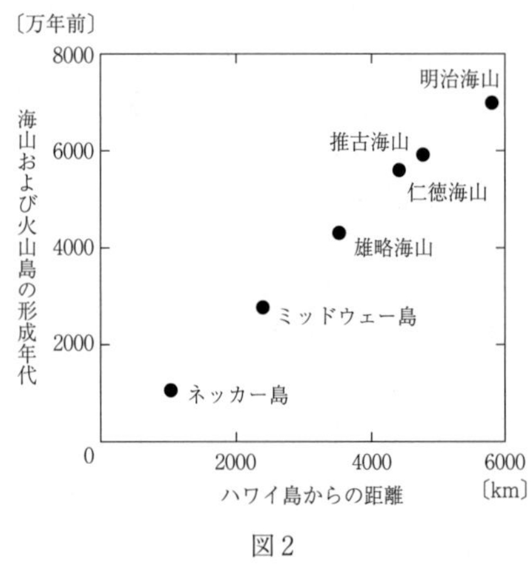

図2

① 太平洋プレートは，およそ一定の速度で移動している。

② 太平洋プレートの移動速度は，増加し続けている。

③ 太平洋プレートは，2000万年以上静止していた時期がある。

④ 太平洋プレートの移動速度は，減少し続けている。

問2　図2からもとめた，明治海山の1年あたりの平均移動距離はおよそいくらになるか。最も適当なものを，次の①～⑤のうちから一つ選べ。

①　1.3 cm　　②　8 cm　　③　13 cm

④　80 cm　　⑤　1.3 m

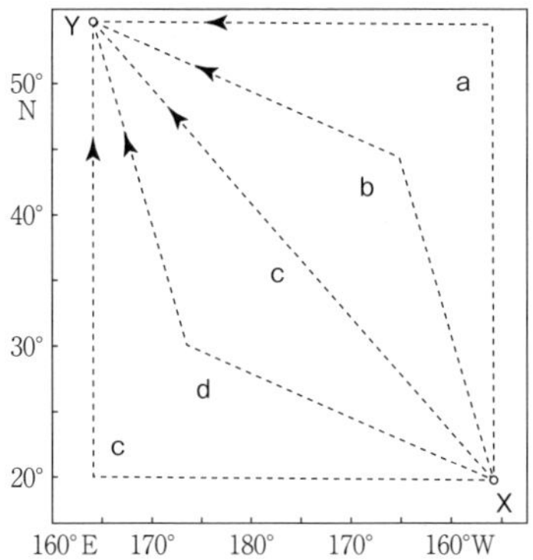

図3
緯度と経度は現在のものを示す。

問3　図1において，北緯30度付近で海山および火山島の列の向きが変化していることを手がかりにすると，明治海山は，ハワイ島付近のホットスポット（図3中の**X**）でつくられてから現在の位置(図3中の**Y**）まで，およそどのような経路をたどって移動してきたと考えられるか。最も適当なものを，下の①～⑤のうちから一つ選べ。

①　a　　②　b　　③　c　　④　d　　⑤　e

問4　海山や火山島およびその周囲の堆積物は，太平洋プレートの運動により日本列島付近に達して隆起し，やがて地表に露出する。この中の石灰岩が低緯度地域の大洋で形成されたものであると判断できる次の条件**ア**～**エ**の組合せとして最も適当なものを，下の①～④のうちから一つ選べ。

ア　マツなどの針葉樹の花粉の化石を含むこと

イ　サンゴ礁をつくるサンゴの化石を含むこと

ウ　陸から供給された砂や泥などの砕屑物を多く含むこと

エ　陸から供給された砂や泥などの砕屑物をほとんど含まないこと

①　**ア**・**ウ**　　②　**ア**・**エ**　　③　**イ**・**ウ**　　④　**イ**・**エ**

★★7 ＜地震波と震源距離＞

A

浅い地震の場合，震度は震央距離とともに一定の傾向で小さくなることが統計的に認められる。これを震度の距離減衰と呼ぶ。次の図1は震度の距離減衰曲線をマグニチュード別に簡略化して描いたものである。

地震計による観測が行われなかった時代の地震でも，そのゆれの強さを物語る文献の記事などから，次の図2のような震度分布図を作れば，これをもとにしてマグニチュードを推定することができる。古い時代の大地震のマグニチュードはこのようにして決められている。

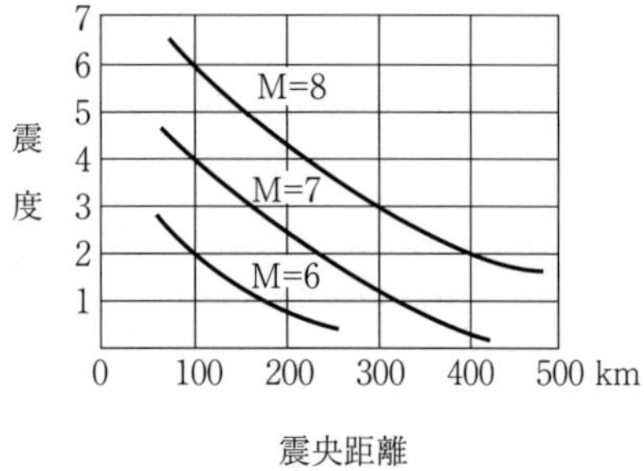

図1　震度の距離減衰曲線
図中のMはマグニチュードを表す。

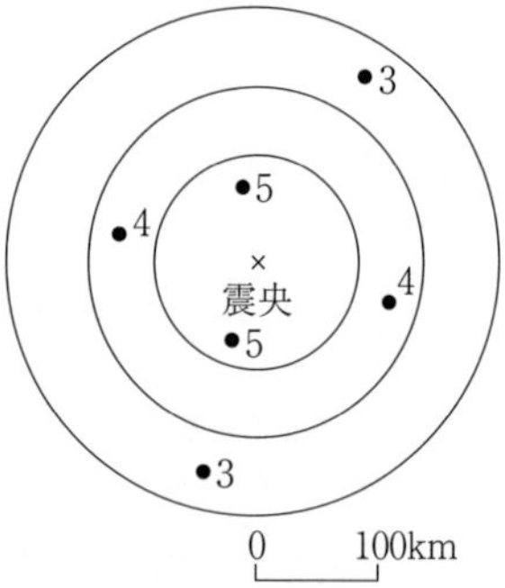

図2　震度分布図
図中の数字は震度を表し，円は震度の境界を表している。（震度5は強弱に細分していない。）

問1　震度について述べた文として最も適当なものを，次の①～④のうちから一つ選べ。

① 震度は地震のエネルギーを表すのに対し，マグニチュードはゆれの大きさを表す。

② 初期微動継続時間が長くなると，その分だけ震度も大きく観測される。

③ ある場所での震度は，震央が分からなくても決定することができる。

④ 震央が分からなくても，ある場所での震度を正確に観測すればマグニチュードは計算できる。

問2　震央距離100 kmの所では，マグニチュードが1違うと震度はどれくらいの差になるか。前の図1を見て最も適当な数値を，次の①～④のうちから一つ選べ。

①　1　　②　2　　③　3　　④　4

問3　図2は古い文献に記載された記事から●印の町の震度を推定して作った震度分布図である。この図から震央距離100 km付近の震度を読みとり，前の図1を使ってこの地震のマグニチュードを推定した。推定値として最も適当なものを，次の①～④のうちから一つ選べ。

①　5　　②　6　　③　7　　④　8

B　(2004 地学ⅠB 本試)

震源からは，P波とS波の2種類の波が観測点に伝わっていく。P波の平均速度を5.0 km/s，S波の平均速度を3.0 km/s とすると，初期微動継続時間 t〔s〕と観測点から震源までの距離 L〔km〕の間には $L=$ **ア** t の関係が成り立つ。

問4　P波とS波について述べた文として最も適当なものを，次の①～④のうちから一つ選べ。

① P波は進行方向に垂直に振動する横波である。
② S波は液体中を伝わらない。
③ 地球深部にはS波がP波より速く伝わる部分がある。
④ P波の速度は地下深くなるほど小さくなる。

問5　前の文章中の空欄 **ア** に入れる数値として最も適当なものを，次の①～④のうちから一つ選べ。

① 2.0　② 4.0　③ 7.5　④ 9.0

問6　観測点から震源までの距離が50 km，震央までの距離が40 km であったとすると，震源の深さは何キロメートル〔km〕となるか。最も適当な数値を，次の①～④のうちから一つ選べ。

① 10 km　② 30 km　③ 45 km　④ 90 km

★★★8 ＜地震波の伝播＞

地震動は，地震計で観測される。現在用いられている地震計は，感知した地震動を電気信号に変換する電磁式の地震計が主である。しかし，その基本的な原理は，図1に示した振り子式の地震計と同じである。振り子式の地震計は，南北，東西，鉛直の3方向の振動を3台の地震計でそれぞれ観測する。そして，複数の地震計の記録から，震源やエネルギーなどの情報を解析する。

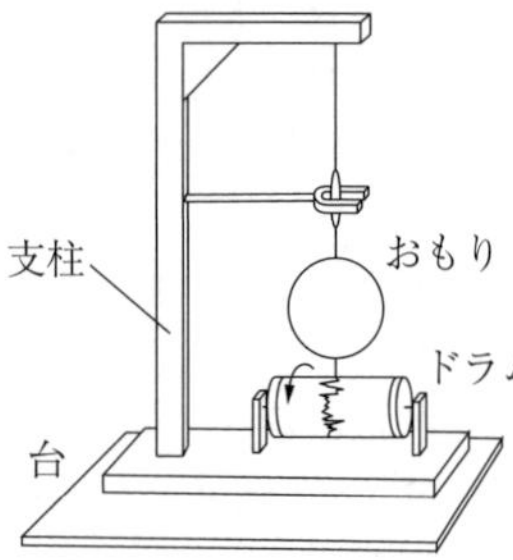

図1

現在は，電磁的な方法により，地震計の記録は瞬時に集約され，コンピュータの計算により短時間で震源やエネルギーなどの情報を得ることができる。震源に最も近い地震計で感知したP波の初動の観測をもとに，震源から離れた地域に対し，S波が到達する前に警報を出すのが，緊急地震速報である。

図2は，ある地震における**A**地点と**B**地点の地震計の記録を模式的に表したものである。**A**地点と**B**地点の震源距離の差は30 kmである。

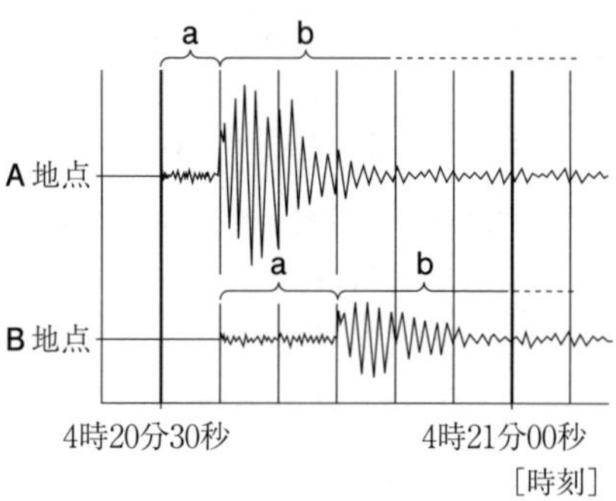

図2

問1　運動を記録するときは，何らかの不動点を基準として，それに対する他の物体の動きを観察するのがふつうである。図1の地震計で不動点とみなせるのはどこか。最も適当なものを，次の①～④のうちから一つ選べ。

①　支柱　　②　台　　③　おもり　　④　ドラム

問2　地震について述べた文として最も適当なものを，次の①～④のうちから一つ選べ。

①　震源において，S波はP波よりも数秒～数十秒遅れて発生する。
②　一般に，観測点から震源までの距離は，震央までの距離よりも長い。
③　図2の**a**の揺れの時間は，震源からの距離が遠くなるほど短くなる。
④　図2の**b**の揺れは，地下で屈折してきたP波によって生じる。

問3　震源や**A**地点，**B**地点を含む地域の地盤の性質が一様だとするとき，図2をもとに述べた文として最も適当なものを，次の ①～④ のうちから一つ選べ。

① P波の速度は 1.0 km/s である。

② S波の速度はP波の速度の3倍である。

③ 震源から**B**地点までの距離は，**A**地点までの距離の3倍である。

④ **B**地点から震源までの距離は 60 km である。

問4　図2をもとにすると，震源でこの地震が発生した時刻はいつか。最も適当なものを，次の ①～⑥ のうちから一つ選べ。

① 4時19分30秒　② 4時19分45秒　③ 4時20分00秒

④ 4時20分05秒　⑤ 4時20分20秒　⑥ 4時20分25秒

問5　地震は，地盤に力がかかりひずみが蓄積し，限界に達して地盤が破壊されることによる断層運動によって発生する。地震によって放出されるエネルギーの規模を表す尺度をマグニチュードという。

次の表は，マグニチュードと，震源断層の長さと変位量，および，発生する地震波のエネルギーの大きさの関係を示したものである。表について述べた文として最も適当なものを，下の ①～④ のうちから一つ選べ。

マグニチュード	震源断層の長さ〔km〕	震源断層の幅〔km〕	断層の変位量〔cm〕	エネルギー〔J〕
8.0	150	80	500	6.3×10^{16}
7.0	46	25	160	2.0×10^{15}
6.0	15	8.0	50	6.3×10^{13}
5.0	4.6	2.5	16	2.0×10^{12}
4.0	1.5	0.8	5	6.3×10^{10}

① マグニチュードが1大きくなると，エネルギーはおよそ 4.3×10 J 増える。

② 震源断層の長さが10倍になると，エネルギーもおよそ10倍になる。

③ 断層の変位量が10倍になると，マグニチュードは2倍になる。

④ 震源断層の面積が100倍になると，エネルギーはおよそ1000倍になる。

★★★9　＜地震と断層＞

地下で岩石が破壊されると，地震が発生する。実験室内でも，岩石に力を加えて破壊する実験（圧縮破壊実験）を行うと，人工的に小規模な地震をつくりだすことができる。右の図(a)に示した装置によって岩石に力を加えて破壊すると，力の方向と破壊面（断層面）との関係は，一般に，右の図(b)に示したようになる。この実験の結果と，地震によって発生したＰ波やＳ波の観測の結果とを用いると，断層の位置や走向・傾斜を知ることができる。

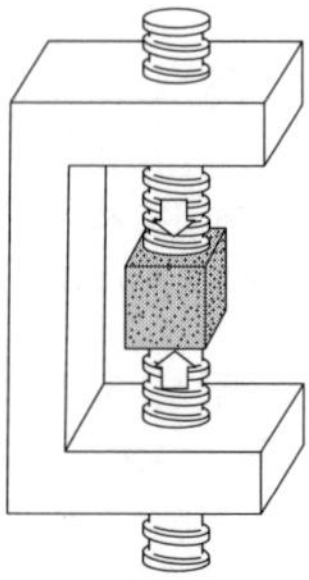
(a)

(b)

白抜きの矢印(⇦)は力の方向，矢印(⇌)は断層の動きの方向を示す。

問１　断層面の方向と，断層の生成時に働いた力の方向との関係を示す図として最も適当なものを，次の①～④のうちから一つ選べ。

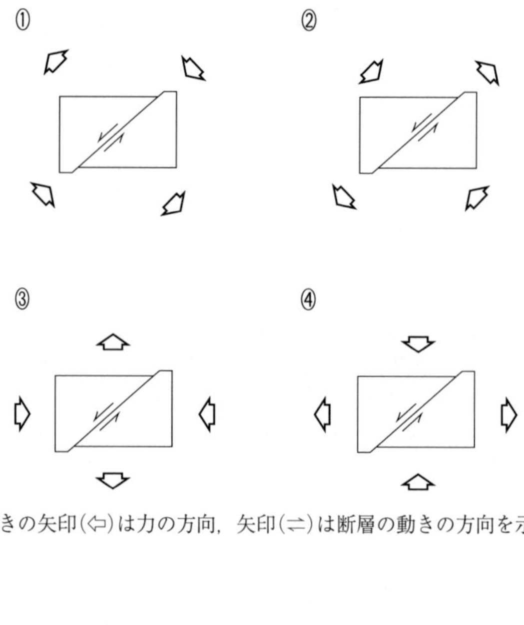

白抜きの矢印(⇦)は力の方向，矢印(⇌)は断層の動きの方向を示す。

問2　P波とS波の性質について述べた文として最も適当なものを，次の ①～④ のうちから一つ選べ。

① 縦波であるP波は，横波であるS波よりも遅く伝わる。
② 縦波であるP波は，横波であるS波よりも速く伝わる。
③ 横波であるP波は，縦波であるS波よりも遅く伝わる。
④ 横波であるP波は，縦波であるS波よりも速く伝わる。

問3　地震が発生したとき，地表面は，最初の波で震源から押される場所（押し）と震源の方に引かれる場所（引き）とに分かれる。次の図は，本州の内陸で発生したある地震の各観測点での押し・引きの分布を示す。この地震を起こした力の組合せとして最も適当なものを，次の ①～④ のうちから一つ選べ。

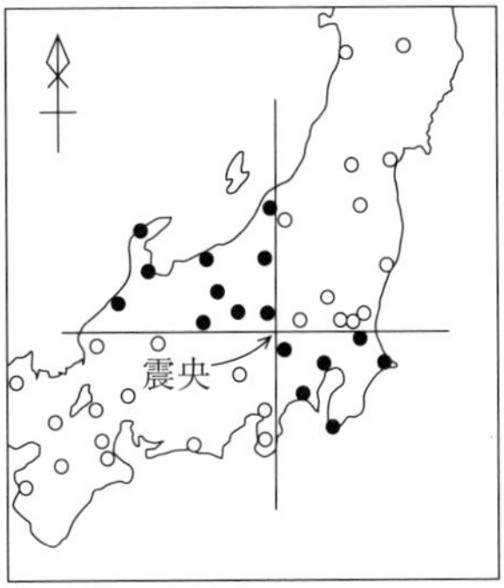

黒丸は「押し」，白丸は「引き」の観測点を示す。

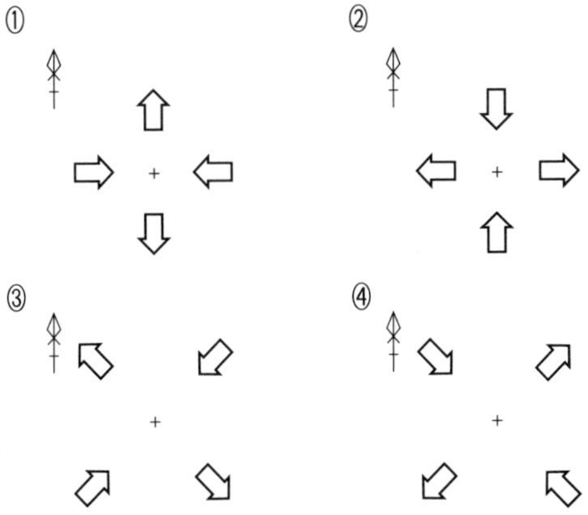

＋印は震央，白抜きの矢印は力の方向を示す。

問4　日本付近の島弧で巨大地震を起こすおもな断層運動として最も適当なものを，次の ①～④ のうちから一つ選べ。

① トランスフォーム断層
② 正断層
③ 逆断層
④ 横ずれ断層

★★10 ＜日本列島と地震＞

右の図は，東北日本（東北地方）の東西断面の模式図である。地震の震源，火山の分布および沈み込む海洋プレート（海のプレート）の位置を表している。太平洋の［ア］で生成された海洋プレートは，図1の矢印Aで示される［イ］で大陸プレートの下に沈み込む。東北日本の地震や火山の活動は，海洋プレートの沈み込みと密接に関連している。

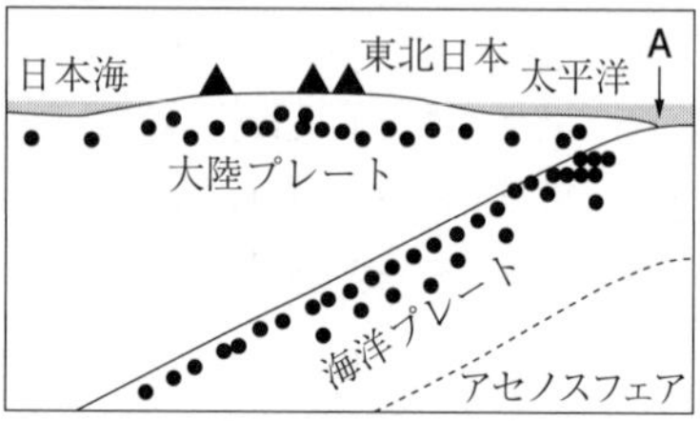

東北日本の断面の模式図
▲は火山を，●は地震の震源を示す。

問1　前の文章中の空欄［ア］・［イ］に入れる語の組合せとして最も適当なものを，次の①～④のうちから一つ選べ。

	ア	イ
①	中央海嶺	トランスフォーム断層
②	ホットスポット	海溝
③	中央海嶺	海溝
④	ホットスポット	トランスフォーム断層

問2　東北日本の太平洋沖では，大陸プレートと沈み込む海洋プレートとの境界でマグニチュード7以上の大地震が発生する。このことに関して述べた文として最も適当なものを，次の①～④のうちから一つ選べ。

① このような大地震の発生のくりかえし間隔は数千年である。
② このような大地震は，大陸プレートがはね上がることによって起こる。
③ 海洋プレートの沈み込みに伴う大地震は日本特有の現象である。
④ 大地震に伴うマグマの発生が火山形成の原因である。

問3　深発地震に関して述べた文として最も適当なものを，次の①～④のうちから一つ選べ。

① 深発地震は中央海嶺の下でも多数発生している。
② 日本海の真下では，震源の深さが200 kmより深い深発地震は発生していない。
③ 都市の真下で発生する深発地震は，大きな被害をもたらすことが多い。
④ 沈み込む海洋プレートに沿う深発地震面（帯）は，和達－ベニオフ面（帯）と呼ばれる。

問４　深さ 17 km で発生した地震の揺れが，震源のほぼ真上の地震計で記録された。上下方向と，水平のある一方向の揺れのそれぞれの記録として最も適当なものを，次の①～④のうちから一つ選べ。なお，それぞれの図には，P波とS波が到着した時間を破線で示してある。

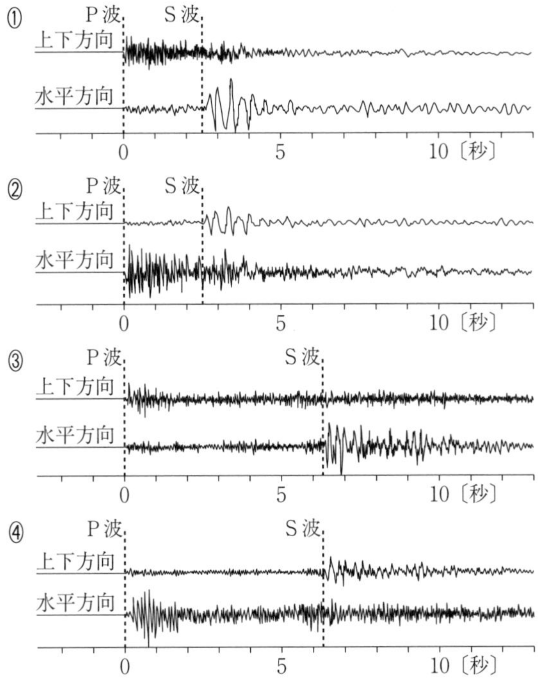

問５　東北日本では，火山はほぼ南北に帯状に分布する。この帯の東側の端を何と呼ぶか。最も適当なものを，次の①～④のうちから一つ選べ。

① 地溝帯（リフト帯）
② 火山前線（火山フロント）
③ プレート境界
④ 造山帯

問６　海洋プレートの下にはアセノスフェアが存在する。海洋プレートやアセノスフェアについて述べた文として最も適当なものを，次の①～④のうちから一つ選べ。

① 海洋プレートとアセノスフェアの境界は，モホロビチッチ不連続面（モホ不連続面）と呼ばれる。
② 海洋プレートの厚さは，約 2900 km である。
③ アセノスフェアの上部は，やわらかく流動しやすい状態になっている。
④ アセノスフェアは，玄武岩質の岩石でできている。

★★11 ＜異常震域＞

今日かなり大きな地震があった。私の住んでいる町では，小さなガタガタというゆれのあと，2分ほどしてこんどは大きなユサユサというゆれがあり，地学の時間に習った初期微動継続時間（PS時間）のことを思い出した。テレビをつけてみると，地図の上に各地の震度が示されており，震源は日本海の西北部で，深さは約600 kmと発表された。

太平洋側のこの町が震度3くらいなのに，日本海側のほとんどの都市では人体に揺れが感じられなかった。日本海の下の地震にしては震度の分布が奇妙なので，近くの気象台に尋ねてみた。大きな深発地震のときによくみられる異常震域と呼ばれる現象で，日本列島下の大規模な構造に関係があるとのことであった。また，この地震のマグニチュードは7.8程度であろうとのことであった。

問1　文章中の下線で示した地面のゆれを説明する文として最も適当なものを，次の①～④のうちから一つ選べ。

①　縦波の性質をもち，P波と呼ばれる。
②　縦波の性質をもち，S波と呼ばれる。
③　横波の性質をもち，P波と呼ばれる。
④　横波の性質をもち，S波と呼ばれる。

問2　初期微動継続時間は主として何によって決まるか。次の①～④のうちから最も適当なものを一つ選べ。

①　マグニチュード
②　震度
③　震源の深さ
④　震源までの距離

問3　この地震では津波が観測されなかった。その理由として最も適当なものを，次の①～④のうちから一つ選べ。

①　マグニチュードが8以下であった。
②　日本海の水深が浅いため，津波がすぐ衰えた。
③　震源が深いため，海底の変動がほとんどなかった。
④　津波は太平洋側の地震でしか発生しない。

問 4　この地震の震度の分布はどのようなものであっただろうか。文章を参考にして，次の ① ～ ③ のうちから最も適当なものを一つ選べ。ただし，地図上の数字は震度を表す。

①

②

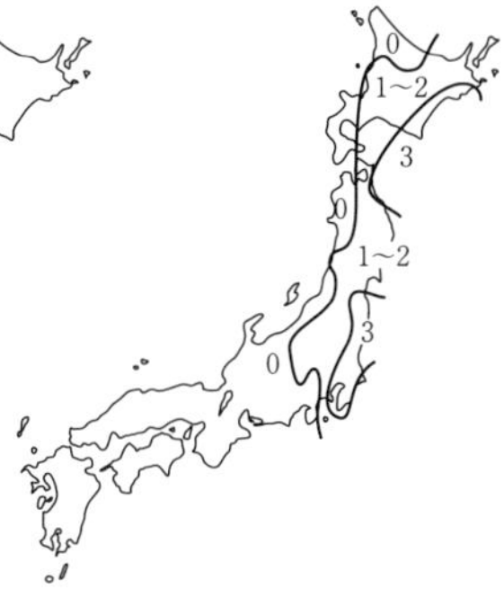

③

第2章　鉱物・岩石

★★12 ＜地球を構成する物質＞

A

地球の半径は約6400 kmで，地球の平均密度は約［ア］g/cm^{3}である。地球の内部は<u>地殻・マントル・核</u>からなっており，核の半径は約［イ］kmである。

問1　文章中の空欄［ア］・［イ］に入れる数値の組合せとして最も適当なものを，次の①～⑥のうちから一つ選べ。

	ア	イ
①	3.3	1300
②	3.3	3500
③	3.3	5100
④	5.5	1300
⑤	5.5	3500
⑥	5.5	5100

問2　文章中の下線部に関連して述べた文として最も適当なものを，次の①～④のうちから一つ選べ。

①　リソスフェアは，地殻とマントルの一部から構成される。

②　地球内部でP波の速度が最も遅いのはマントルの最下部である。

③　マントルと外核は固体，内核は液体の状態にある。

④　温度は，マントル中で深さとともに高くなるが，マントルと核の境界で急激に低下する。

B

地球は核・マントル・地殻からなる成層構造をもっている。

問3　地球の内核･外核･上部マントルは，主にどのような物質で構成されているか。次の物質a～dの組合せとして最も適当なものを，下の①～④のうちから一つ選べ。

a　固体の鉄・ニッケル合金

b　鉄・ニッケルの溶融体

c　かんらん岩

d　斑れい岩

	内核	外核	上部マントル
①	a	b	c
②	a	b	d
③	b	a	c
④	b	a	d

問4　地殻を構成する岩石について述べた文として最も適当なものを，次の①～④のうちから一つ選べ。

① 大陸地殻の上部は安山岩質，下部は花こう岩質である。

② ハワイのような海洋プレート内の火山島は，主に流紋岩質の溶岩からなる。

③ 中央海嶺では，玄武岩質の海洋地殻が生成されている。

④ 結晶片岩は，接触変成岩の代表例である。

問5　地殻の浅部や表層には堆積岩が分布している。堆積岩について述べた文として**適当でないもの**を，次の①～④のうちから一つ選べ。

① 砕屑岩は，構成粒子の大きさによって，粗いものから順に礫岩・砂岩・泥岩に分類される。

② 凝灰岩や凝灰角礫岩は，火山砕屑物が固まってできた。

③ チャートは，主に$CaCO_3$の殻を持つ有孔虫や貝の遺骸が集積･固化してできた。

④ 堆積岩には，岩塩のように海水や湖水の蒸発によってできたものがある。

★★★13 ＜造岩鉱物と火成岩＞

A

岩石を構成している鉱物（造岩鉱物）のうち，主要なものはケイ酸塩鉱物である。ケイ酸塩鉱物では，(a)ケイ素（Si）と酸素（O）からなる正四面体が構造の基本となっており，この四面体がつくる構造のすき間に金属イオンが入っている。火成岩中の主要なケイ酸塩鉱物は，Mg や Fe を含む(b)有色鉱物と，Mg や Fe を含まない無色鉱物とに分けられる。

問 1　文章中の下線部(a)の説明として最も適当なものを，次の ① ～ ④ のうちから一つ選べ。

① 中心に O 原子があり，四つの角に Si 原子が位置している。
② 中心に Si 原子があり，四つの角に O 原子が位置している。
③ 中心に SiO_2 分子があり，四つの角に Si 原子が位置している。
④ 中心に SiO_2 分子があり，四つの角に O 原子が位置している。

問 2　文章中の下線部(b)の例として最も適当な鉱物を，次の ① ～ ④ のうちから一つ選べ。

① 石英　　② 長石　　③ かんらん石　　④ 方解石

B

図は，火成岩の分類と，それらの岩石を構成する主な鉱物の割合（体積比）を示したものである。

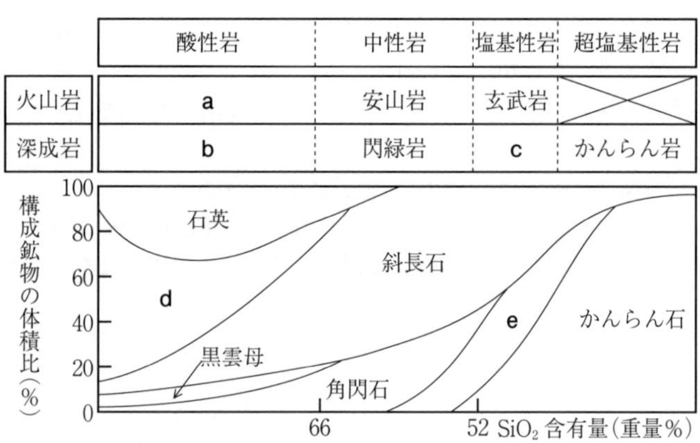

火成岩の分類と，その構成鉱物の割合（体積比）

問3　図中のa～cに相当する岩石の組合せとして正しいものを，次の①～⑥のうちから一つ選べ。

	a	b	c
①	流紋岩	花こう岩	斑(はん)れい岩
②	流紋岩	斑れい岩	花こう岩
③	花こう岩	流紋岩	斑れい岩
④	花こう岩	斑れい岩	流紋岩
⑤	斑れい岩	花こう岩	流紋岩
⑥	斑れい岩	流紋岩	花こう岩

問4　図中のd・eに相当する鉱物の組合せとして正しいものを，次の①～⑥のうちから一つ選べ。

	d	e
①	磁鉄鉱	輝石
②	磁鉄鉱	カリ長石（正長石）
③	カリ長石（正長石）	輝石
④	カリ長石（正長石）	磁鉄鉱
⑤	輝石	カリ長石（正長石）
⑥	輝石	磁鉄鉱

問5　岩石の色指数と岩石と同じ化学組成のマグマの粘性は図の右側に向かってそれぞれどのように変化するか。語句の組合せとして正しいものを，次の①～④のうちから一つ選べ。

	色指数	マグマの粘性
①	大きくなる	大きくなる
②	大きくなる	小さくなる
③	小さくなる	大きくなる
④	小さくなる	小さくなる

★★14 ＜火成岩の組織＞

3種類の火成岩**ア**・**イ**・**ウ**の薄片（プレパラート）をつくり，偏光顕微鏡で観察した。火成岩**ア**は次の図1に示すように，粗粒な鉱物の結晶が集まった等粒状組織をつくっており，マグマがゆっくりと冷え固まってできた深成岩と考えられる。火成岩**イ**は次の図2に示すように，(a)マグマがマグマ溜りにあったときに大きく成長した結晶と，マグマが地表または地表付近で急速に冷えてできた(b)小さな結晶や火山ガラスの集まった部分とからなっているので，斑状組織をもつ火山岩と考えられる。また，火成岩**ウ**は火成岩**ア**と同様な組織を示しているので，深成岩と考えられる。

火成岩**ア**，**ウ**とも，濃い色をした有色鉱物と，透明ないし白色の無色鉱物とからなっている。岩石全体に占める有色鉱物の量を体積％で示した値を色指数という。

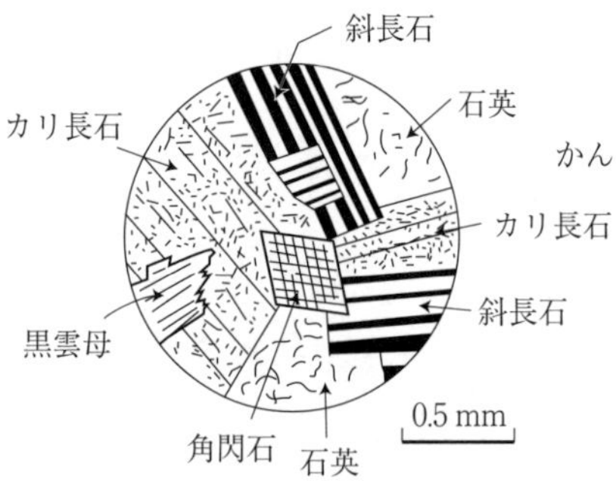

図1　火成岩**ア**の薄片スケッチ

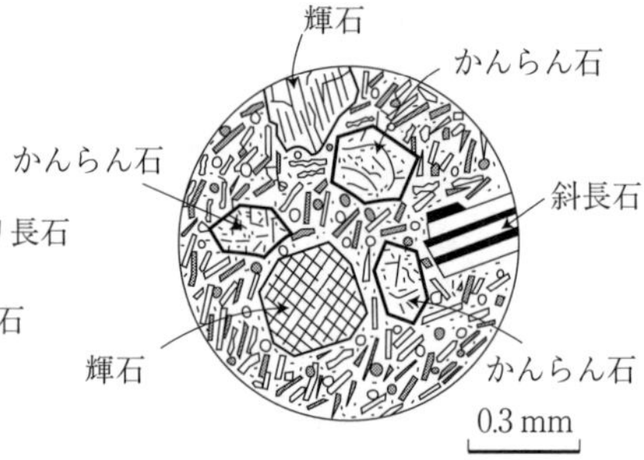

図2　火成岩**イ**の薄片スケッチ

問1　文章中の下線部(a)，(b)の部分をそれぞれ何と呼ぶか。語の組合せとして最も適当なものを，次の①～⑥のうちから一つ選べ。

	(a)	(b)
①	石基	斑晶
②	石基	多形
③	斑晶	石基
④	斑晶	多形
⑤	多形	石基
⑥	多形	斑晶

問2　火成岩**ア**，**ウ**の鉱物構成を次の表に示す。この岩石の色指数の組合せとして最も適当なものを，次の ①～④ のうちから一つ選べ。

鉱　物	火成岩**ア**	火成岩**ウ**
斜長石	20	45
輝石	0	35
かんらん石	0	20
石英	30	0
カリ長石	40	0
黒雲母	7	0
角閃石	3	0

火成岩**ア**・**ウ**の鉱物構成（体積%）

	火成岩**ア**	火成岩**ウ**
①	30	80
②	30	55
③	10	80
④	10	55

問3　火成岩**イ**は黒っぽい岩石であるが，岩石名として最も適当なものを，次の ①～④ のうちから一つ選べ。

①　斑れい岩　　②　花こう岩　　③　玄武岩　　④　流紋岩

★15 ＜マグマと火成岩＞

マグマの粘性は，溶岩によって作られる地形的特徴や噴火の特徴に影響する。(a)粘性の小さい溶岩は薄く広く流れる。粘性の大きい溶岩は，流れにくく厚く盛り上がる。マグマをとりまく環境も噴出物の産出状態（産状）に影響する。同じマグマであっても，(b)噴出する場所が水中の場合と，陸上の場合とでは産状が異なる。このことから，古い火山岩について，噴出当時の環境を推定することができる。

火成岩の組織は，構成鉱物の種類や大きさによってさまざまである。これらは，マグマの化学組成の違いや，マグマとその周囲の岩石との温度差によるマグマの冷却速度の違いを反映している。

問１　文章中の下線部(a)に最も関連の深いものを，次の①～④のうちから一つ選べ。

① 盾状火山
② 土石流
③ 火砕流
④ 溶岩円頂丘（溶岩ドーム）

問２　粘性の大きいマグマでは，揮発成分の泡が抜けにくいためにガスの圧力が次第に増し，ついには固まりかけたマグマが爆発的に破壊・放出される。そのような噴出物の名前として最も適当なものを，次の①～④のうちから一つ選べ。

① 結晶片岩
② 溶岩
③ 火山砕屑物（火砕物）
④ ホルンフェルス

問３　火山岩を，もととなるマグマの粘性の大小によって並べるとどうなるか。次の①～⑥のうちから最も適当なものを一つ選べ。

	(小)	← 粘性 →	(大)
①	流紋岩	安山岩	玄武岩
②	流紋岩	玄武岩	安山岩
③	安山岩	流紋岩	玄武岩
④	安山岩	玄武岩	流紋岩
⑤	玄武岩	安山岩	流紋岩
⑥	玄武岩	流紋岩	安山岩

問４　文章中の下線部(b)に最も関連の深いものを，次の①～④のうちから一つ選べ。

① マグマ溜り　　② 枕状溶岩
③ 接触変成帯　　④ 底盤（バソリス）

問5　有色鉱物の量は火成岩を分類する上で重要である。有色鉱物は無色鉱物に比べて，ある元素を特徴的に多く含む。その元素として最も適当なものを，次の①～⑥のうちから一つ選べ。

① ケイ素と酸素
② ケイ素とチタン
③ アルミニウムとカルシウム
④ カルシウムとナトリウム
⑤ ナトリウムとカリウム
⑥ マグネシウムと鉄

問6　二つとも無色鉱物である組合せとして最も適当なものを，次の①～⑥のうちから一つ選べ。

① 石英と斜長石
② 角閃石とかんらん石
③ 輝石と角閃石
④ かんらん石と斜長石
⑤ 黒雲母とカリ長石
⑥ 火山ガラスとかんらん石

問7　火成岩の組織について述べた文として最も適当なものを，次の①～④のうちから一つ選べ。

① 火成岩の斑晶は，地下に埋没した溶岩が続成作用を受けてできる。
② 火山岩の斑晶は，マグマが地表で急激に冷えるときにできる。
③ 火山岩の石基は，マグマが地下でゆっくりと冷えるときにできる。
④ 火山ガラスは，マグマが急激に冷えるときにできる。

★★16 <マグマと火山活動>

A

マグマの化学組成は，マグマの粘性（粘り気）を左右する要因の一つである。成層火山である富士火山や伊豆大島火山を構成する主な火山岩はいずれも二酸化ケイ素（SiO_2）の量が50％程度の［ア］である。一方，有珠山の昭和新山や雲仙火山の普賢岳などの溶岩ドームをつくったマグマは，［ア］質マグマよりも噴出時の粘性が大きかった。マグマに含まれる二酸化ケイ素の量が増えると，マグマの粘性は［イ］なる。こうした性質が，火山の形態上の違いを生む一因として考えられる。

また，マグマの化学組成は，冷却によって形成される鉱物の種類や組合せ，量比にも反映される。昭和新山や普賢岳の溶岩とよく似た組成を持つ深成岩を観察すると，二酸化ケイ素の含有量が高い無色鉱物が多くみられ，中には，二酸化ケイ素だけからなる鉱物（ケイ酸鉱物と呼ばれる）もしばしば認められる。このケイ酸鉱物は，透明でかつ大きく成長し平面で囲まれた規則正しい外形を示すと，［ウ］と呼ばれる。柱面がよく発達した［ウ］では，となりあう柱面のなす角は常に［エ］となる。

問1　文章中の下線部で示した火山岩について述べた文として**誤っているもの**を，次の①～④のうちから一つ選べ。

① この火山岩には，微細な結晶やガラスからなる石基の中に，しばしば肉眼でも見える斑晶が散在している。

② この火山岩は，その化学組成や有色鉱物の占める割合が，深成岩である斑れい岩と似ている。

③ この火山岩は石英やカリ長石を多量に含むが，かんらん石や輝石をほとんど含まない。

④ この火山岩が厚い溶岩として産する場合には，溶岩の内部に柱状節理が発達していることが多い。

問2　文章中の空欄［ア］・［イ］に入れる語の組合せとして最も適当なものを，次の①～⑥のうちから一つ選べ。

	ア	イ
①	玄武岩	小さく
②	玄武岩	大きく
③	流紋岩	小さく
④	流紋岩	大きく
⑤	安山岩	小さく
⑥	安山岩	大きく

問3　文章中の空欄 ウ ・ エ に入れる語の組合せとして最も適当なものを，次の ① ～ ④ のうちから一つ選べ。

	ウ	エ
①	方解石	60°(内角で 120°)
②	方解石	45°(内角で 135°)
③	水晶	60°(内角で 120°)
④	水晶	45°(内角で 135°)

B

問4　火山活動は，地下深部で岩石がとけて生じたマグマが地表に噴出する現象である。火山噴出物には，溶岩と火山砕せつ物に加え，火山ガスがある。火山ガスに含まれている成分のうち最も多いものはどれか。次の ① ～ ④ のうちから一つ選べ。

① H_2O　② HCl　③ H_2　④ N_2

問5　溶岩の流れ方はその温度や化学組成によって異なり，いろいろな火山地形をつくる。このことを記述した文として最も適当なものはどれか。次の ① ～ ③ のうちから一つ選べ。

① 玄武岩質マグマは粘性が小さいので，盾状火山をつくる。
② デイサイト質マグマは粘性が小さいので，溶岩円頂丘をつくる。
③ 安山岩質マグマは粘性が大きいので，溶岩台地をつくる。

問6　軽石や火山灰が大量に噴出して，円形に近い大型のくぼ地が出来ることがある。この地形はどれか。次の ① ～ ④ のうちから最も適当なものを一つ選べ。

① カール　② 溶岩湖　③ カルデラ　④ ドリーネ

問7　地層のなかの火山灰は，しばしば対比に有効なかぎ層になる。その理由として最も適当なものはどれか。次の ① ～ ④ のうちから一つ選べ。

① 運ばれてきた方向がわかる。
② 厚さが一定である。
③ 短時間に堆積し，広い範囲に分布している。
④ 粒度の変化により，上下の判定ができる。

★★★17　<火山災害>

まゆみさんは自宅近くの露頭を観察した。その結果，地層が断層を境として左右でずれており，断層は地表まで達していないことがわかった。断層によりずれている地層を，断層の左右で詳細に観察した結果，図に示すように，それぞれ対応していた。この露頭の観察結果に関する下の問いに答えよ。

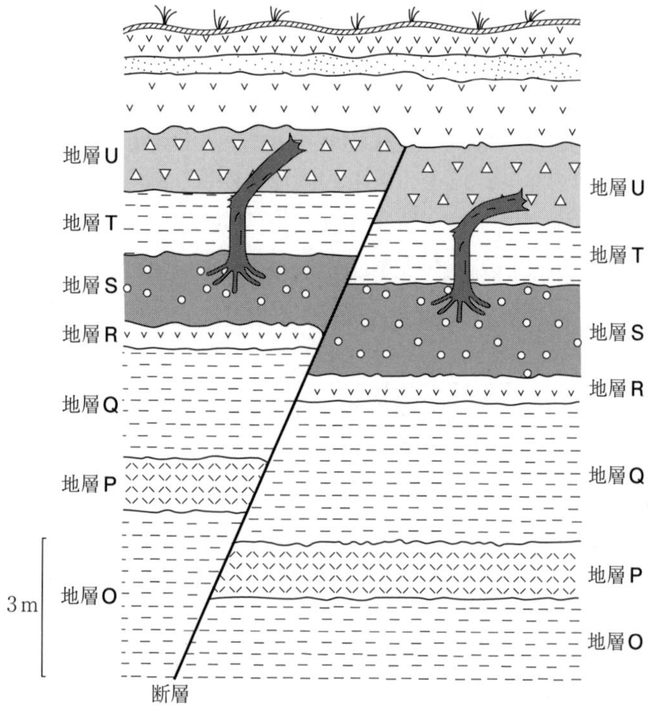

問１　地層P，R，Uの形成年代は，それぞれ9500～10000年前，6300～6500年前，3500～3700年前である。この露頭観察と年代測定の結果からわかることとして**適当でないもの**を，次の①～④のうちから一つ選べ。

① この断層の活動は過去少なくとも３回はあった。
② この断層は今すぐにでも動く可能性がある。
③ この断層は約2500年から3000年周期で活動している可能性がある。
④ この断層の活動は上下に少なくとも５m以上のずれを生じさせた。

問2　地層U（火砕流堆積層）と，地層T（火山灰層），地層S（砂礫層）を詳しく調べたところ，樹木の一部が埋没していた。よく観察すると，図に示すように樹木の根は地層Sに，幹の一部は地層Tと地層Uに残されていた。地層Sの形成と地層Uの形成の間で起こった現象**ア**～**エ**の順序として最も適当なものを，下の①～⑧のうちから一つ選べ。

ア　樹木が生育した。

イ　火砕流が発生した。

ウ　火山灰が堆積した。

エ　洪水により砂礫層が堆積した。

①　**ア → ウ → イ → エ**　　②　**ア → イ → エ → ウ**
③　**イ → エ → ア → ウ**　　④　**イ → ア → ウ → エ**
⑤　**ウ → ア → イ → エ**　　⑥　**ウ → イ → エ → ア**
⑦　**エ → ア → ウ → イ**　　⑧　**エ → ウ → ア → イ**

問3　まゆみさんは，この地域における火山災害に関するハザードマップ（災害予測図あるいは防災地図）を作成することにした。その際，火山災害の原因となる火山灰，火砕流，火山ガス，溶岩流のそれぞれについて，被害が発生する可能性のある地域を一枚のマップ上に表すことにした。災害を引き起こす原因と被害の予測に必要な情報の組合せとして**適当でないもの**を，次の①～⑧のうちから一つ選べ。

	原　因	必要な情報
①	火山灰	風　向
②	火山灰	風　速
③	火砕流	斜面の傾斜
④	火砕流	火口からの距離
⑤	火山ガス	火山ガスの成分
⑥	火山ガス	噴気口の位置
⑦	溶岩流	気　温
⑧	溶岩流	火口の位置

★★18 ＜堆積岩の形成＞

風化とは，地表の岩石が，温度の変化や大気や水の影響を受けて変質し崩れていくはたらきであり，(a)物理的風化と化学的風化に大別される。風化の起こる条件は，地球上の場所によっても大別される。

山の斜面にある風化した岩石や土壌などは，侵食を受け運搬される。特に，大雨によって，斜面崩壊や山崩れが生じ，谷底の堆積物も含んだ濁流である［ア］が発生することがある。このような礫や砂が谷の出口に堆積してできる地形が［イ］である。

風化によって細粒化した砕屑物は，流水のはたらきによって運搬される。下の表は，流速と，運搬される球形の礫の最大粒径の関係を示している。この表で，礫の密度は一定である。

水底へと移動し堆積した直後の砕屑物は固結しておらず，すき間に水を多量に含んでいる。その上に新たな堆積物が乗ると，堆積物の重みで圧縮され，粒子のすきまには［ウ］などの成分が沈殿し，砕屑物粒子どうしが結びついて，堆積岩（砕屑岩）となる。このように固結した堆積岩ができる過程を［エ］作用という。

堆積岩には，上記のような砕屑岩の他に，成因から，(b)生物岩や火山砕屑岩，化学岩などの区分がある。

流速 v〔m/s〕と，運搬される球形の礫の最大粒径 d〔mm〕の関係

流速　v〔m/s〕	0.25	0.50	0.75	1.00	1.25	1.50
礫の粒径　d〔mm〕	2.5	10.0	22.5	40.0	62.5	90.0

問1　下線部(a)について説明した文として最も適当なものを，次の①～④のうちから一つ選べ。

① 物理的風化は，水の凍結や融解によっても進行する。
② 化学的風化では，鉱物の中のすべての成分が水に溶解する。
③ 昼夜や季節ごとの気温差が激しい環境では，化学的風化が優勢である。
④ つねに高温多湿の環境では，物理的風化作用が優勢である。

問2　花こう岩が風化を受ける場合，最も風化を受けにくい鉱物として適当なものを，次の①～④のうちから一つ選べ。

① 石英　② 斜長石　③ カリ長石　④ 黒雲母

問3　文章中の空欄 ア ・ イ に入れる語の組合せとして最も適当なものを，次の①～④のうちから一つ選べ。

	ア	イ
①	土石流	三角州
②	土石流	扇状地
③	地すべり	三角州
④	地すべり	扇状地

問4　表の関係から考えると，流速が 3.00 m/s のとき運搬される礫の最大の体積は，流速が 1.00 m/s のとき運搬される礫の最大の体積の何倍か。最も適当な数値を，次の①～⑤のうちから一つ選べ。

① 3倍　② 9倍　③ 27倍　④ 81倍　⑤ 729倍

問5　文章中の空欄 ウ ・ エ に入れる語の組合せとして最も適当なものを，次の①～④のうちから一つ選べ。

	ウ	エ
①	FeO や MgO	続成
②	FeO や MgO	変成
③	SiO_2 や $CaCO_3$	続成
④	SiO_2 や $CaCO_3$	変成

問6　下線部(b)について，代表的な生物岩に石灰岩とチャートがある。これらについて説明した文として最も適当なものを，次の①～④のうちから一つ選べ。

① 石灰岩はチャートに比べて硬く，ハンマーでたたいても割れにくい。
② 放散虫の殻が集まって石灰岩ができ，有孔虫の殻が集まってチャートができる。
③ チャートからなる地層が化学的風化作用を受け，鍾乳洞ができる。
④ 石灰岩やチャートは，生物岩だけでなく化学岩にも分類される。

★★★19 ＜流水の作用と地形＞

A

図は，水中で堆積物の粒子が動き出す流速および停止する流速と粒径との関係を，水路実験によって調べて示したものである。曲線**A**は，徐々に流速を大きくしていった時に，静止している粒子が動き出す流速を示す。曲線**B**は，徐々に流速を小さくしていった時に，動いている粒子が停止する流速を示す。

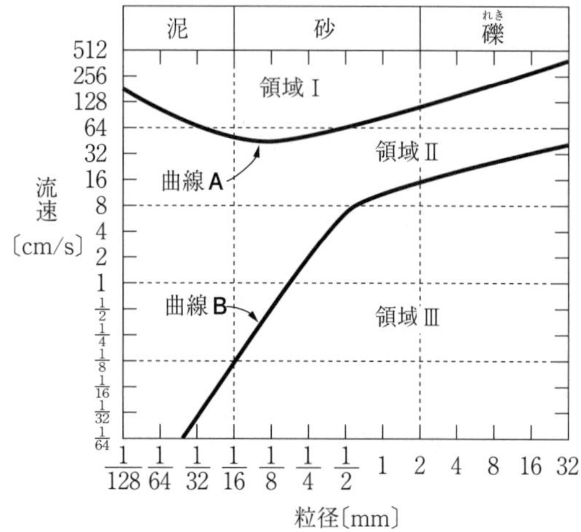

水中で粒子が動き出す流速および停止する流速と粒径との関係

問1　三つの水路に粒径1/32 mmの泥，粒径1/8 mmの砂，粒径4 mmの礫を別々に平らに敷いた。次に，流速0 cm/sの状態から，三つの水路の流速が等しくなるようにしながら，徐々に流速を大きくしていった。このとき，図に基づくと，水路内の粒子（泥，砂，礫）はどのような順序で動き出すと考えられるか。粒子が動き出す順序として最も適当なものを，次の①～⑥のうちから一つ選べ。

①　泥→砂→礫　　②　泥→礫→砂　　③　砂→泥→礫
④　砂→礫→泥　　⑤　礫→泥→砂　　⑥　礫→砂→泥

問2　次の**ア**～**ウ**は，図中の領域Ⅰ～Ⅲについての説明である。領域Ⅰ～Ⅲと説明**ア**～**ウ**の組合せとして最も適当なものを，下の①～⑥のうちから一つ選べ。

ア　運搬されていたものが堆積する領域

イ　運搬されていたものは引き続き運搬されるが，堆積していたものは侵食・運搬されない領域

ウ　堆積していたものが侵食・運搬される領域

	領域Ⅰ	領域Ⅱ	領域Ⅲ
①	ア	イ	ウ
②	ア	ウ	イ
③	イ	ア	ウ
④	イ	ウ	ア
⑤	ウ	ア	イ
⑥	ウ	イ	ア

B

地表には，山や谷，平野や盆地など，さまざまな起伏（地形）が認められる。(a)地形を変化させるはたらきには，隆起，沈降，風化作用，侵食作用，堆積作用などがある。地表面の高さ（標高）は，地盤が隆起したり沈降したりする量と，侵食作用によって削り取られる岩石などの量や，堆積作用によって新たに堆積する堆積物の量によって決まる。たとえば，(b)隆起と侵食が同時に起こる場合では，地表面の高さは，地盤の隆起の速さが侵食の速さよりも大きいときには高くなっていき，小さいときには低くなっていく。

問3　文章中の下線部(a)に関連して，地形の変化や形成について述べた文として最も適当なものを，次の①～④のうちから一つ選べ。

① 氷河に覆われた地域では侵食が起こらないため，地形は変化しない。

② 扇状地は，川が山地から平野や海岸に出る所で，川の侵食作用によりつくられる扇形のくぼ地である。

③ 日本では，隆起も沈降も起こっていない所で大きな平野が形成されている。

④ 河岸段丘は，地盤の隆起や海面の低下によって，川と海面との高度差が増すときに形成されやすい。

問4　文章中の下線部(b)に関連して，次の表は，山地Aにおいて地盤の隆起量を求めるために行った調査結果を示したものである。このとき，山地Aにおける1年当たりの地盤の隆起量として最も適当な数値を，下の①～⑥のうちから一つ選べ。ただし，隆起量は山地A内で一定とし，海面の高さは変化しないものとする

調査結果

調査項目	測　定　値
山地Aの面積	1.4×10^{8} m^2
山地A全域で平均した地表面の高さの変化量	1年あたり 2.0×10^{-3} m 上昇
山地Aから侵食作用によって取り除かれる岩石の量（体積）	1年あたり 4.2×10^{5} m^3

① 1.0×10^{-4} m　② 3.0×10^{-4} m　③ 5.0×10^{-4} m

④ 1.0×10^{-3} m　⑤ 3.0×10^{-3} m　⑥ 5.0×10^{-3} m

★20 <造山帯と岩石>

図は，造山帯に属するある地域の地質断面図である。変成岩は，泥質の堆積岩が高温低圧型の広域変成作用を受けて形成された片麻岩などからなり，そこに花こう岩A，Bが貫入している。花こう岩Aは9000万年前に形成され，また玄武岩の溶岩は400万年前に陸上に噴出したことがわかっている。

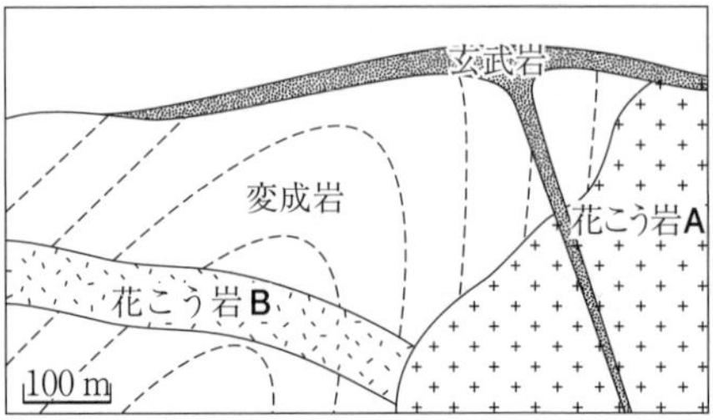

ある地域の地質断面図
変成岩のなかの破線は褶曲（しゅうきょく）構造を示す。

問1　この地域の岩石の説明として最も適当なものを，次の①～④のうちから一つ選べ。

① 玄武岩は，花こう岩Aによって接触変成作用を受けている。
② 花こう岩Bが貫入した時代は，古第三紀である。
③ 変成岩は，花こう岩Aの貫入に伴って褶曲した。
④ 変成岩と花こう岩Aは，新第三紀には地表に露出していた。

問2　次の図a～dは，岩石の薄片を偏光顕微鏡で観察したときのスケッチである。上の図中の花こう岩Aと玄武岩を観察したときのスケッチの組合せとして最も適当なものを，下の①～⑧のうちから一つ選べ。

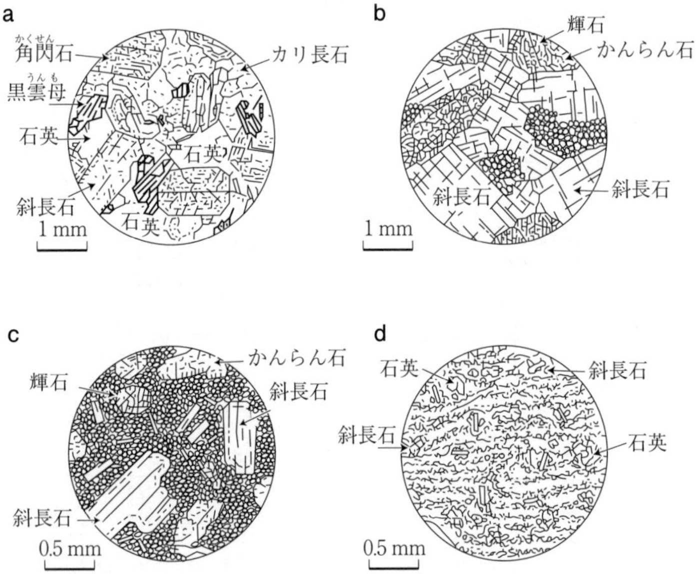

	花こう岩A	玄武岩
①	a	c
②	a	d
③	b	c
④	b	d
⑤	c	a
⑥	c	b
⑦	d	a
⑧	d	b

問3　文章中の下線部の片麻岩について述べた文として最も適当なものを，次の①～④のうちから一つ選べ。

① 有色鉱物が多い縞（しま）と無色鉱物が多い縞からなる粗粒な岩石。
② 細粒な鉱物からなる緻密（ちみつ）な岩石。
③ 細粒の白雲母や黒雲母などが配列し，薄くはがれやすい岩石。
④ おもにかんらん石や輝石からなる粗粒な岩石。

問4　造山帯について述べた文として最も適当なものを，次の①～④のうちから一つ選べ。

① アパラチア造山帯は，海洋プレートの沈み込みによってできた現在活動的な造山帯である。
② 西太平洋地域の島弧－海溝系は，海洋プレートの沈み込みによってできた現在活動的な造山帯である。
③ アルプス造山帯とアンデス造山帯は，大西洋の形成によって分かれた同じ時代の一続きの造山帯である。
④ ヒマラヤ造山帯は，現在活動的な造山帯で，多くの火山が分布する。

★★21 ＜火成岩と変成岩＞

A

地球は一つのシステムとして動いており，いくつかの地学的現象はたがいに関連し合っていることが多い。それぞれの現象を深く理解し違いを認識することも重要であるが，さまざまな現象の関連を理解することも大変重要である。火成作用と他の現象との関連を考えてみよう。地殻上部にもたらされたマグマは冷却され，徐々に固結する。このとき，(a)生成した結晶はマグマから分離することがある。このマグマは(b)周囲の堆積岩などを加熱し変化させる。また海洋プレートは島弧の下に沈み込み，深部で変化し上方に水を供給する。この水が島弧のマグマ生成に関与していると考えられている。

問１　文章中の下線部(a)に関連して述べた文として**誤っているもの**を，次の①～④のうちから一つ選べ。

① 結晶の分離が不完全なマグマが急冷すると，斑状組織が形成される。
② マグマから分離し集積した結晶は，火成岩の一種を形成する。
③ 結晶は，粘性の高いマグマ中ほど効果的に分離する。
④ 結晶の分離により残ったマグマは，最初のマグマと組成が異なる。

問２　文章中の下線部(b)のような過程を何と呼ぶか。最も適当なものを，次の①～④のうちから一つ選べ。

① 接触変成作用
② 続成作用
③ 化学的風化作用
④ 低温高圧型変成作用

問３　変成岩，火成岩中にはともに化学組成や生成時の温度・圧力条件に応じてさまざまな鉱物が出現する。変成岩にのみ見いだされ，火成岩には見いだされない鉱物の組合せはどれか。最も適当なものを，次の①～④のうちから一つ選べ。

① かんらん石と斜長石
② ひすい輝石と石英
③ カリ長石と黒雲母
④ 黒雲母と角閃石

B

日本列島で見られる地質現象の多くは，プレートの沈み込み過程と関連させて解釈できる。島弧に特徴的な(c)安山岩質マグマを主体とする火山活動はその好例である。

また，(d)大量の花こう岩質マグマの生成も，沈み込み帯における大陸性地殻の形成過程としてとらえることができる。さらに，これらの花こう岩質マグマが島弧地殻の上部に貫入することで，[ア]変成作用が起こる。この変成作用の及ぶ範囲は貫入岩体の周囲に限られ，構成鉱物の分布や配列に方向性がない[イ]が，しばしば生成する。また，プレートが海溝やトラフから沈み込んでいく陸側の地下では，冷たいプレートの沈み込みにより，低温で高い圧力のもとでの[ウ]変成作用が起こると考えられる。

問4　文章中の空欄[ア]～[ウ]に入れる語の組合せとして最も適当なものを，次の①～⑥のうちから一つ選べ。

	ア	イ	ウ
①	広　域	片麻岩	接　触
②	広　域	結晶片岩	接　触
③	広　域	ホルンフェルス	接　触
④	接　触	片麻岩	広　域
⑤	接　触	結晶片岩	広　域
⑥	接　触	ホルンフェルス	広　域

問5　文章中の下線部(c)に関連して，玄武岩質マグマと比較したとき，安山岩質マグマの示す噴火や山体形成の特徴として**適当でないもの**を，次の①～④のうちから一つ選べ。

① マグマの粘性が大きいため，噴出した火砕物質が到達する範囲は狭い。
② マグマの粘性が大きいため，溶岩台地や盾状火山のような平坦な火山体はできにくい。
③ マグマに含まれるガス成分が多いため，爆発的な噴火になりやすい。
④ マグマに含まれるガス成分が多いため，大量の軽石を噴出することがある。

問6　文章中の下線部(d)の成因を述べた文として最も適当なものを，次の①～④のうちから一つ選べ。

① 玄武岩質マグマからかんらん石だけが取り去られることにより，生成される。
② 玄武岩質マグマの熱や地下深部からの熱によって，地殻物質が部分的に溶けることにより，生成される。
③ 玄武岩質マグマが，閃緑岩を完全に溶かし込むことにより，生成される。
④ 玄武岩質マグマと安山岩質マグマとの混合により，生成される。

第3章　地質・地史

★★22 <地層の形成>

地球の表面は，さまざまなタイプや規模の隆起・沈降を繰り返してきた。地表の一部が絶対的な昇降運動をする場合もあれば，海面が上下に変動したために生じる相対的な隆起や沈降もある。こういった隆起や沈降は，堆積した地層や現在見られる地形などに記録されている。これらを解析することにより，海面変動やある地域の地殻変動を知ることができる。

問1　ある川の流域に，2段の河岸段丘が観察された。この地域の地殻変動を説明する文として最も適当なものを，次の①～④のうちから一つ選べ。

①　2回の隆起があった。
②　2回の沈降があった。
③　隆起の後に，沈降があった。
④　沈降の後に，隆起があった。

問2　次の文章中の［ア］・［イ］に入れるのに最も適当なものを，以下のそれぞれの解答群のうちから一つずつ選べ。

中生代と新生代の地層が分布するある地域を調査したところ，この地域が，

海の浅化→しゅう曲と侵食→海の深化

といった変遷をたどってきたことが明らかになった。この地域における地層の積み重なりや地質現象の順序は，上位に向かって，

［ア］→植物化石を含む粗い砂岩や泥岩→［イ］
→ビカリアを含む砂岩→浮遊性有孔虫を含む泥岩

であった。

［ア］の解答群

①　フズリナを含む石灰岩
②　アンモナイトを含む泥岩
③　フデイシを含む泥岩
④　デスモスチルスを含む泥岩

［イ］の解答群

①　平行不整合　　②　傾斜不整合　　③　整合

問3　図は，ある海岸付近において完新世に堆積した地層の断面図である。この海岸付近の変遷として，この完新世の地層から読み取ることができる最も適当な記述はどれか。次の ① ～ ④ のうちから一つ選べ。

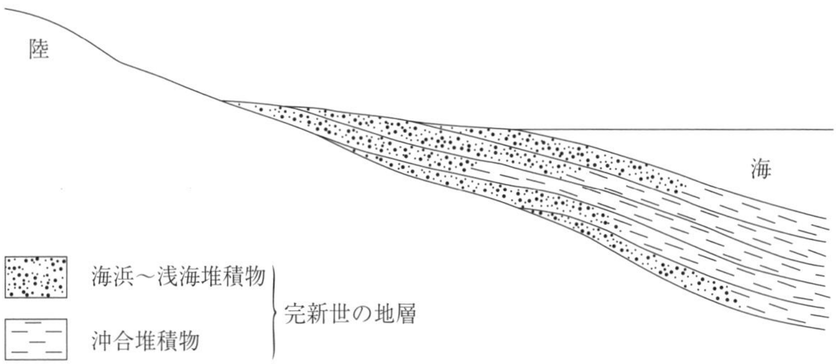

① 海退のみがあった。

② 海進のみがあった。

③ 海退の後に，海進があった。

④ 海進の後に，海退があった。

★★23 ＜河原の礫の観察＞

総太さんは，河原の礫(れき)には周囲の岩石の分布や地形が反映されているはずだと考えて，川をさかのぼりながら礫を採集し，持ち帰って詳しく調べることにした。

問１　礫はその岩石の分布する場所で生産され移動する。ただし，礫は斜面の上から下へと転がり，尾根を越えて隣の谷へ転がることはない。このことを前提として図1の地形図から谷と尾根を読み取り，岩石分布を推定することにした。地点**X**の河原では**P**岩・**Q**岩・**R**岩の礫が，地点**Y**では**P**岩・**Q**岩の礫が，地点**Z**では**P**岩の礫のみが見られた。各岩石の分布境界線（**E**～**H**）の組合せとして最も適当なものを，下の①～⑧のうちから一つ選べ。

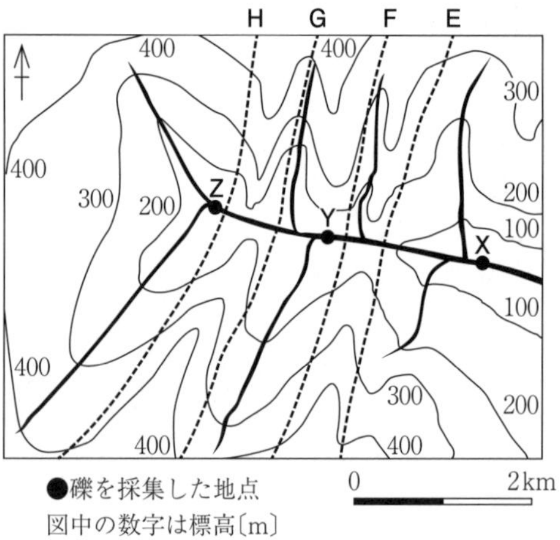

図　1

	P岩とQ岩の分布境界線	Q岩とR岩の分布境界線
①	H	F
②	H	E
③	G	F
④	G	E
⑤	F	H
⑥	F	G
⑦	E	H
⑧	E	G

問2　石灰岩，花こう岩，安山岩を確認する場合，図2のような調べ方を考えた。 ア ・ イ に入れる方法a～dの組合せとして最も適当なものを，以下の①～⑧のうちから一つ選べ。

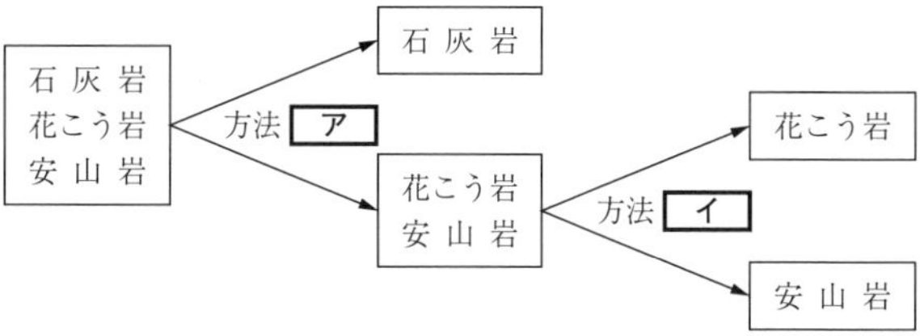

図　2

［方法］　a　ルーペで岩石のつくり（組織）を観察する。
b　岩石に方位磁針を近づけて磁針の動きを観察する。
c　岩石にうすい水酸化ナトリウム水溶液をかける。
d　岩石にうすい塩酸をかける。

	ア	イ		ア	イ
①	a	b	②	a	d
③	b	c	④	b	d
⑤	c	a	⑥	c	b
⑦	d	a	⑧	d	c

問3　礫の密度の測定に関する次の文章中の空欄 ウ ・ エ に入れる語および数値の組合せとして最も適当なものを，下の①～⑥のうちから一つ選べ。

重さがほぼ同じで大きさの異なる二つの礫（礫1，礫2）を用いて，図3のような方法で密度の測定を行った。この結果から，礫1は礫2より密度が ウ ，礫2の密度は エ g/cm^3 であることがわかった。

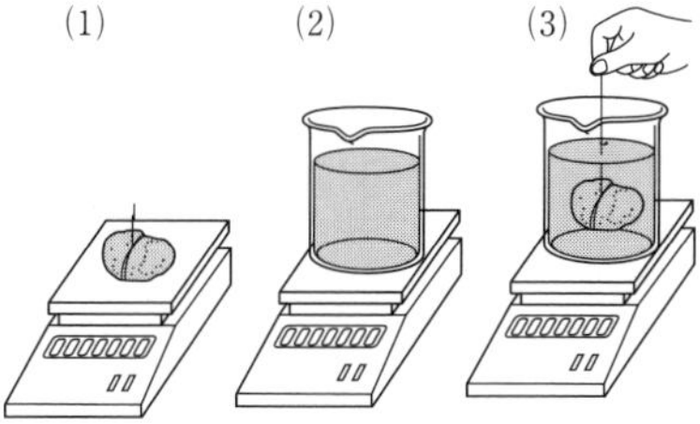

図　3

［方法］　(1)　礫の重さを測定する。
(2)　水を入れたビーカーの重さを測定する。
(3)　礫をつるして(2)のビーカーに入れた時の重さを測定する。

目盛りの読み

方法(1)の時	方法(2)の時	方法(3)の時
礫1：351 g 礫2：348 g	500 g	礫1の場合：630 g 礫2の場合：620 g

	ウ	エ		ウ	エ		ウ	エ
①	高く	2.5	②	高く	2.7	③	高く	2.9
④	低く	2.5	⑤	低く	2.7	⑥	低く	2.9

★★★24 ＜海岸段丘＞

海岸付近で海面直下にあった平坦な面が地盤の隆起や(a)地球規模の海水面の低下によって陸上に現れると，海岸段丘と呼ばれる地形ができる。わが国では，急速に隆起している房総半島の先端部や四国の室戸岬に，その典型例がみられる。それらの地域における，海岸段丘の平坦な地形は，主に［ア］によってつくられたものである。

またその他に，海岸から沖に広がるサンゴ礁の平坦な面が陸上に露出してできた海岸段丘もある。パプアニューギニア北東部には次の図に示すように，海岸段丘が何段も階段状に形成されている。これらの段丘崖には，地層が露出しており，［イ］によって，サンゴ礁の浅い海底で堆積したことがわかった。この地域における地盤の平均的な隆起速度を求めるために，段丘面上からサンゴの化石を採集して，年代測定が行われた。その結果，(b)標高 200 m に広がる面（図のA地点）は，約 12 万 5 千年前にできたことがわかった。

問1　文章中の下線部(a)のような現象は，第四紀（約260万年前から現在まで）には何度も起こった。その原因についての記述として最も適当なものを，次の①～④のうちから一つ選べ。

① プレートの拡大速度の変化による。
② 主に海水の冷却にともなう水の収縮による。
③ 氷河や氷床が拡大し，海水量が減ったことによる。
④ 地球全体の蒸発量が降水量を上回ったことによる。

問2　文章中の空欄 ア に入れる語句として最も適当なものを，次の①～④のうちから一つ選べ。

① 海底地すべり　② 波浪による侵食作用
③ 河川の侵食作用　④ 古代からの耕地の造成

問3　サンゴ礁について述べた文として**誤っているもの**を，次の①～④のうちから一つ選べ。

① 熱帯や亜熱帯の暖かい海でつくられる。
② 炭酸カルシウムからなる生物骨格が積み重なってつくられる。
③ 海山の山頂部にかつてのサンゴ礁が発見されることがある。
④ サンゴ礁は，陸上から運ばれた細かい砂や泥の堆積物からなる。

問4　文章中の下線部(b)に関連して，この段丘面がつくられたときの海面高度が現在と同じであったとすると，この地域の平均隆起速度は年に何mmとなるか。最も適当な数値を，次の①～④のうちから一つ選べ。

① 0.63 mm/年　② 1.6 mm/年
③ 6.3 mm/年　④ 16 mm/年

問5　文章中の空欄 イ に入れる語句として最も適当なものを，次の①～④のうちから一つ選べ。

① 含まれている石炭
② はさまれている火山灰の放射年代
③ 貫入している花こう岩
④ 産出する示相化石

★25 ＜示準化石＞

地層の時代決定や対比に有用な化石を示準化石という。示準化石の要件としては，種の生存期間が［ア］，地理的分布が［イ］，産出個体数が多い，同定（鑑定）がしやすい，といった特性があげられる。

甲地域と乙地域の地層と化石を調べ，その結果を次の図のようにまとめた。甲地域では，D層とC層とは不整合関係，その他の地層は整合関係である。また，乙地域ではすべて不整合関係にある。甲地域のB層最上部には凝灰岩層が認められるが，乙地域ではそれに対比される凝灰岩層がない。ただし，周辺地域の調査から，乙地域にも火山灰の降下があり，凝灰岩層が形成されていたことがわかっている。

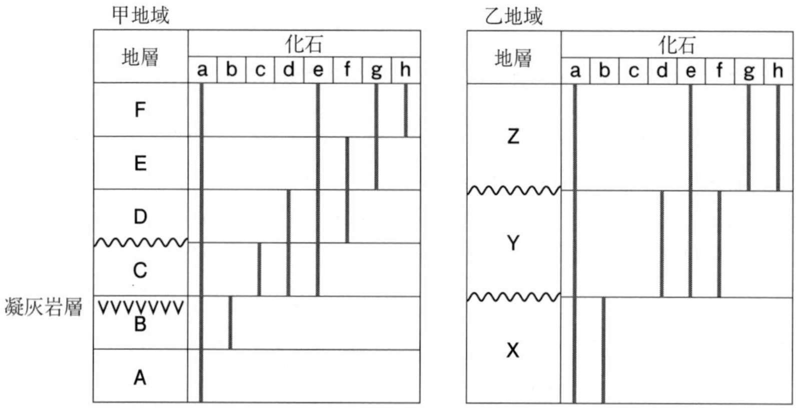

甲・乙両地域に分布する地層と化石
両地域における化石a～hの産出状況を灰色の実線で示す。
波線は地層の不整合関係を示す。

問1　文章中の空欄 [ア]・[イ] に入れる語の組合せとして最も適当なものを，次の ①～④ のうちから一つ選べ。

	ア	イ
①	長い	広い
②	長い	狭い
③	短い	広い
④	短い	狭い

問2　化石の産出状況から，乙地域のY層，Z層に対比される甲地域の地層の組合せとして最も適当なものを，次の ①～④ のうちから一つ選べ。

	Y層	Z層
①	C層	E層
②	C層	F層
③	D層	E層
④	D層	F層

問3　文章中の下線部について，乙地域に凝灰岩層がない理由を説明した文として最も適当なものを，次の ①～④ のうちから一つ選べ。

① 凝灰岩層が褶曲したため
② 凝灰岩層が続成作用を受けたため
③ 凝灰岩層が侵食作用を受けたため
④ 乙地域が沈降したため

問4　化石bは紡錘虫，化石hはヌンムリテス（カヘイ石）であった。このとき，X層ならびにZ層の地質時代の組合せとして最も適当なものを，次の ①～④ のうちから一つ選べ。

	X層	Z層
①	ペルム紀（二畳紀）	第三紀
②	ペルム紀（二畳紀）	第四紀
③	ジュラ紀	第三紀
④	ジュラ紀	第四紀

★★26 ＜地球の大気の歴史＞

星間雲が収縮して約46億年前に太陽系が誕生した。その中で地球においては，二酸化炭素，水蒸気，窒素などを主体とする原始の大気が形成されたが，その後，化学的な作用や生物の活動によってその組成が大きく変化した。気温はしだいに低下し，大気中の二酸化炭素は大幅に減少した。約［ア］億年前の地層から最初の細菌（バクテリア）の化石が見いだされている。最初の大型多細胞生物の化石は先カンブリア時代末期の地層から発見されているが，それらにはまだ明確な骨格はなかった。約［イ］億年前にカンブリア紀になると生物の多様性は急激に増加し，二酸化ケイ素，炭酸カルシウムなどの骨格を持つものが増加した。シルル紀になると，最初の陸上植物が登場して大気の酸素濃度はさらに上昇し，その後，節足動物や脊椎動物などが陸上に進出した。古生代後期には現在と同様の窒素と酸素を主体とする大気になった。

問1　文章中の空欄［ア］・［イ］に入れるのに最も適当な数値を，次の①～⑥のうちから一つずつ選べ。

①　45　　②　35　　③　25　　④　16　　⑤　11　　⑥　5

問2　文章中の下線部に関連して，当時の大気の二酸化炭素が減少した理由について述べた文として最も適当なものを，次の①～④のうちから一つ選べ。

①　二酸化炭素は水素によって還元され，有機物が生成した。
②　二酸化炭素は熱によって炭素と酸素とに分解された。
③　二酸化炭素は海洋に吸収され，石灰岩などとして堆積した。
④　二酸化炭素はドライアイスとして地殻に固定された。

問3　先カンブリア時代の生物の活動と地球環境について述べた文として最も適当なものを，次の①～④のうちから一つ選べ。

①　ストロマトライト（コレニア）は，主にサンゴによって作られた。
②　海水の量はしだいに減少して，生物の多様性が減少した。
③　呼吸や発酵によって海洋の酸素濃度が上昇し，大量の石油が形成された。
④　光合成によって海洋の酸素濃度が上昇し，縞状鉄鉱層が形成された。

問4　生物起源の堆積物について述べた文として最も適当なものを，次の①～④のうちから一つ選べ。

① 浅海で堆積した石灰岩は，主に放散虫やカイメンなどの二酸化ケイ素の骨格からなる。

② サンゴ，フズリナ（紡錘虫），三葉虫などの骨格が集まって，チャートが作られた。

③ 生物起源の有機物が集積して，石油や石炭の材料となった。

④ 砂岩の石英粒子は貝や有孔虫の殻が集積したものである。

問5　地球環境を考える上で重要な氷床について述べた文として**誤っているもの**を，次の①～④のうちから一つ選べ。

① 先カンブリア時代は一般に温暖な時代であったが，その末期に氷床が発達した。

② 古生代では石炭紀やペルム紀に氷床が発達した。

③ 中生代は寒冷な時代で，全時代を通して氷床が発達した。

④ 第四紀における氷床の形成と消滅によって，海面の高さが数十～百メートルほど変化した。

★★27 ＜地球の大陸の歴史＞

大陸の離合集散は，地球環境の変遷と生物進化に大きなかかわりをもったと考えられる。先カンブリア時代末にはロディニアと呼ばれる超大陸ができたが，それが分裂する過程でできた古生代初めの大陸周辺の海では，多種多様な生物が出現した。この生物進化史上の事件は(a)「カンブリア紀大爆発」と呼ばれている。

古生代初めに存在した大陸（ゴンドワナ大陸）に，さらにいくつかの大陸が合体して，古生代後期には超大陸（パンゲア）が形成された。次の図は，2億6千万年前の(b)大陸配置図である。(c)パンゲア超大陸の低・中緯度の地域では森林が発達し，南部の高緯度地域では［ア］が広範囲に拡大した。この当時の海洋は，超大陸を取り囲む海と，大陸に入り込む［イ］と呼ばれる海が存在した。

地球上の生物は，これまでに大規模な絶滅事件を何度か経験してきた。とくに(d)古生代末には，海生動物種の約95％もが絶滅した。その後，中生代にかけて生物の多様性は回復したが，(e)中生代末には再び生物の大量絶滅が起こった。

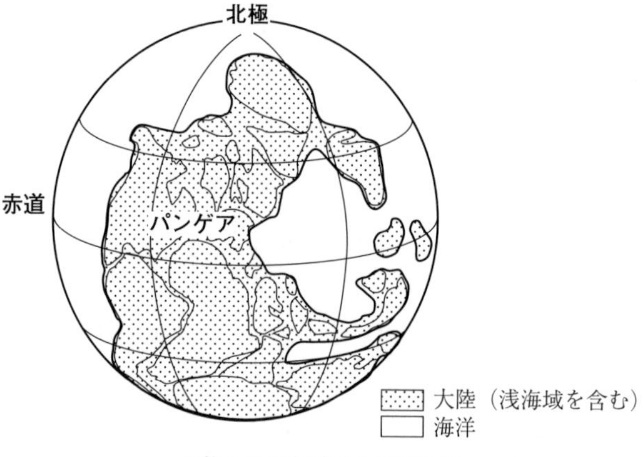

2億6千万年前の大陸配置図

問1　文章中の下線部(a)に関連した文として最も適当なものを，次の①～④のうちから一つ選べ。

① この時代の堆積岩からは，エディアカラ動物群と呼ばれる化石群が発見された。
② 海洋の生物群の中には，かたい殻や骨格をもつ動物が現れた。
③ 大量の生物群の出現により，海水中の酸素量は少なくなった。
④ この時代には，海域だけでなく陸域にも脊椎をもった動物が現れた。

問2　文章中の下線部(b)に関して，図に示すような過去の大陸配置図を作成するための根拠として**誤っているもの**を，次の①～④のうちから一つ選べ。

① 大陸ごとの平均標高の類似性
② 類似した地層や化石の地理的分布
③ 大陸間の地質構造の連続性
④ 海洋地域における地磁気異常のしま模様

問3　文章中の下線部(c)に関連して，古生代から中生代にかけて，陸上植物が出現した順序として最も適当なものを，次の①～④のうちから一つ選べ。

① 裸子植物→シダ植物→被子植物
② 被子植物→裸子植物→シダ植物
③ シダ植物→被子植物→裸子植物
④ シダ植物→裸子植物→被子植物

問4　文章中の空欄［ア］・［イ］に入れる語の組合せとして最も適当なものを，次の①～④のうちから一つ選べ。

	ア	イ
①	氷河	地中海
②	チャート	地中海
③	氷河	テーチス海（テチス海）
④	チャート	テーチス海（テチス海）

問5　文章中の下線部(d)に関連して，古生代末に絶滅した生物として最も適当なものを，次の①～④のうちから一つ選べ。

① トリゴニア　② 三葉虫　③ カブトガニ　④ デスモスチルス

問6　文章中の下線部(e)に関連して述べた文として**誤っているもの**を，次の①～④のうちから一つ選べ。

① 中生代末の大量絶滅以降に，ほ乳類が初めて出現した。
② 中生代末の大量絶滅は，巨大隕石の衝突による環境の急変が原因であると考えられている。
③ 中生代末には，恐竜やアンモナイトが絶滅した。
④ 中生代末には，大西洋やインド洋はすでに存在して広がりつつあった。

★★28 ＜地層の観察＞

学校の近くの道路の切り通しに図のような露頭がある。この露頭を地学クラブが調査して，次のような結果を得た。

この露頭にみられる地層は，不整合で境されるA，B両層と，B層を不整合に覆う赤土を主体とするC層からなる。A層の泥岩からはアンモナイトが採集されている。B層の泥岩からカエデの葉，種子，および樹幹の化石が発見された。赤土の中に薄い泥炭層があり，その直上から旧石器時代のものとみられる石器が出土した。

この露頭の地層について，次の問いに述べてある解釈に異論がでた。それに対して再調査の方法が提案された。

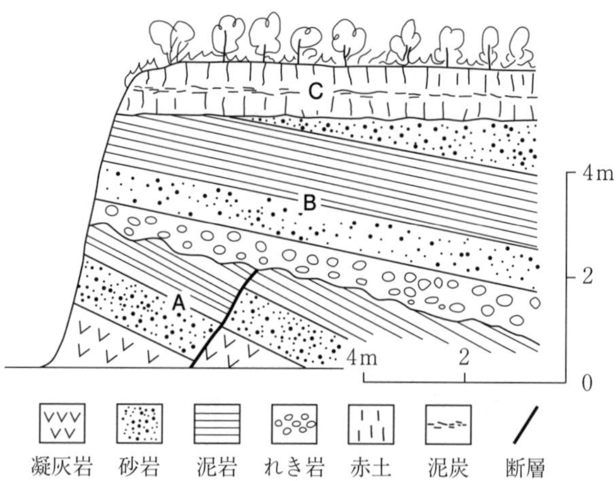

問1　解釈：A層では凝灰岩，砂岩，泥岩の順に堆積した。

再調査の方法として，最も適当なものを，次の①～③のうちから一つ選べ。

① 地層の断層による落差を実際に巻尺などで計る。

② 砂岩の粒子の配列（級化層理）や斜交葉理（クロスラミナ）を調べる。

③ 地層の厚さや，傾斜の向きや大きさをくわしく測定する。

問2　解釈：A層の地質時代はジュラ紀である。

再調査の方法として，最も適当なものを，次の①～③のうちから一つ選べ。

① 産出したアンモナイトがどの時代の示準化石であるかを調べる。

② アンモナイトの殻を ^{14}C(放射性炭素）法によって年代測定する。

③ A層の泥岩の硬さを別の地域のジュラ紀の泥岩のそれと比べる。

問3　解釈：B層の泥岩は被子植物の化石を含むので，淡水成の堆積物である。

再調査の方法として，最も適当なものを，次の①～③のうちから一つ選べ。

① 泥岩を細かく砕いてビーカーに入れ，蒸留水を加えて塩分の有無を調べる。

② A層とB層の間の不整合面上の侵食面の形状を調べる。

③ B層から地層面に対し直立した樹幹の化石を探す。

問4　解釈：C層中の泥炭は第四紀の氷期のときの寒冷気候を示す堆積物である。

再調査の方法として，最も適当なものを，次の①～③のうちから一つ選べ。

① 泥炭をはさむ赤土の中の鉱物粒子を分離し，その種類を調べる。

② 泥炭の中の花粉の化石を調べて当時の植生を復元する。

③ 石器に用いられている岩石の種類を調べる。

★★29 ＜地質断面図と地史＞

次の図はある地域の地質断面図である。この地域には，南北方向に傾斜していない四つの地層（A層～D層）と，片麻岩（形成年代はシルル紀），花こう岩，および500万年前に貫入した玄武岩の岩脈が分布している。また，西に傾斜する断層，および不整合が存在することが確認されている。

B層からはフズリナ（紡錘虫），C層からはトリゴニア（三角貝），さらに，D層からはヌンムリテス（貨幣石）の化石が発見されている。

なお，A層～D層は褶曲していて，図に見られるのは［ア］の部分である。また，片麻岩はこの地域で最も古い時代にできた岩石で，断層の運動によって西方から地表にもたらされたことが明らかにされている。すなわち，この断層は［イ］である。

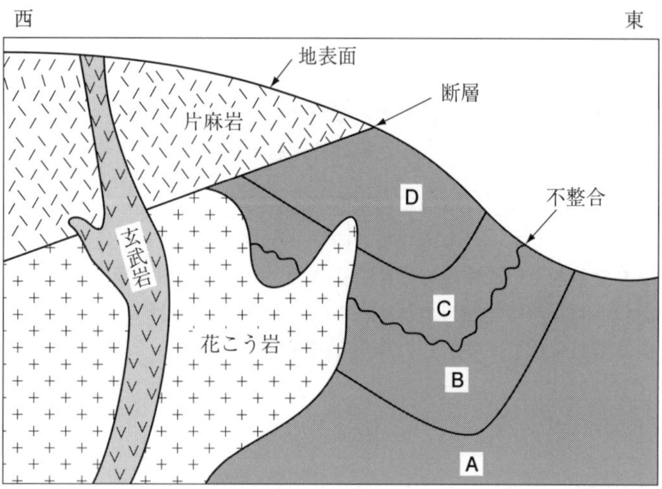

問1　文章中の空欄［ア］・［イ］に入れる語句の組合せとして最も適当なものを，次の①～⑥のうちから一つ選べ。

	ア	イ		ア	イ
①	背斜	正断層	②	向斜	正断層
③	背斜	横ずれ断層	④	向斜	横ずれ断層
⑤	背斜	逆断層	⑥	向斜	逆断層

問2　中生代に堆積した地層はどれか。最も適当なものを，次の ①～④ のうちから一つ選べ。

①　A層　　②　B層　　③　C層　　④　D層

問3　不整合の形成時期について述べた文として**誤っているもの**を，次の ①～⑤ のうちから一つ選べ。

①　褶曲構造が形成される以前に形成された。

②　A層が堆積する以前に形成された。

③　花こう岩が貫入する以前に形成された。

④　玄武岩の岩脈が貫入する以前に形成された。

⑤　西に傾斜する断層が形成される以前に形成された。

問4　断層の形成時期として最も適当なものを，次の ①～⑤ のうちから一つ選べ。

①　先カンブリア時代　　②　古生代　　③　中生代

④　第三紀　　⑤　第四紀

問5　図の地質断面図では，地層が褶曲し，種々の岩石が断層で断ち切られている。このような複雑な地質構造が発達する地帯（地域）として最も適当なものを，次の ①～④ のうちから一つ選べ。

①　深海底（大洋底）　　②　断層破砕帯

③　造山帯　　④　沖積低地

★★30 ＜地質断面図と堆積構造＞

ある地域で野外地質調査とボーリング調査を行い，次の図1のような，地質断面図を立体的に組み合わせた図（パネルダイアグラム）を作成した。

A層はおもに砂岩と泥岩からなる地層で，マンモスゾウの歯の化石が見つかった。B層はおもに泥岩からなる地層で1枚の凝灰岩層を挟み，ビカリヤ（ビカリア）の化石を含んでいた。C層はおもに砂岩からなる地層で，放散虫や有孔虫の化石を含んでいた。D層は大きく褶曲した石灰岩からなる地層で，クサリサンゴやウミユリの化石を含み，花こう岩と接する部分は結晶質石灰岩（大理石）に変化していた。E層はおもに砂岩と泥岩からなる地層で，イノセラムスや三角貝（トリゴニア），クビナガリュウの化石を含んでいた。

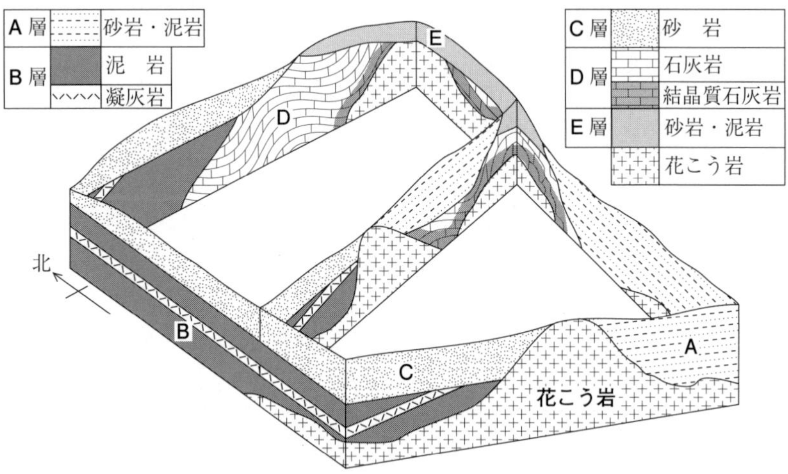

図1　ある地域のパネルダイアグラム
各パネル（断面図）の底辺は同じ水平面上にある。

問1　A・B・D・Eのそれぞれの地層が形成された地質時代の組合せとして最も適当なものを，次の①～④のうちから一つ選べ。

	A層	B層	D層	E層
①	第三紀	第四紀	古生代	中生代
②	第三紀	第四紀	中生代	古生代
③	第四紀	第三紀	古生代	中生代
④	第四紀	第三紀	中生代	古生代

問2　A～D層の四つの地層のうち，この地域に分布している花こう岩の礫を含む可能性のない地層として最も適当なものを，次の①～④のうちから一つ選べ。

①　A層　　②　B層　　③　C層　　④　D層

問3　次の図2は，C層が露出する南に面した崖を撮影したもので，水流によってできた堆積構造が見られる。図中の□で示した部分が堆積したときの水流の方向として最も適当なものを，下の①～④のうちから一つ選べ。

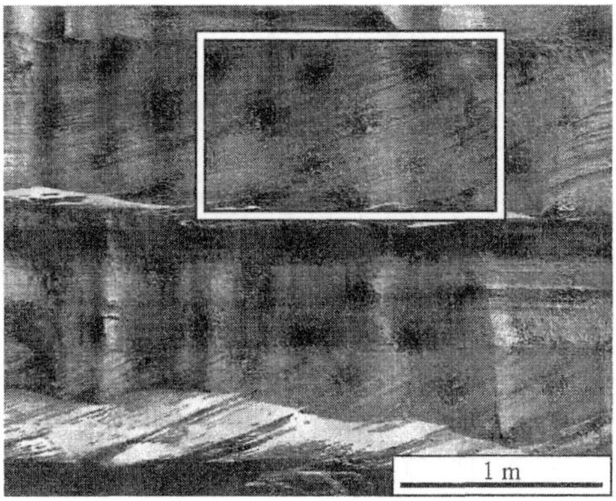

図2　C層が露出する南に面した崖の写真

①　東から西へ　　②　西から東へ　　③　南から北へ　　④　北から南へ

★★31 ＜地質柱状図と堆積構造＞

次の図1は，ある海岸近くの都市で作成された模式的な地質断面図である。基になった資料は，高速道路の橋脚を建設するために掘られた穴の壁面のスケッチである（A～Eのそれぞれの穴の間隔は約1kmである）。この地域に見られる地層はすべて整合である。この地域では多くの貝化石が産出し，(a)B地点の下部に挟まれている砂と泥との境界付近には巣穴の化石も見られた。また，(b)特徴的な堆積構造の見られる砂層GがA・Bの2地点でそれぞれ2層，C地点で1層観察された。

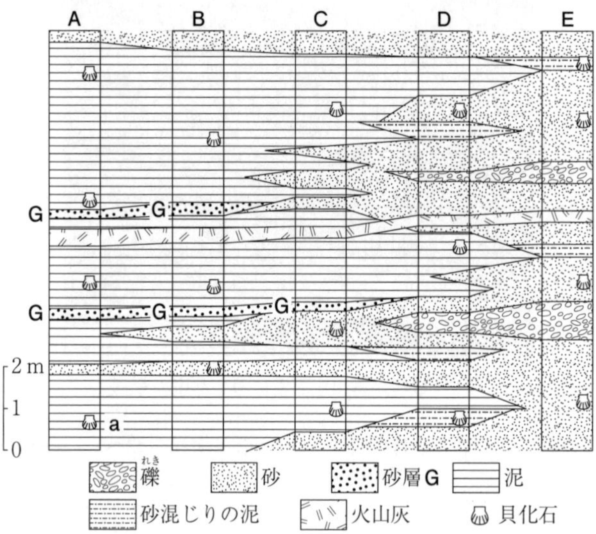

図1 壁面のスケッチに基づいて描いた模式的な地質断面図

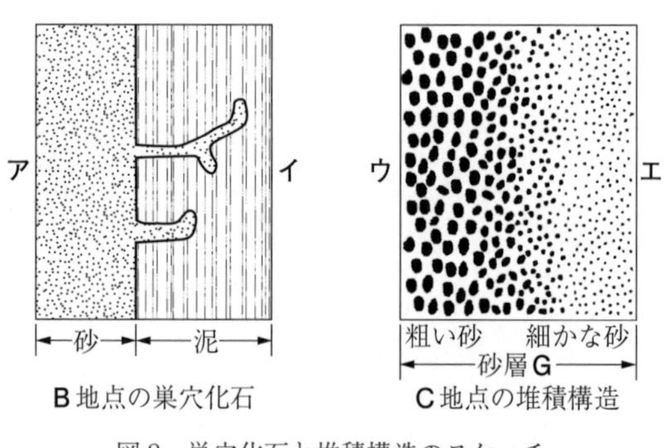

図2 巣穴化石と堆積構造のスケッチ

問1　下線部(a)，(b)に関連して，図2のように**B**地点における巣穴化石と，**C**地点における砂層**G**の堆積構造をスケッチした。このような化石や堆積構造から地層の上下を判断することができる。巣穴化石のスケッチの**ア**と**イ**，堆積構造のスケッチの**ウ**と**エ**のうち，それぞれの図の上位になる方の組合せとして最も適当なものを，次の①～④のうちから一つ選べ。

	巣穴化石	堆積構造
①	**ア**	**ウ**
②	**ア**	**エ**
③	**イ**	**ウ**
④	**イ**	**エ**

問2　この地域に分布する地層のうち対比を行うための地層として最も適当なものを，次の①～④のうちから一つ選べ。

①　礫層　　②　砂層**G**　　③　砂混じりの泥層　　④　火山灰層

問3　図1の**A**地点の最下部の泥層から産出した貝化石**a**を用いて放射（性）年代を求めるため，貝殻に含まれる放射性炭素（^{14}C）の量を測定したところ，その量は，現在の大気中の炭素全体に対する^{14}Cの割合の1/8に減少していた。この結果から求められる地層の年代として最も適当な数値を，次の①～④のうちから一つ選べ。なお，放射性炭素の半減期は5700年とする。

①　11400年前　　②　17100年前

③　22800年前　　④　45600年前

問4　化石について述べた文として**誤っているもの**を，次の①～④のうちから一つ選べ。

①　地層が堆積したときの環境を推定できる化石としては，造礁サンゴの化石がある。

②　地層が堆積した時代を決定できる化石としては，三葉虫やフズリナ（紡錘虫）の化石がある。

③　先カンブリア時代の地層から発見された化石は，すべて単細胞生物の化石である。

④　化石には生物遺体のほか，地層に残された動物の足跡も含まれる。

★32 ＜地質柱状図と古環境＞

さまざまな原因によってつくられた湖は，周辺から流入する砕屑物などが，連続的に堆積して次第に浅くなり，沼そして湿地へと変化していく。湖底の堆積物には，当時の湖周辺に生育していた植物群の花粉・胞子の化石や生息していた動物の化石，飛来した火山灰などが含まれていることがあり，湖周辺の古環境の復元や堆積物の年代決定に重要な役割を果たしている。

次の図は，日本にある三つの湖A湖，B湖，およびC湖について，堆積物の柱状図と堆積物中の植物群の移り変わりのあらましを示したものである。火山灰は，上位からAK層（6000年前），AT層（25000年前），AS層（70000年前）であり，三つの湖の湖面はほぼ同じ標高にある。

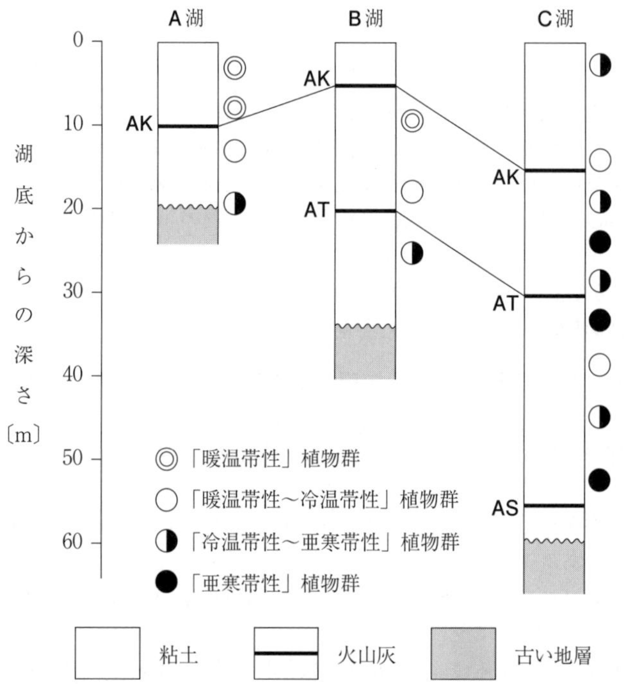

問1　湖のできる原因は，いろいろある。三日月湖のできかたについて述べた文として最も適当なものはどれか。次の ① ～ ④ のうちから一つ選べ。

① 石灰岩地域のドリーネに水がたまった。
② 陸地の一部が断層で陥没して，水がたまった。
③ 蛇行河川の流路の一部分が残された。
④ 海岸部の入り江が，砂州で外海との連絡を断たれた。

問2　火山灰層は，たがいに遠く離れた堆積物の同時面を知る手がかりとして重要である。この火山灰層などを利用して，遠く離れた地域に分布する地層の同時性を調べることをどういうか。次の ① ～ ④ のうちから最も適当なものを一つ選べ。

① 測定　② 探査　③ 対比　④ 鑑定

問3　図のA湖，B湖，およびC湖の三つの湖の堆積物中の，植物化石群から推定された古気候の変化について述べた文として，**誤っているもの**はどれか。次の ① ～ ④ のうちから一つ選べ。

① A湖の周辺地域は，次第に暖かくなってきている。
② B湖の周辺地域は，25000年前ごろ最も暖かかった。
③ A湖，B湖，およびC湖のうち，最も北に位置するのはC湖である。
④ C湖では，「亜寒帯」から「暖温帯～冷温帯」への気候が繰り返されている。

問4　図のA湖，B湖，およびC湖の堆積物の厚さはそれぞれ異なるが，最近の6000年間における平均堆積量の最も小さい湖とその値はいくらか。次の ① ～ ⑥ のうちから最も適当なものを一つ選べ。

① A湖の0.8 mm/年である。
② A湖の0.1 mm/年である。
③ B湖の0.8 mm/年である。
④ B湖の0.1 mm/年である。
⑤ C湖の0.8 mm/年である。
⑥ C湖の0.1 mm/年である。

★★33 ＜海底の堆積物＞

弧状列島（島弧）と中央海嶺の間の大洋底でボーリングを行った。図1にボーリング地点を示し，図2にボーリングに基づく柱状断面図を示す。

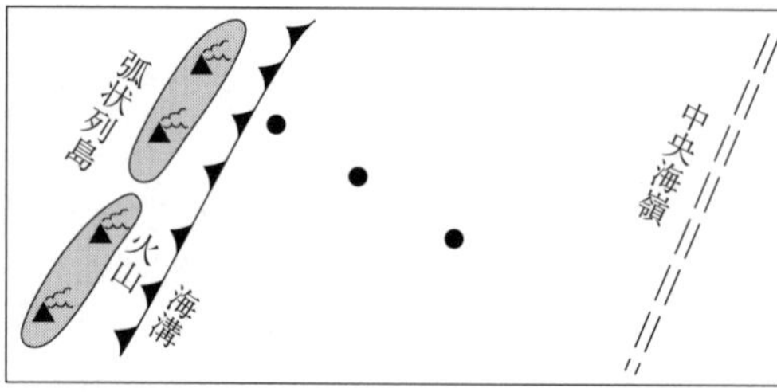

図1　ボーリング地点（●印）の配置

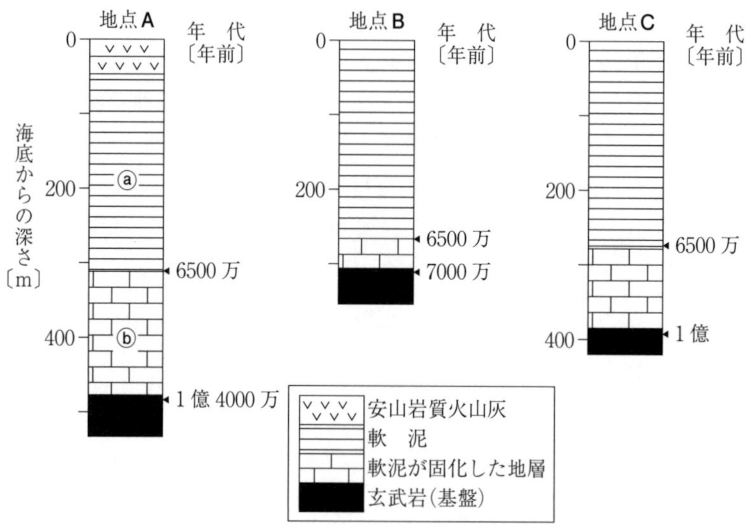

図2　ボーリングから得られた柱状断面図

問1　ⓐの軟泥に含まれる代表的な化石を，次の①～④のうちから一つ選べ。

①　放散虫　　②　三葉虫

③　アンモナイト　　④　カヘイ石（ヌンムリテス）

問2　ⓐのような軟泥がⓑのような固化した地層となる作用を何というか。次の①～④のうちから最も適当なものを一つ選べ。

①　変成作用　　②　風化作用　　③　続成作用　　④　侵食作用

問3　3地点A，B，Cを，堆積物の種類と厚さ，基盤の年代などを参考にして，弧状列島から近い順に並べると，どのようになるか。次の①～④のうちから最も適当なものを一つ選べ。

①　A—B—C

②　A—C—B

③　B—A—C

④　B—C—A

問4　図1と図2からわかることがらとして**誤っているもの**を，次の①～④のうちから一つ選べ。

①　安山岩質火山灰は，中央海嶺からもたらされた。

②　軟泥の堆積速度は，どこでもほぼ一定である。

③　海底堆積物の厚さは，基盤の年代が古いほど厚い。

④　固化した軟泥は，白亜紀の地層である。

★★34 ＜各地の地質断面図＞

次に示した図は，安定大陸（図 1），島弧（図 2），大洋底（図 3）の地質断面を示したものである。なお，図中の～系とは～紀に形成された地層，～界は～代に形成された地層を表す。

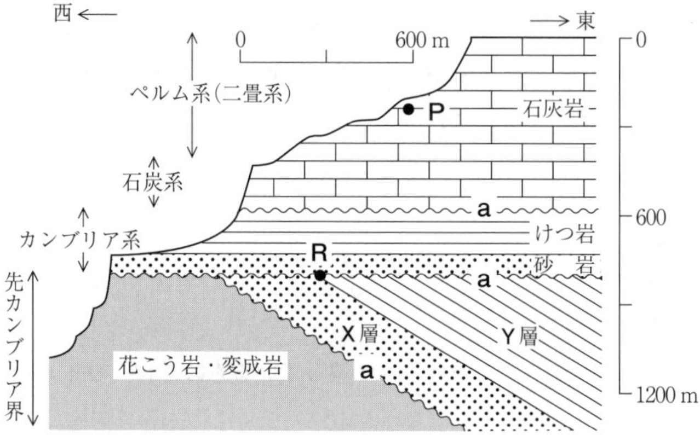

図 1　安定大陸

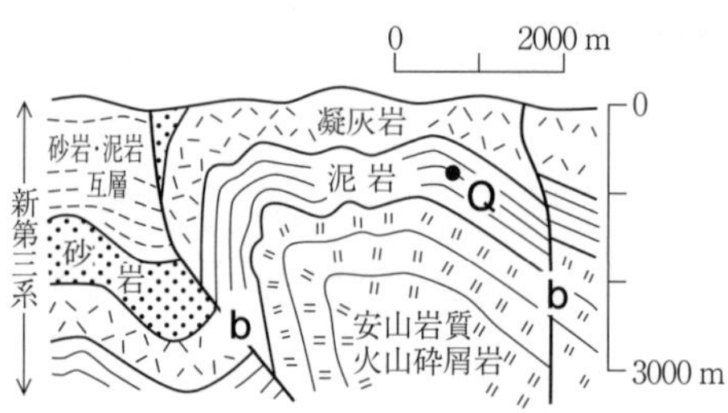

図 2　島弧

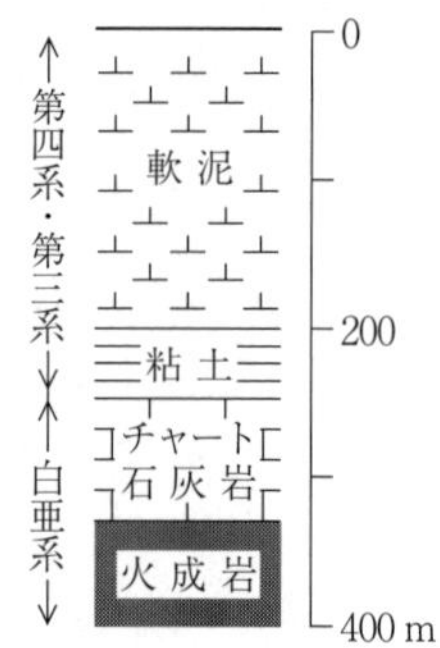

図 3　大洋底

問1　図1の波線aと，図2の太線bで示されている境界面はそれぞれ何を表すか。次の①～④のうちから最も適当なものを一つずつ選べ。

①　貫入　　②　断層　　③　整合　　④　不整合

問2　図1の地点Pおよび図2の地点Qから得られた化石の種類として最も適当なものを，次の①～④のうちから一つずつ選べ。

①　カヘイ石

②　トリゴニア（三角貝）

③　フズリナ（紡錘虫）

④　ビカリア

問3　図3にみられる火成岩は何か。次の①～④のうちから最も適当なものを一つ選べ。

①　花こう岩　　②　安山岩　　③　玄武岩　　④　かんらん岩

問4　島弧の地質には，安定大陸や大洋底の地質と比べてどのような特徴があるか。最も適当な文を，次の①～③のうちから一つ選べ。

①　中・酸性の火山噴出物を含む厚い地層がみられ，地質構造が複雑である。

②　プランクトンの遺骸が多く，陸から供給された砕屑物をほとんど含まない。

③　陸上や浅海で堆積した地層がほとんど変形を受けていない。

問5　図1の地点RでX層とY層の境界がみられた。Y層は，南北方向に傾いておらず，東に下がる向きに30°傾いていた。また，地点Rから真東に水平方向で1000m離れたところ（図には示されていない）で，Y層とその上位の地層（Z層）との境界がみられた。Y層の厚さとして最も適当な数値を，次の①～⑤のうちから一つ選べ。ただし，X，Y，Z層は整合に重なっている。

①　400m　　②　500m　　③　600m　　④　900m　　⑤　1000m

第4章　大気・海洋

★★35 ＜大気の構造＞

A

山に登ると，高くなるにつれて気温が徐々に低くなることをよく体験する。しかし，気温は高度とともにどこまでも低くなっているわけではない。上空の気温は季節や場所によって変わるが，平均的には次の図のような複雑な鉛直分布になっている。(a)大気圏は気温の鉛直分布の特徴に基づいて区分され，名称が与えられている。しかし気圧は，気温と違って高度とともに単調に低くなっている。観測の結果，(b)高度が 16 km 増すごとに気圧は約 1/10 になることが知られている。

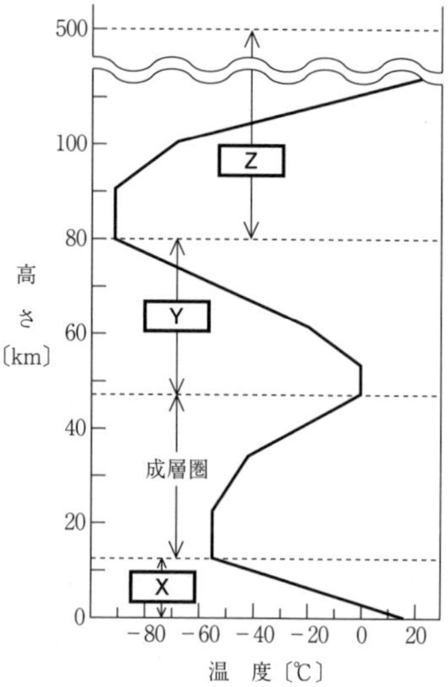

一方，水蒸気を除いた地上付近の大気組成は，どこでもほぼ一定であることがかなりの昔から分かっていた。比較的近年になってロケットによる観測ができるようになった結果，水蒸気やオゾン以外の大気組成は，地上付近だけでなく約 [ア] km の高さまでほぼ一定であることが分かった。このことは，さまざまな運動に伴って，大気がこの高さまで上下方向によく混合されていることを意味している。

問1　文章中の下線部(a)に関連して，前の図中の空欄 [X] ～ [Z] に入れる語の組合せとして最も適当なものを，次の①～⑥のうちから一つ選べ。

	X	Y	Z
①	熱圏	対流圏	中間圏
②	対流圏	中間圏	熱圏
③	中間圏	対流圏	熱圏
④	熱圏	中間圏	対流圏
⑤	対流圏	熱圏	中間圏
⑥	中間圏	熱圏	対流圏

問2　文章中の下線部(b)に関連して，48 km の高さでの気圧は地上気圧のおよそ何倍になるか。最も適当なものを，次の①～④のうちから一つ選べ。

①　$\frac{1}{30}$倍　②　$\frac{1}{100}$倍　③　$\frac{1}{300}$倍　④　$\frac{1}{1000}$倍

問3　文章中の空欄 **ア** に入れる数値として最も適当なものを，次の①～④のうちから一つ選べ。

①　12　②　48　③　80　④　500

B

大気は(c)対流圏，成層圏，中間圏，熱圏に分けられる。対流圏では， **イ** が多く，その潜熱の放出を伴った大気の運動が起こる。成層圏では，オゾンが比較的多い。近年，成層圏オゾンが減少しつつある。地表付近で放出された **ウ** が，対流圏から成層圏に到達し，分解されて， **エ** が生成される。この **エ** とオゾンとの反応が，オゾン減少のおもな原因とされている。

問4　文章中の空欄 **イ** ～ **エ** に入れる語の組合せとして最も適当なものを，次の①～⑧のうちから一つ選べ。

	イ	ウ	エ
①	水蒸気	メタン	塩素
②	水蒸気	メタン	窒素
③	水蒸気	フロン	塩素
④	水蒸気	フロン	窒素
⑤	二酸化炭素	メタン	塩素
⑥	二酸化炭素	メタン	窒素
⑦	二酸化炭素	フロン	塩素
⑧	二酸化炭素	フロン	窒素

問5　文章中の下線部(c)の対流圏，成層圏，中間圏，熱圏に関して述べた文として**適当でないもの**を，次の①～④のうちから一つ選べ。

①　対流圏では，ジェット気流や偏西風波動が見られる。
②　成層圏では，オーロラと呼ばれる発光現象が起こる。
③　中間圏では，高さとともに温度が低下している。
④　熱圏では，太陽からの紫外線による分子の電離が起こっている。

★★36 ＜地球の熱収支＞

A

地球表面は，岩石，水，大気の間ではたらく相互作用を通して，たえず変化している。その原動力には，太陽放射のエネルギーなどがある。

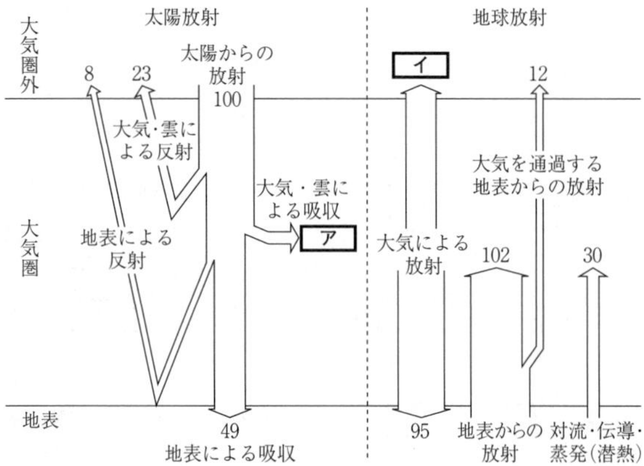

問 1　地球の大気および地表が受け取る太陽放射エネルギーと，地球から宇宙空間へ放出される地球放射エネルギーの収支は，つり合いを保っている。図は，地球が大気圏の上端で受け取る太陽放射エネルギーを 100 としたときの，地球の熱収支を模式的に表したものである。図中の空欄 ア ・ イ に入れる数値の組合せとして最も適当なものを，下の ① ～ ⑨ のうちから一つ選べ。

	ア	イ		ア	イ		ア	イ
①	20	51	②	20	57	③	20	88
④	23	51	⑤	23	57	⑥	23	88
⑦	31	51	⑧	31	57	⑨	31	88

B

大気の循環の源は，地球が受ける太陽放射エネルギーである。太陽放射エネルギーを波長別でみると，その最大は ウ の波長帯にある。一方，地球放射のエネルギーの最大は赤外線の波長帯にある。緯度別でみると，1 年間の平均では赤道付近が極付近より多くの太陽放射エネルギーを受ける。海洋と(a)大気の循環が低緯度から高緯度へエネルギーを運ぶため，1 年間の平均で考えると，赤道付近では地球放射のエネルギーは太陽放射エネルギーより エ なる。また，(b)大気の温室効果により，地表近くの年平均気温は温室効果のない場合より高くなっている。

問2　文章中の空欄 ウ ・ エ に入れる語の組合せとして最も適当なものを，次の ①～④ のうちから一つ選べ。

	ウ	エ
①	紫外線	大きく
②	紫外線	小さく
③	可視光線	大きく
④	可視光線	小さく

問3　文章中の下線部(a)に関連して，大気の循環について述べた文として最も適当なものを，次の ①～④ のうちから一つ選べ。

① ハドレー循環は，赤道から極付近まで延びて地球全体を覆っている。

② 偏西風は，中緯度を南北に大きく波打ちながら地球を一周している。

③ 貿易風は，転向力（コリオリの力）の影響を受けていない。

④ 夏の大陸の地上付近では，高気圧が発達し，暖かい空気を周囲に吹き出している。

問4　文章中の下線部(b)に関連して，放射とエネルギー収支に関して述べた文として最も適当なものを，次の ①～④ のうちから一つ選べ。

① 大気中の水蒸気は，太陽放射や地球放射を吸収せず，地球全体のエネルギー収支に影響を与えない。

② 地球全体では，地球が受ける太陽放射エネルギーの約 30 %を赤外線として宇宙へ放射する。

③ 大気は，地表から放射される赤外線の大部分を吸収する。

④ 大気は，太陽からの紫外線のほとんどを通過させる。

問5　大気の平均的な鉛直方向の構造について述べた文として最も適当なものを，次の ①～④ のうちから一つ選べ。

① 成層圏では，上空ほど気温が低くなっている。

② 中間圏には，オゾンを多く含むオゾン層が存在している。

③ 圏界面（対流圏界面）付近には，電離したイオンや電子が多い電離層が存在する。

④ 大気中の窒素の割合（体積比）は，地表から高度約 80 km までほぼ同じである。

★37 ＜地球上の水＞

A

水は，降水・蒸発・輸送などによって地球上を循環している。その過程で，(a)海洋の水，陸上の水（極氷・氷河，土壌水・地下水，湖水・河川水），大気中の水（水蒸気・雲）などさまざまな存在形態をとる。

水の分布や循環は，気候に対して重要な役割を果たしている。例として水蒸気の温室効果への影響を考えてみよう。ここでは，湿度（相対湿度）は常に一定であると仮定する。対流圏全体の気温が上昇した場合には，大気中の水蒸気量が［ア］するため，温室効果は［イ］。このため，地球温暖化は［ウ］されることになる。

問1　文章中の下線部(a)に関連して，地球上の水全体に対する，大気中の水（水蒸気や雲など）および海洋の水の占める割合の組合せとして最も適当なものを，次の①～④のうちから一つ選べ。

	大気中の水〔%〕	海洋の水〔%〕
①	0.001	48.6
②	0.001	97.2
③	1.0	48.6
④	1.0	97.2

問2　現在の地球上の水循環に関して，年間を通じた地球全体の特徴を述べた文として最も適当なものを，次の①～④のうちから一つ選べ。

① 地球全体で合計すれば，蒸発量が降水量を上回る。
② 地球全体で合計すれば，降水量が蒸発量を上回る。
③ 水蒸気は，大気中で陸地側から海洋側へ輸送される。
④ 水蒸気は，大気中で海洋側から陸地側へ輸送される。

問3　文章中の空欄［ア］～［ウ］に入れる語句の組合せとして最も適当なものを，次の①～⑥のうちから一つ選べ。

	ア	イ	ウ
①	増加	強まる	更に促進
②	増加	強まる	抑制
③	増加	弱まる	抑制
④	減少	強まる	更に促進
⑤	減少	強まる	抑制
⑥	減少	弱まる	抑制

B

地球の大気中に水蒸気として存在する水の全質量は，およそ15兆トンと見積もられている。次の図に示すように，大気への水蒸気の供給は地表（陸面や海面）からの水の蒸発によってなされている。大気中で凝結した水は，降水となって陸面や海面に降り注ぐ。また，降水として陸面に降った水の一部は，河川水や地下水などとして海洋へ流入する。(b)このように地球の表層をめぐる水は，地球の熱収支においても大きな役割を果たしている。

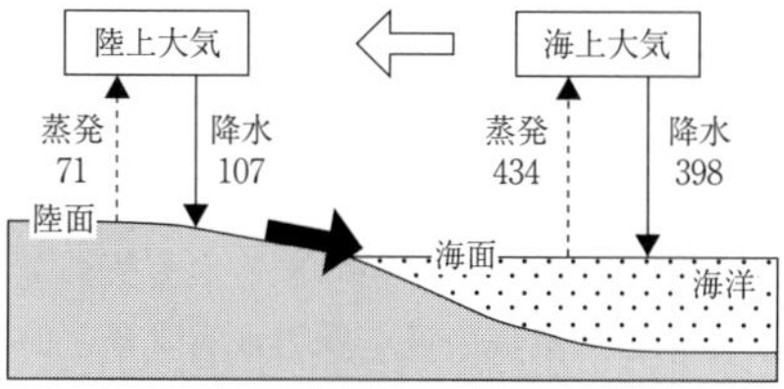

地球上の水循環を示す模式図

数字は年間のおよその輸送量（兆トン）を示す。
➡は河川などによる陸から海洋への流入，
⇦は大気循環による海上大気から陸上大気への正味の輸送，
をそれぞれ示す。

問4　図において，河川などにより陸から海洋へ流入する水の量，および大気循環によって海上大気から陸上大気へと輸送される水の量は，それぞれ年間約何兆トンか。最も適当な数値の組合せを，次の ①～④ のうちから一つ選べ。

	海洋への流入	大気循環による輸送
①	36	15
②	36	36
③	107	434
④	327	327

問5　文章中の下線部(b)に関連して，地球の温度分布や熱収支に果たす水の役割に関して述べた文として**誤っているもの**を，次の ①～④ のうちから一つ選べ。

① 北半球に比べて海洋の面積の大きい南半球の方が，中緯度地域での夏冬の地上気温の差が小さい傾向がある。

② 大気中の温室効果気体や雲から宇宙空間へ出される赤外放射量は，地表から宇宙空間に直接出される赤外放射量とほぼ同じである。

③ もし雲量が変化せずに大気中の水蒸気が増えたとすると，大気の温室効果は強まる。

④ 気候が寒冷化して雪や氷におおわれる面積が増えると，宇宙空間へ反射される太陽放射量も増える。

★★38 ＜大気中の水蒸気＞

大気中の水の量は，地球表層にある水の量の0.001％に過ぎないが，雲の形成や降雨と，それに伴う熱の移動など，地球の表層の環境を形作るのになくてはならない要素である。

大気中に含むことができる水蒸気の量には限度がある。単位体積あたりに含むことができる水蒸気の量を飽和水蒸気量という。また，大気が水蒸気で飽和しているときの，大気圧中に占める水蒸気の圧力を飽和水蒸気圧という。表は，気温と飽和水蒸気量，飽和水蒸気圧の関係を示したものである。

不飽和の状態にあった大気の温度が下がって［ア］に達すると，水蒸気の一部は［イ］し水滴となる。例えば上昇気流では，(a)上昇する空気塊の温度が下がって水滴が生じる。このように生じた細かな水滴が上空に浮いているものが雲粒である。(b)雲粒が集積して大きくなり，地上に落ちてくると雨になる。

表　気温と飽和水蒸気量，飽和水蒸気圧の関係

気　温〔℃〕	14	16	18	20	22	24	26	28	30
飽和水蒸気量〔g/m^3〕	12.1	13.5	15.2	17.3	19.4	21.9	24.4	27.2	30.4
飽和水蒸気圧〔hPa〕	15.9	18.2	20.6	23.4	26.4	29.8	33.6	37.8	42.4

問1　大気中の水について述べた文として最も適当なものを，次の①～④のうちから一つ選べ。

① 地球上の大気中の水の総質量は，地球上の氷河の総質量よりも多い。
② 年間あたり，海面からの水の蒸発の総量は，陸地からの水の蒸発量より多い。
③ 大気中の水蒸気量が飽和水蒸気量をこえると，必ず水滴か氷晶が生じる。
④ 大気中の水蒸気が水滴に変化するとき，周囲の大気から熱を吸収する。

問2　文中の空欄［ア］・［イ］にあてはまる語句の組合せとして最も適当なものを，次の①～④のうちから一つ選べ。

	ア	イ
①	凝固点	融解
②	凝固点	凝結
③	露点	融解
④	露点	凝結

問3　ある地点，ある時刻の気温が24℃であった。この空気を冷却したとき，18℃ではじめに水滴があらわれた。この空気の相対湿度として最も適当なものを，次の①～④のうちから一つ選べ。

①　6％　　②　44％　　③　69％　　④　75％

問4　標高0mのある地点で，気温が30℃，相対湿度が75％であった。この地点の空気中に含まれる水蒸気の体積比として最も適当なものを，次の①～④のうちから一つ選べ。

①　0.03％　　②　0.3％　　③　3％　　④　30％

問5　下線部(a)に関連して，上昇する空気塊の温度が低下する主な原因について述べた文として最も適当なものを，次の①～④のうちから一つ選べ。

①　空気塊から周囲の大気に熱が伝導するため。
②　空気塊に含まれる水蒸気が，空気から熱を奪うため。
③　地面から遠ざかると，地面からの赤外線が届かないため。
④　気圧が下がって，空気塊が膨張するため。

問6　下線部(b)に関連して，雲粒の直径を0.01mmとする。この雲粒が集積して，直径1mmの雨粒が生じるには，雲粒が何個必要か。最も適当なものを次の①～④のうちから一つ選べ。

①　10個　　②　10^2個　　③　10^4個　　④　10^6個

問7　次のア～エのそれぞれがみられる地面からの平均的な高度を，低い順（地面に近い順）にならべたものとして最も適当なものを，下の①～⑧のうちから一つ選べ。

ア　巻層雲　　**イ**　オゾン層　　**ウ**　層雲　　**エ**　オーロラ

①　ア‐イ‐ウ‐エ　　②　ウ‐ア‐イ‐エ
③　ア‐ウ‐イ‐エ　　④　ウ‐ア‐エ‐イ
⑤　ア‐ウ‐エ‐イ　　⑥　ウ‐イ‐ア‐エ
⑦　ア‐エ‐ウ‐イ　　⑧　ウ‐エ‐ア‐イ

★★39 ＜地球の熱輸送＞

次の図は，地球による太陽放射の吸収量と地球からの放射量（地球放射量）の緯度分布を，模式的に示したものである。太陽放射吸収量は低緯度ほど多く，高緯度では少ない。一方，地球放射量は温度が高い低緯度で多く，温度が低い高緯度では少ないが，緯度による差は太陽放射吸収量ほど大きくない。したがって，放射だけを考えると，低緯度でエネルギーが余り，高緯度でエネルギーが不足することになる。この過不足は，南北方向の熱輸送により解消されている。

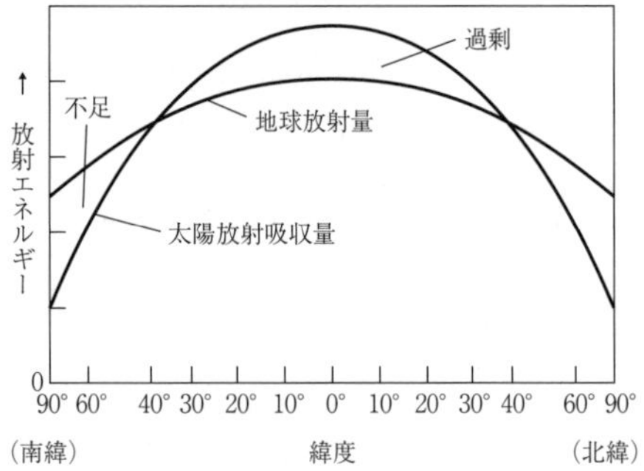

問１　南北方向の熱輸送を示す図として最も適当なものを，次の①～④のうちから一つ選べ。ただし，南から北への熱輸送量を正とし，北から南への熱輸送量を負とする。

①

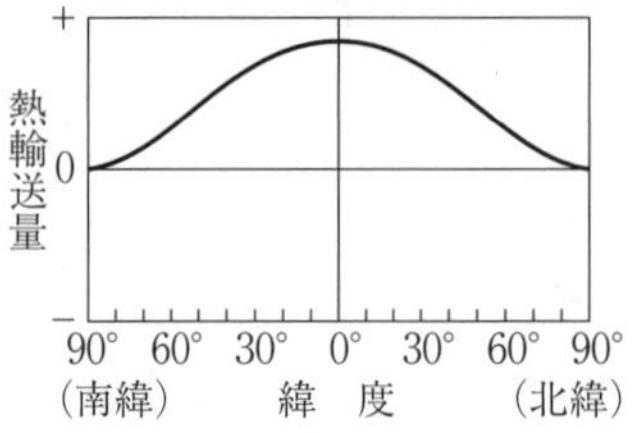

②

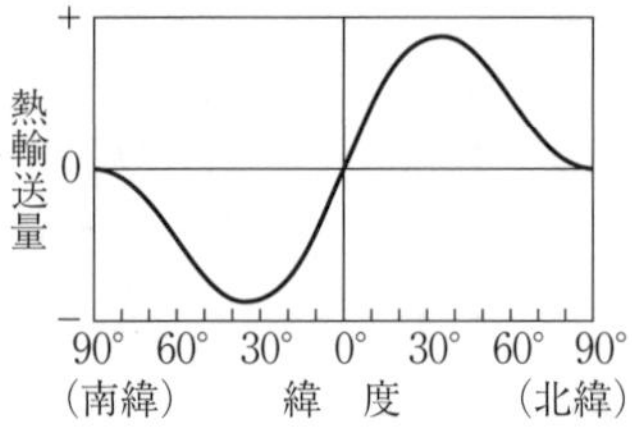

③

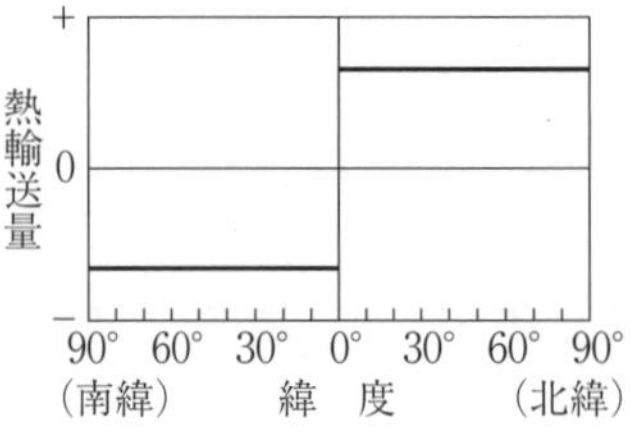

④

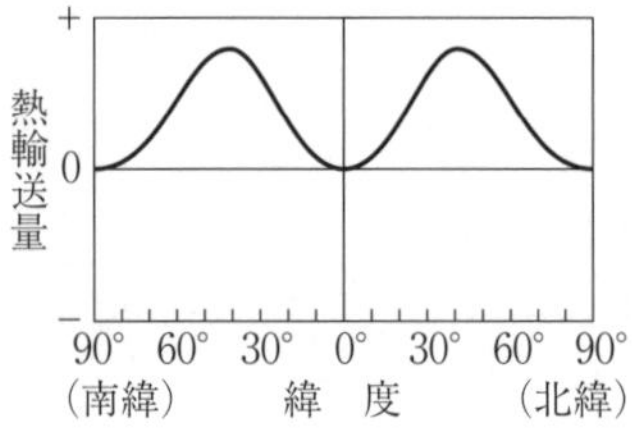

問2　南北方向の熱輸送について述べた文として最も適当なものを，次の①～④のうちから一つ選べ。

① 大気の運動による熱輸送は無視できる。

② 津波による熱輸送は重要である。

③ 海流による熱輸送は重要である。

④ 地殻中の熱伝導は重要である。

問3　南北方向の熱輸送がなくなったと仮定すると，大気および地球表面の温度と地球の熱収支はどのように変化すると考えられるか。最も適当なものを，次の①～④のうちから一つ選べ。

① 温度は変化せずに，各緯度で，太陽放射吸収量と地球放射量とが一致するように変化する。

② 温度は低緯度で上がり，高緯度で下がるが，太陽放射吸収量と地球放射量は変化しない。

③ 温度が低緯度で下がり，高緯度で上がり，各緯度で，太陽放射吸収量と地球放射量とが一致するように変化する。

④ 温度が低緯度で上がり，高緯度で下がり，各緯度で，太陽放射吸収量と地球放射量とが一致するように変化する。

★★40 ＜大気の大循環＞

A

図1は地球に入射する太陽放射と，地球から宇宙へ放出される地球放射を模式的に示したものである。

太陽放射の強度のピークは［ア］の領域にある。また，太陽放射に垂直な面が受ける地球の大気上端での太陽放射量は1.37 kW/m^2で，その31％は宇宙へ反射される。ただし，高緯度側では，赤道付近にくらべて太陽高度が低いので，地表1 m^2あたりに入射する太陽放射量は少ない。

一方，(a)地球の熱エネルギーは地球放射として地表面や大気から宇宙へと放出される。地球放射量も低緯度域より高緯度域の方が少ないが，その緯度による違いは太陽放射の緯度による違いとくらべて［イ］。これは，(b)大気と海洋の循環によって，低緯度から高緯度に熱エネルギーが運ばれているためである。

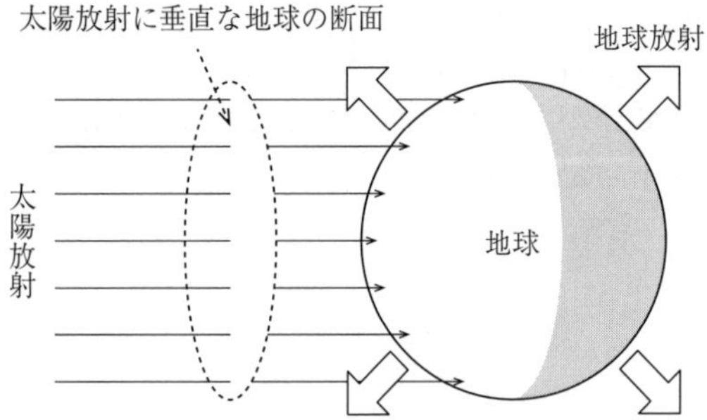

図1　太陽放射と地球放射の模式図
太陽放射に垂直な地球の断面の半径は，地球半径と同じとみなす。

問1　文章中の［ア］・［イ］に入れる語の組合せとして最も適当なものを，次の①～④のうちから一つ選べ。

	ア	イ		ア	イ
①	赤外線	大きい	②	赤外線	小さい
③	可視光線	大きい	④	可視光線	小さい

問2　文章中の下線部(a)に関連して，宇宙へ放出される地球放射量を地球の全表面で平均したときの，単位面積あたりの値〔kW/m^2〕を求める式として最も適当なものを，次の①～⑥のうちから一つ選べ。ただし，地球に吸収される太陽放射と，宇宙へ放出される地球放射はつり合っているとする。

① 0.31×1.37　② $0.31 \times 1.37 \times \frac{1}{2}$　③ $0.31 \times 1.37 \times \frac{1}{4}$

④ 0.69×1.37　⑤ $0.69 \times 1.37 \times \frac{1}{2}$　⑥ $0.69 \times 1.37 \times \frac{1}{4}$

問3　文章中の下線部(b)について述べた文として最も適当なものを，次の①～④のうちから一つ選べ。

① ハドレー循環は，降水の多い熱帯で下降し，砂漠の多い亜熱帯で上昇するような大気の循環である。
② 海洋の深層循環は，海洋表層の塩分の高い海水が亜熱帯で海底まで沈み込むことによって生まれる循環である。
③ 貿易風は，極付近で観測される大気の循環に伴う地表付近の風である。
④ 黒潮は，北半球の太平洋表層にみられる時計回りの水平循環を構成する海流である。

B

地球表面で受け取る太陽放射の緯度による違いにより，大気の大規模な南北方向の循環が形成される。この循環に伴う南北方向の風は地球の自転により東西方向の力を受ける。たとえば(c)ハドレー循環に伴う南北方向の風は，低緯度の地球表面付近で貿易風，(d)中緯度の対流圏界面付近で偏西風を引き起こす。中緯度では地球表面でも偏西風が吹く。このような地球表面の風は，海流（海水の循環）を引き起こす。このようにして形成された大気の循環も海水の循環も，南北方向に熱を輸送する。

問4　文章中の下線部(c)のハドレー循環について述べた文として最も適当なものを，次の①～④のうちから一つ選べ。

① 赤道域では空気が上昇する。
② 極域上空の冷たい空気が下降する。
③ オゾンが成層圏に輸送される。
④ ジェット気流と呼ばれる強い下降気流が形成される。

問5　文章中の下線部(d)に関連して，偏西風が吹いている緯度帯で主に発生する現象として最も適当なものを，次の①～④のうちから一つ選べ。

① 温帯低気圧　② 台風　③ 太陽風　④ エルニーニョ現象

★★★41 ＜水の循環＞

地球表層の水の総量は，およそ 1.5×10^{24} g と見積もられている。そのほぼ 97 %は，地球表面の約 7 割を占める海洋に存在し，残りの大部分は雪氷や地下水，湖水や河川水として陸地の表層に存在する。(a)大気中には，総量の 0.001 %というごくわずかな水が存在しているにすぎない。

地球表面が暖められると，地球表面の水は蒸発し，水蒸気となって大気に含まれる。(b)大気中の水蒸気は，大気とともに移動する。水蒸気を含む空気塊が上昇し気温が下がると，水蒸気は凝結して水滴または氷晶となり，雲をつくる。そして，雨や雪となって地球表面に戻る。陸上に降った水は，その一部は蒸発し，一部は河川に集まり海に注ぐ。(c)蒸発量と降水量は，陸と海の違いや緯度の違いなど場所によって大きく異なるが，地球表面全体で平均すると，いずれも 1 年に 1000 mm 程度である。

問 1　水が蒸発するときは熱を必要とし，水蒸気が凝結するときは熱を放出する。したがって，文章中の下線部(b)の水蒸気の移動を，熱の移動とみることができる。このような熱の移動をどう呼ぶか。次の ①～④ のうちから最も適当な語句を一つ選べ。

①　熱伝導　　②　潜熱輸送　　③　長波放射　　④　短波放射

問 2　雲について述べた文として**誤っているもの**を，次の①～⑤のうちから一つ選べ。

①　雲粒が氷点下の気温でも水滴のままで存在するとき，過冷却の状態にあるという。

②　上昇気流の中で，水蒸気が凝結し雲ができているときの断熱減率は，水蒸気を含まないときの断熱減率よりも大きい。

③　温暖前線が近づくときは，巻雲などの上層の雲がはじめに出現することが多い。

④　寒冷前線の付近では，積乱雲が出現しやすい。

⑤　高気圧の中は下降気流があるので，低気圧の中よりも雲ができにくい。

問 3　文章中の下線部 (c) に関し，一般に，同一地点の年降水量と年蒸発量とは等しくない。地球上のいろいろな地点で，年降水量 P と年蒸発量 E の差 $P-E$ を求め，緯度ごとに合計すると，$P-E$ の緯度方向の分布が得られる。その模式図として最も適当なものを，次の ①～④ のうちから一つ選べ。

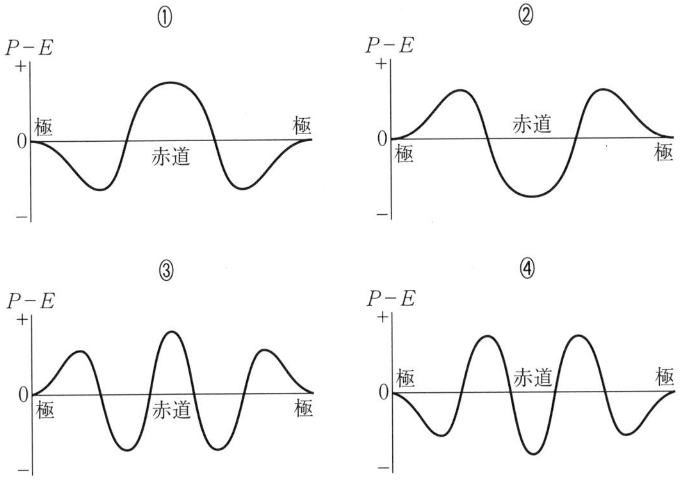

問 4　文章中の下線部 (a) の事実から，地球表面全体で平均したとき，地球表面 1 cm^2 当たりの上空の大気に含まれる水の量は，降水量になおすと，およそ何 mm になるか。次の ①～④ のうちから最も適当な値を一つ選べ。ただし，地球の表面積は，5×10^{18} cm^2 とする。

① 0.3 mm　　② 3 mm　　③ 30 mm　　④ 300 mm

★★42 ＜温帯低気圧＞

A

雲の形態は千差万別である。日本では昔から特徴的な形の雲に対して，「入道雲」や「おぼろ雲」といった名称をつけ，親しんできた。雲の形態を科学的に分類しようという試みがなされたのは19世紀初めのことである。現在では(a)雲が現れる高さと形から10種類の基本形に分けられている。

低気圧に伴って，いろいろな形態の雲が観察されるが，次の図に示されるように，(b)温暖前線の付近と寒冷前線の付近では観察される雲に違いがある。

気象衛星による観測が始まって，地球をおおう雲の分布の特徴を知ることができるようになった。気象衛星「ひまわり」で撮影された雲画像を見ると，熱帯太平洋では活発な上昇気流の存在を示す雲の塊が東西に並び，その高緯度側には雲がほとんど見られない区域があることに気がつく。

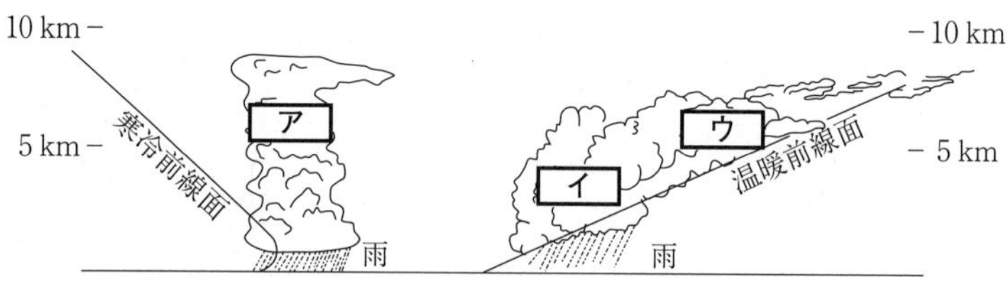

前線の鉛直断面のモデル図。水平方向と鉛直方向の縮尺を変えてある。

問1　文章中の下線部(a)の分類に従って，最も高いところに生じる雲にはどのようなものがあるか。最も適当なものを，次の①～④のうちから一つ選べ。

①　層積雲　　②　層雲　　③　高積雲　　④　巻雲

問2　文章中の下線部(b)に関連して，図の空欄 ア ～ ウ に入れる雲の組合せとして最も適当なものを，次の①～⑥のうちから一つ選べ。

	ア	イ	ウ
①	乱層雲	積乱雲	高層雲
②	積乱雲	乱層雲	高層雲
③	乱層雲	高層雲	積乱雲
④	積乱雲	高層雲	乱層雲
⑤	高層雲	乱層雲	積乱雲
⑥	高層雲	積乱雲	乱層雲

問3　大気の大循環を考えると，赤道付近で上昇し，上空を高緯度に向かって流れた空気は，その後どのように流れていくか。最も適当なものを，次の①～④のうちから一つ選べ。

① 極で冷却されて下降し，東向きの流れとなって低緯度にもどる。
② 極で冷却されて下降し，西向きの流れとなって低緯度にもどる。
③ 亜熱帯高圧帯で下降し，西向きの流れとなって低緯度にもどる。
④ 亜熱帯高圧帯で下降し，東向きの流れとなって低緯度にもどる。

B

立春から春分までの間に各地域で最初に吹く［エ］寄りの強風を春一番と呼ぶ。この風は，低気圧が発達しながら［オ］を通過する際に吹き，この風によって雪崩や融雪洪水などの災害が発生することがある。また，この低気圧から伸びる［カ］前線が通過するとき，突風・雷・砂塵嵐・竜巻などが発生し，前線通過後には［キ］寄りの強風が吹き，気温が急に大きく下がり，遭難事故や災害が起こることがある。

一方，春から初夏にかけては，全国的に林野火災（山火事）が多くなる。この原因のひとつとして，強風が山脈を越える場合，山の風下側では乾燥した［ク］の風が吹く［ケ］現象があげられる。

問4　文章中の空欄［エ］・［オ］に入れる語の組合せとして最も適当なものを，次の①～④のうちから一つ選べ。

	エ	オ
①	北	日本海
②	北	本州南岸
③	南	日本海
④	南	本州南岸

問5　文章中の空欄［カ］・［キ］に入れる語の組合せとして最も適当なものを，次の①～④のうちから一つ選べ。

	カ	キ
①	温暖	南
②	温暖	北
③	寒冷	南
④	寒冷	北

問6　文章中の空欄［ク］・［ケ］に入れる語の組合せとして最も適当なものを，次の①～④のうちから一つ選べ。

	ク	ケ
①	低温	ヒートアイランド
②	低温	フェーン
③	高温	ヒートアイランド
④	高温	フェーン

★★43 ＜日本の春と冬の天気＞

日本付近の気象は季節ごとに特徴がある。春や秋には偏西風に流されて温帯低気圧と移動性高気圧とが交互に通過し，天気は周期的に変化する傾向がある。また，冬にはシベリア高気圧からの寒気の吹き出しの影響を強く受ける。

春に日本列島付近を温帯低気圧が通過したときの天気図を図1a，図1bに示し，また，冬に温帯低気圧が通過した後の天気図を図1cに示す。

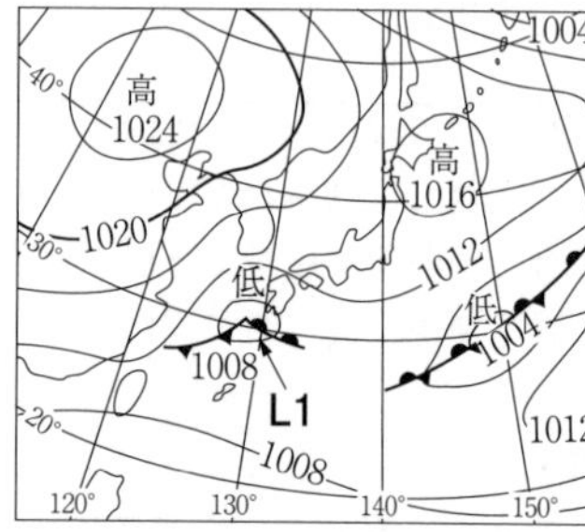

a　春の例

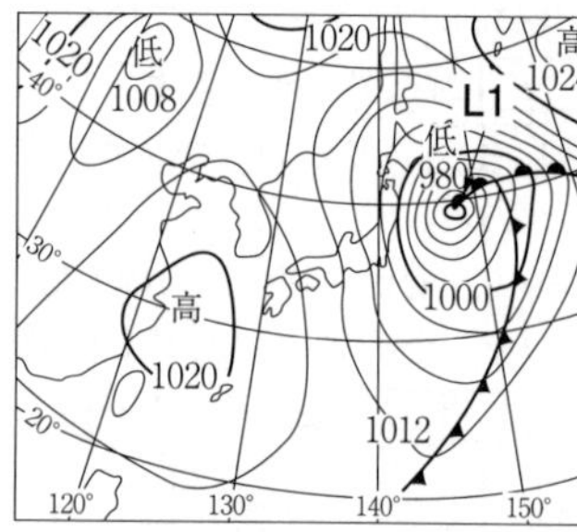

b　aの2日後

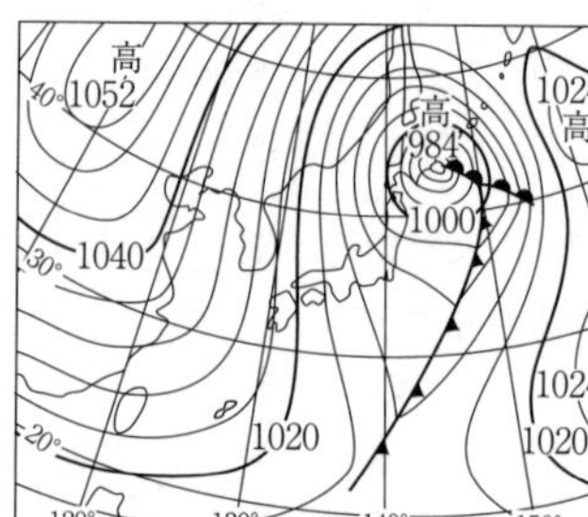

c　冬の例

図1

問1　次の文章中の空欄 ア ・ イ に入れる数値の組合せとして最も適当なものを，以下の①～⑥のうちから一つ選べ。

図1aと図1bを比べると，九州付近にあった低気圧**L1**が，発達しながら2日後に本州東方へ移動したことがわかる。その移動は，1日あたり北向きに約5度，東向きに約 ア 度であった。対象とする地域における経度1度に対応する距離を約100 km，1日を約10万秒とすれば，低気圧の東向きの移動速度は約 イ m/秒となる。

	ア	イ
①	5	5×10^{-3}
②	5	5
③	10	1×10^{-2}
④	10	10
⑤	20	2×10^{-2}
⑥	20	20

問2　天気図の特徴から，地上付近の風の吹き方をおおまかに推定できる。図1bと図1cを比べると，九州付近の風の強さは，冬の方が強かったものと考えられる。その理由として最も適当なものを，次の①～⑥のうちから一つ選べ。

①　冬には，九州付近の等圧線が南北方向に走っていた。
②　冬には，九州付近の等圧線が東西方向に走っていた。
③　冬には，九州付近の平均気圧が低かった。
④　冬には，九州付近の平均気圧が高かった。
⑤　冬には，九州付近の等圧線の間隔が狭かった。
⑥　冬には，九州付近の等圧線の間隔が広かった。

問3　冬のシベリア高気圧の発達時には図2の影をつけた領域の気圧が高い。その領域内の気圧の高い日が，他の季節も含めてどのくらいの頻度で現れるのかを調べた。図3は，その領域内の気圧の最高値が1040 hPa以上であった日数および1020 hPa以上であった日数を，月ごとに集計した結果である。図3からわかることの記述として**適当でないもの**を，以下の①～④のうちから一つ選べ。

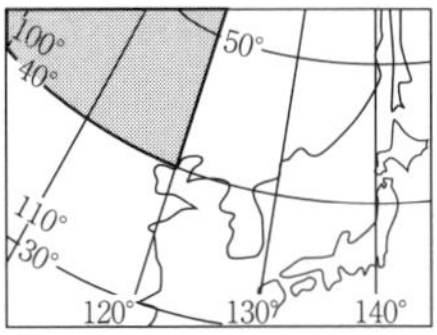

図2

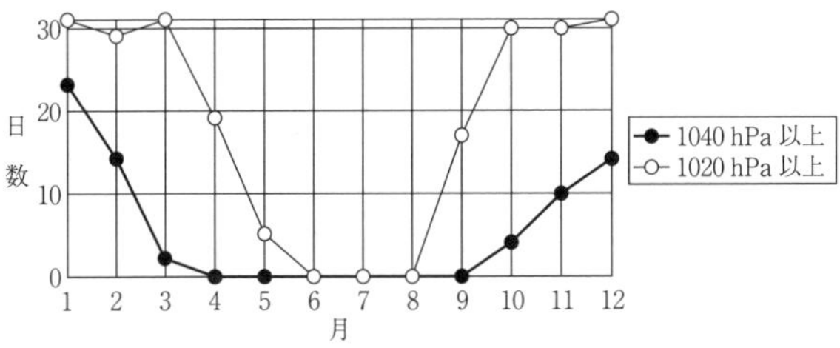

図3

①　気圧が1040 hPa以上であった日数が，その月の日数の6割を超えたのは，1月だけであった。
②　3月や10月には，気圧が1020 hPa以上1040 hPa未満であった日数が，それぞれの月の日数の7割を超えていた。
③　気圧が1040 hPa以上の日がない月には，気圧が1020 hPa以上になる日もなかった。
④　気圧が1020 hPa以上の日がその月の日数の4割を超えたのは，全体で8か月あった。

★★44 ＜日本の冬の天気＞

本州や北海道の日本海側は世界の豪雪地帯の一つである。地上天気図のパターン（気圧配置）が［ア］のようなときには，大陸から日本列島へ北西の季節風が吹いて日本列島の日本海側を中心に雪が降り，太平洋側では晴れやすくなる。しかし，1980年代の後半から1990年代にかけて全国的に暖冬が続き，北陸や山陰では少雪傾向が顕著であった。暖冬年には，寒冬年に比べて［ア］のような気圧配置が続きにくくなるものと考えられる。

一方，首都圏など本州の太平洋側に雪害をもたらすような降雪は，低気圧が本州のすぐ南の海上を発達しながら東進するときに起きやすい。本州は低気圧に伴う温暖前線のすぐ北側にあたり，地上付近には冷たい北東の風が流入する。一方，温暖前線面に沿って上昇する流れに伴って，上空では［イ］から水蒸気が流入し，降雪に寄与する。このような本州南岸沖の低気圧の発達・東進は，大陸からの季節風が［ウ］いる状況が続くようなときに起きやすい。したがって，暖冬だからといって太平洋側での降雪が少なくなるとは限らない。

問１　文章中の空欄［ア］に入れる天気図として最も適当なものを，次の①～④のうちから一つ選べ。

①

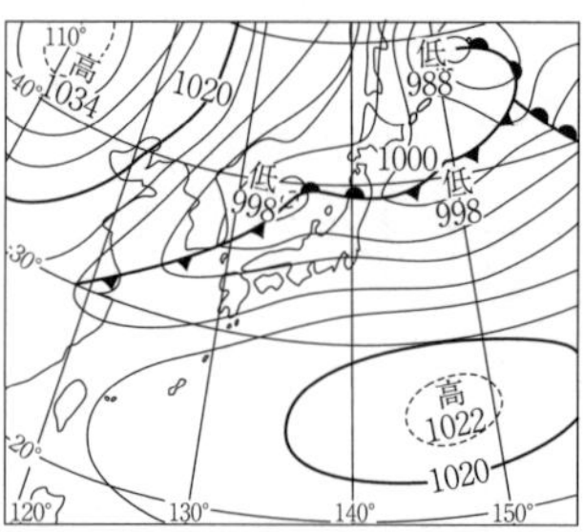

②

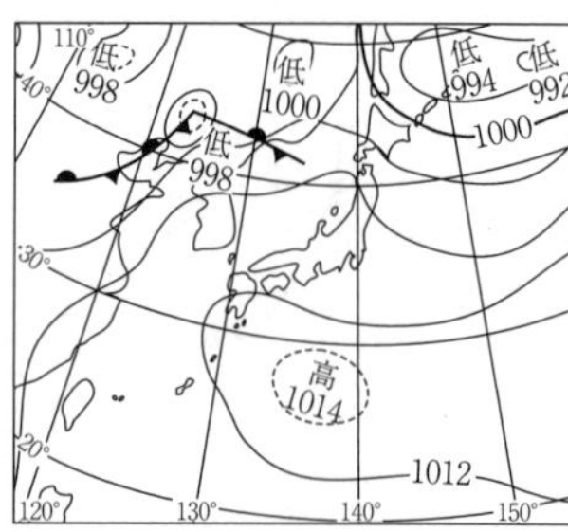

③

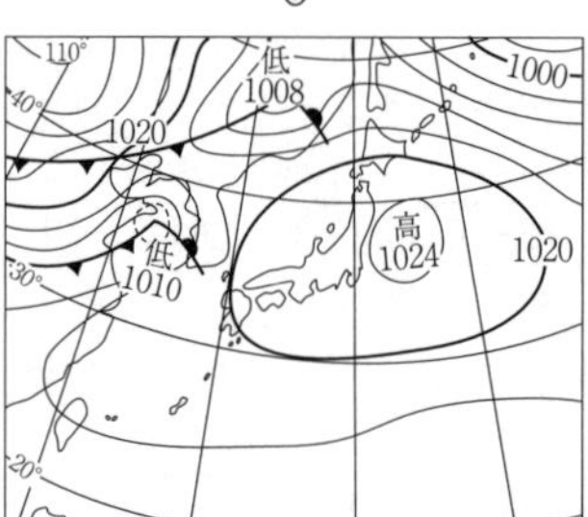

④

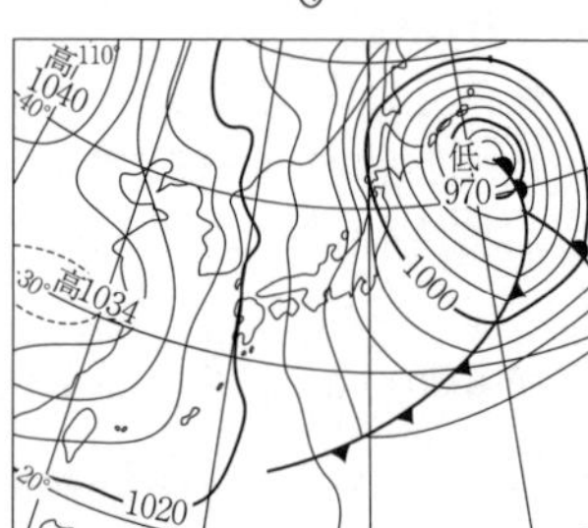

問2　文章中の空欄 イ ・ ウ に入れる語句の組合せとして最も適当なものを，次の①～④のうちから一つ選べ。

	イ	ウ
①	南方	弱まって
②	南方	強まって
③	北方	弱まって
④	北方	強まって

問3　日本列島における降雪や雪害について述べた文として最も適当なものを，次の①～④のうちから一つ選べ。

① 暖冬年には，ふだん雪の多い地域でも1日に10cmも積もるような降雪は考えられない。

② ふだん雪の少ない太平洋側では，少しの積雪でも交通機関が機能しなくなるなどの雪害が生じることがある。

③ 現在の日本海が陸地に変わったと仮定すると，北陸地方での季節風時の降雪量は，現在よりも増加すると考えられる。

④ 日本海側の山地では,「春一番」のような暖かい南風が吹いて融雪が起きると，雪に関係した災害は生じにくくなる。

★45 ＜日本の梅雨と夏の天気＞

A

問１　梅雨どきによくみられる天気図の例として最も適当なものを，次の ① ～ ④ のうちから一つ選べ。

①

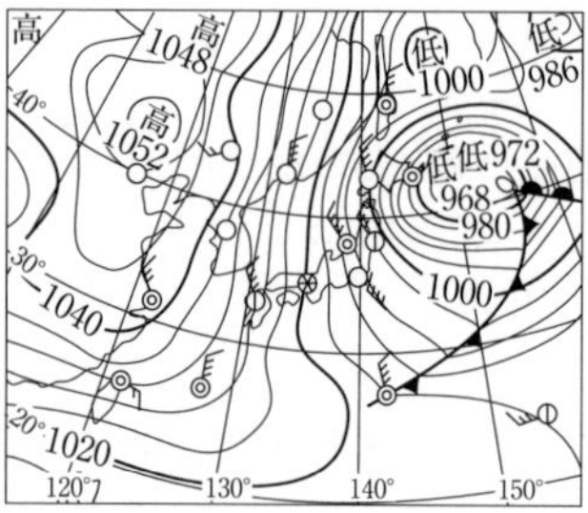

②

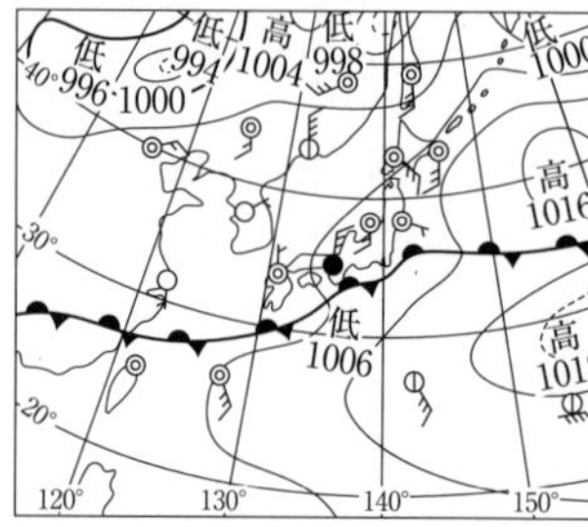

③

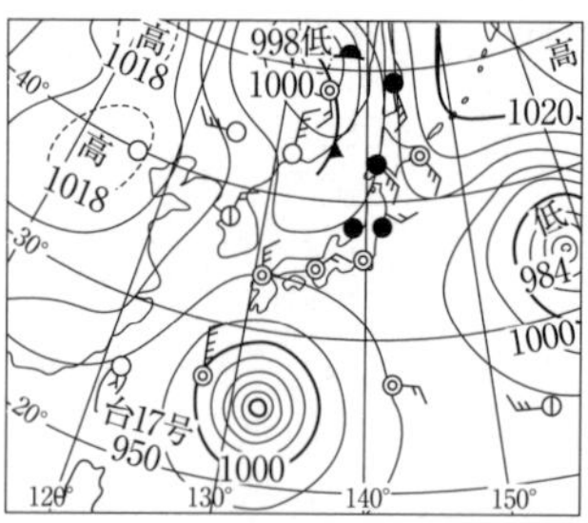

④

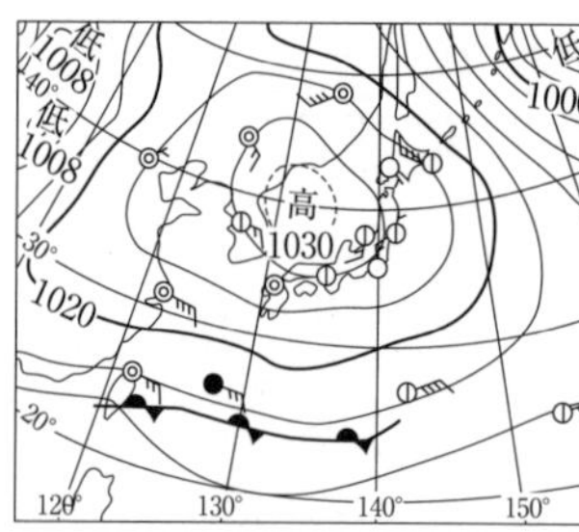

問２　地上気温と空気中の水蒸気量の特徴について，梅雨前線の北側と南側とで比較した文として最も適当なものを，次の ① ～ ④ のうちから一つ選べ。

① 北側は低温多湿で，南側は高温多湿である。

② 北側は低温で乾燥しており，南側は高温多湿である。

③ 北側も南側も，ともに低温多湿である。

④ 北側は高温多湿で，南側は高温で乾燥している。

問３　梅雨どきに起こりやすい災害について述べた文として**誤っているもの**を，次の ① ～ ④ のうちから一つ選べ。

① 低温や日照不足が続くと，農作物に被害が発生する。

② 梅雨前線によって太平洋岸にフェーン現象が起り，火災が発生する。

③ 大量の降雨によって，土石流や山崩れが発生する。

④ 長雨が続くと，平野部の河川も氾濫する。

B

東北地方では，異常気象による災害の一つとして，冷害があげられる。これは，[ア]にオホーツク海高気圧の勢力が強く，(a)<u>この高気圧から吹き出す冷たく湿った北東風</u>が長く吹き続く場合に起こる。降水量が異常に少なかったり多かったりしても，農作物や森林に被害がでる。西日本では，夏季に[イ]の勢力が強い状態が長期間続く場合は，雨が少なく干ばつが発生することがある。

空気が異常に乾燥した状態が続くことによっても災害が発生する。強い低気圧の通過時などに，(b)<u>山脈を越えて吹く風が，風下側で著しく乾燥して高温となる</u>ことがあり，農作物に被害がでたり，大きな火災が発生したりすることがある。

問4　文章中の空欄[ア]に入れる季節として最も適当なものを，次の①～④のうちから一つ選べ。

①　春季　②　夏季　③　秋季　④　冬季

問5　文章中の下線部(a)は何と呼ばれているか。次の①～④のうちから最も適当なものを一つ選べ。

①　海陸風　②　やませ　③　エルニーニョ　④　ジェット気流

問6　文章中の空欄[イ]に入れる語句として最も適当なものを，次の①～④のうちから一つ選べ。

①　太平洋高気圧　②　シベリア高気圧
③　温帯低気圧　④　アリューシャン低気圧

問7　文章中の下線部(b)はフェーン現象と呼ばれるが，これについて述べた文として最も適当なものを，次の①～④のうちから一つ選べ。

①　風下側の昇温の大きさや乾燥の程度には，山脈の高さは関係しない。
②　山脈の風上側で，空気が斜面との摩擦によって加熱されて起こる。
③　この現象が頻繁に起こると，地球の温暖化や乾燥化を招く。
④　山脈の風上側で降水があるときに起こりやすい。

★★46 ＜台風＞

A

台風はほとんど毎年のように日本に災害を引き起こしている。北西太平洋（赤道以北で東経 180° 以西）と南シナ海に発生する熱帯低気圧のうち，最大風速 17.2 m/s 以上（風力 8 以上）のものを台風と呼んでいる。

問 1　台風の発生や経路について述べた次の ①～④ の文のうちから，最も適当なものを一つ選べ。

① 日本に接近したり上陸したりする台風は 8～10 月に多い。

② 北西太平洋全体では，1～4 月に発生する台風の数と 7～10 月に発生する台風の数はほぼ等しい。

③ 熱帯海域では台風は西から東に進むことが多い。

④ 台風は温帯地方に入ると東から西へ進むことが多い。

問 2　台風に伴う風の向きの変化は，台風の経路を知る手がかりの一つである。ある地点の西側を台風の中心が南から北へ進む場合，その地点の風向はどのように変わるか。次の ①～④ のうちから，最も適当なものを一つ選べ。

① 東→南→西　　② 東→北→西

③ 北→西→南　　④ 西→南→東

B

熱帯の海上にある台風は，天気図上で，中心に近いほど間隔の狭いほぼ同心円状の等圧線で描かれることが多く，発達した［　ア　］が中心を取り巻くように分布し，強い風や雨をもたらす。ただし，実際の風や雨の分布は必ずしも同心円状ではない。

台風が陸域に接近すると，気圧の低下に伴い潮位（海水位）が上昇することに加え，湾奥（わんおう）部では強風により海水が吹き寄せられて潮位が大幅に上昇し，満潮時に高潮による大きな被害をもたらすことがある。台風の発達過程や進路を予測し災害を軽減するために，気象衛星からの雲画像は不可欠である。特に，観測点の少ない海洋上の気象情報を提供してくれる意義は大きい。

問 3　文章中の空欄［　ア　］に入れる語として最も適当なものを，次の ①～④ のうちから一つ選べ。

① 乱層雲　　② 積乱雲

③ 温暖前線　　④ 寒冷前線

問4　図1には，北半球亜熱帯の海上にある勢力の強い台風について，四つの予想移動経路が示されている。いずれの経路をたどったとしても，台風の強さや大きさは同じで，広い平野に囲まれた湾に満潮時に最接近するものとする。このとき，前の文章中の下線部に述べられているようなことが起こるが，湾奥部に最も大きな高潮被害をもたらすおそれがある経路はどれか。最も適当なものを，図1中の①～④のうちから一つ選べ。

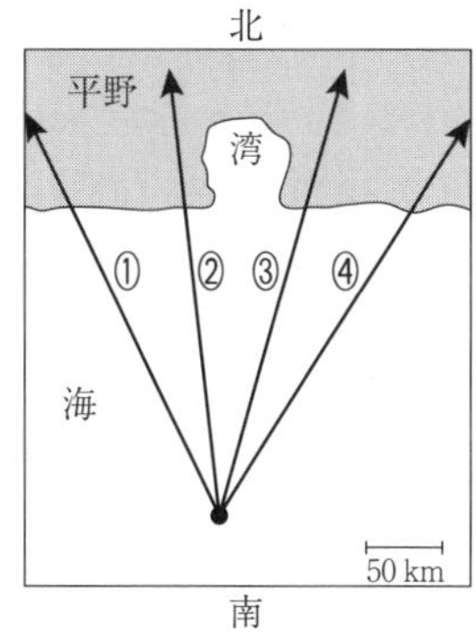

図1　台風の四つの予想移動経路

問5　次の図2は，気象衛星「ひまわり」によって同時に撮られた可視画像(左)と赤外画像(右)である。これら二つの画像について，台風の中心（A）を取り巻くように分布する白い領域を比べてみる。赤外画像においては，その領域の広がりは，台風の東側でも西側でもほぼ同じ程度である。これに対し，可視画像においては，白く見える領域が，台風の東側よりも西側で大きく広がっている。この理由として最も適当なものを，下の①～④のうちから一つ選べ。

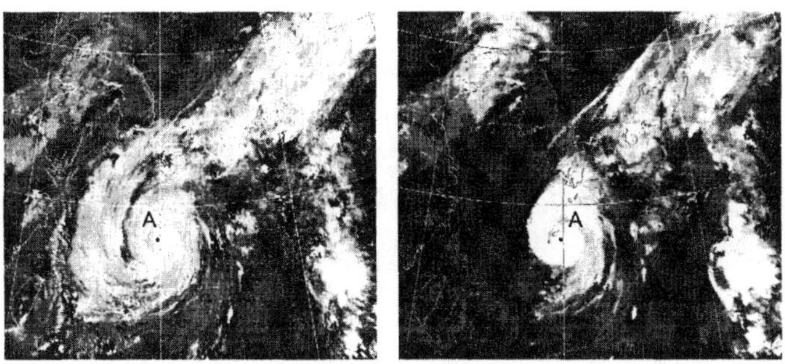

図2　気象衛星「ひまわり」が観測した，ある台風の可視画像（左）と赤外画像（右）
赤外画像では，赤外線の強いところが黒く，弱いところが白くなっている。

① 風速の大きい領域の広がりが，台風の西側では東側にくらべて大きいから。
② 頂上の高い雲が，台風の西側では東側にくらべて広く分布しているから。
③ 頂上の低い雲が，台風の西側では東側にくらべて広く分布しているから。
④ 海面の水温が，台風の西側では東側にくらべて高いから。

★★47 ＜大気環境＞

タカシさんとケイコさんは大気汚染についてインターネットで調べた。すると，近年はその影響が地球全体に広がっていることがわかった。

問１　二人は降雨の酸性化と大気汚染に関する説明を以下のようにまとめた。文章中の空欄［ア］・［イ］に入れる語の組合せとして最も適当なものを，下の①～④のうちから一つ選べ。

人為的な大気汚染の影響を受けなくても，大気中を浮遊している水滴には［ア］が溶け込んで酸性となる。原始地球の海洋は，原始大気中に高濃度に存在した［ア］の吸収に重要な役割を果たした。一方，石炭や石油などの化石燃料が燃やされることによって生じた［イ］は，降雨の酸性化の人為的な原因として大きな問題になっている。

	ア	イ
①	酸素	炭水化物
②	酸素	酸化物
③	二酸化炭素	炭水化物
④	二酸化炭素	酸化物

問２　二人は，付近に人工的な施設がない直線道路で，大気汚染物質である二酸化窒素とオゾンの濃度の調査を行った。ある日に測定されたこれらの物質の濃度と道路からの距離との関係を図１に示した。次に，これらの物質の道路際での濃度と１日あたりの自動車の通過台数を調べて，計４回の調査結果を図２に示した。図１および図２から読み取れることは，下の記述Ⅰ～Ⅵのどれか。最も適当な組合せを，下の①～⑥のうちから一つ選べ。

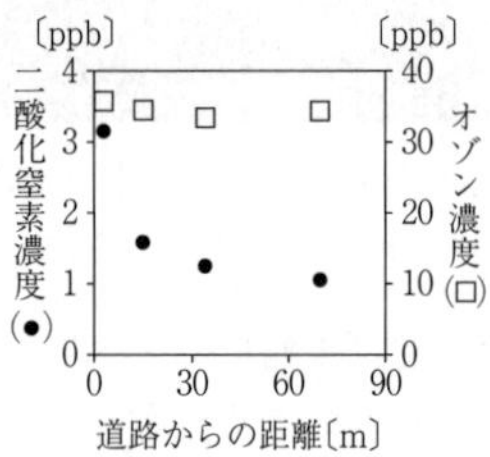

図１

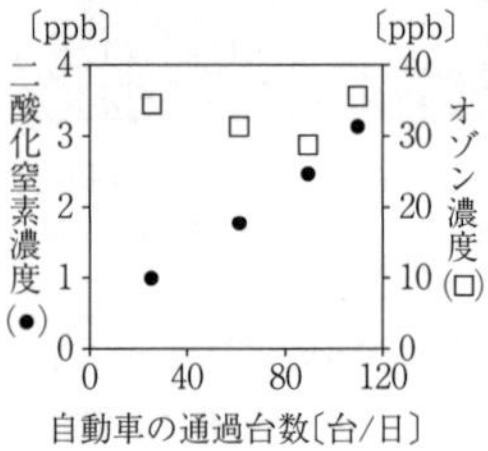

図２

（注）　1 ppb は 0.001 ppm

Ⅰ　オゾンは主に自動車によって排出されている。

Ⅱ　オゾンは二酸化窒素から生成されている。

Ⅲ　自動車の通過台数が多いとオゾンの濃度は高い。

Ⅳ　自動車の通過台数が多いと二酸化窒素の濃度は高い。

Ⅴ　二酸化窒素の濃度が高いとオゾンの濃度も高い。

Ⅵ　道路の近くでは二酸化窒素濃度は高くなる。

①　Ⅰ・Ⅲ　　②　Ⅰ・Ⅵ　　③　Ⅱ・Ⅲ

④　Ⅱ・Ⅴ　　⑤　Ⅳ・Ⅴ　　⑥　Ⅳ・Ⅵ

問3　タカシさんとケイコさんは大気汚染とオゾンについて環境省のウェブページで調べてみた。次の文章を読み，下の問い（a・b）に答えよ。

タカシ：オゾンは光化学スモッグの主成分で，高濃度のオゾンは植物の成長にも影響を与えるようだ。日本の地上で観測されるオゾンには，国内の大気汚染物質に由来するものだけでなく，大陸のほうから［ウ］によって運ばれてくるものもあるね。

ケイコ：このオゾンはオゾンホールとは関係ないのかしら。

タカシ：　オゾンホールが関係するオゾンは［エ］に分布していて，広域大気汚染で問題になっているオゾンとは分布する高度が違うよ。

ケイコ：　オゾン層の形成は［オ］の生物の陸上進出に重要な役割を果たしているし，オゾンは地球環境にさまざまな影響を与えているのね。

a　文章中の空欄［ウ］～［オ］に入れる語の組合せとして最も適当なものを，次の①～⑧のうちから一つ選べ。

	ウ	エ	オ
①	偏西風	成層圏	先カンブリア時代
②	偏西風	成層圏	古生代
③	偏西風	対流圏	先カンブリア時代
④	偏西風	対流圏	古生代
⑤	貿易風	成層圏	先カンブリア時代
⑥	貿易風	成層圏	古生代
⑦	貿易風	対流圏	先カンブリア時代
⑧	貿易風	対流圏	古生代

b　オゾン層に関係した記述として**適当でないもの**を，次の①～⑤のうちから一つ選べ。

①　オゾン層保護のためフロンの製造が国際的に規制された。

②　大気中の酸素濃度が上昇することでオゾン層が形成された。

③　オゾン層は主に赤外線によって生成されている。

④　オゾンホールは南極上空においてよく発生している。

⑤　オゾン層は太陽からの紫外線を吸収している。

★48 ＜海水の塩分＞

A

塩分を海水1kgに溶けているすべての塩類の重さ（グラム，g）として千分率（パーミル，‰）で表すと，外洋の塩分は，おおよそ **ア** ‰の範囲にある。低・中緯度域の外洋における海面付近の塩分の緯度分布は，次の図に示すような降水量と蒸発量の緯度分布をおもに反映している。蒸発量は，赤道付近で極小になり，ほぼ南北に対称な分布をしている。一方，降水量は赤道よりやや北で最大になる。両半球とも緯度20～30°付近で降水量が極小になる理由は，この海域が **イ** に属するからである。

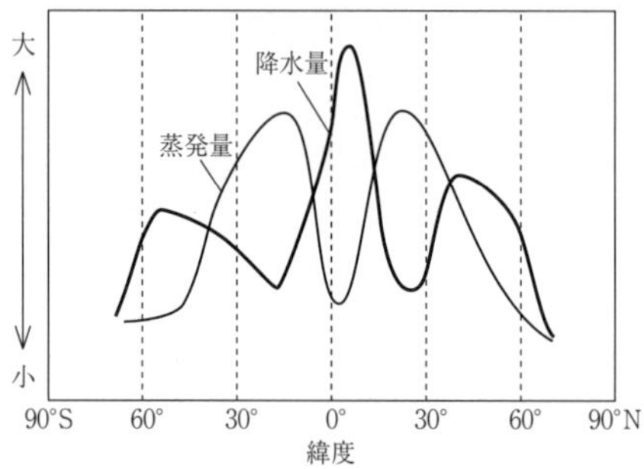

図1　降水量と蒸発量の緯度分布（模式図）

問1　文章中の空欄 **ア** ・ **イ** に入れる数値と語の組合せとして最も適当なものを，次の①～④のうちから一つ選べ。

	ア	イ
①	3.3～3.8	高圧帯
②	3.3～3.8	低圧帯
③	33～38	高圧帯
④	33～38	低圧帯

問2　文章中の下線部に関連して，塩分の緯度分布の模式図として最も適当なものを，次の①～④のうちから一つ選べ。

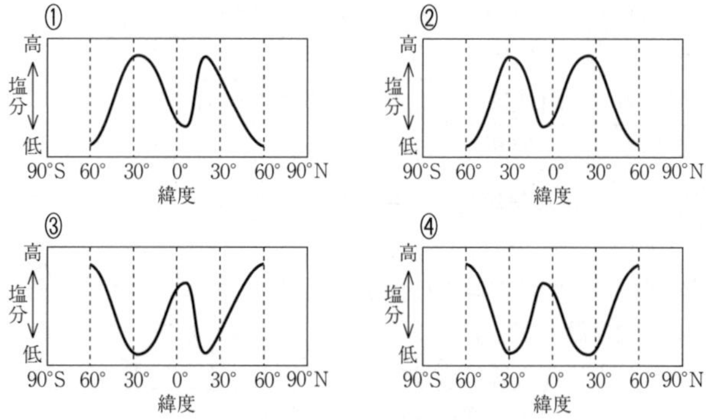

B

太平洋のある場所において，海洋中のさまざまな深さで水温と塩分を測定したところ，図2のような結果が得られた。

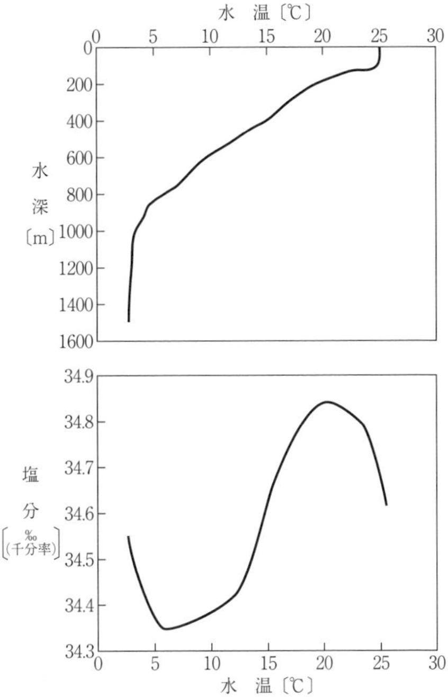

図2

問3　この場所における主水温躍層の深さはどれくらいか。最も適当なものを，次の①～④のうちから一つ選べ。

① 0 m ～ 100 m

② 0 m ～ 500 m

③ 200 m ～ 800 m

④ 800 m ～ 1400 m

問4　塩分が極小になっているところの水深はどれくらいか。最も適当なものを，次の①～④のうちから一つ選べ。

① 50 m

② 300 m

③ 800 m

④ 1500 m

問5　塩分が極小になっているところにあるような，低塩分で，水温が上層水より低く，深層水よりはやや高い海水は，どこで，どのようにしてつくられたと考えられるか。次の①～④のうちから最も適当なものを一つ選べ。

① この場所で，台風に伴う強い風によって上下の海水が激しく混合してつくられた。

② 南極周辺の海洋で，冬期に海水が盛んに結氷することによってつくられた。

③ 熱帯の海洋で，降水を上まわる量の激しい蒸発によってつくられた。

④ 亜寒帯の海洋で，蒸発を上まわる量の降水や海氷の融解などによってつくられた。

★★49 <海水温>

A

大洋の水温に関する次の問いに答えよ。

問1　中・低緯度の深海の水温は0～2℃である。次の①～④のうち三つは，この事実を説明するために必要な正しいことがらであり，残りの一つは誤りである。次の①～④のうちから**誤っているもの**を一つ選べ。

①　海水は0℃では凍らない。
②　中・低緯度の表層水が，冬，冷やされて深海にまで沈む。
③　高緯度の表層水が，中・低緯度の深海に流れこむ。
④　海水の密度は水温の低下とともに大きくなる。

問2　海面の水温は低緯度で高く，高緯度で低いが，その原因は何か。最も適当なものを，次の①～④のうちから一つ選べ。

①　気温が低緯度で高く，高緯度で低い。
②　大気や海水の大循環が存在する。
③　地球の表面が受ける太陽エネルギーは，低緯度で多く高緯度で少ない。
④　高緯度では，氷河が海にすべり落ちるところがある。

問3　大気と海の間では，放射・伝導・気化などによって熱が交換されている。その結果，ある海域は暖められ，別の海域は冷やされている。年平均をとると，海面が最も熱を放出している海域の一つが，太平洋では関東沖にある。その理由として重要なことがらを，次の①～⑥のうちから二つ選べ。

①　台風がしばしば通過する。
②　近くにエネルギーを多量に消費する大都市がある。
③　夏，近くに小笠原高気圧が発達する。
④　冬，乾燥した強い風が吹く。
⑤　同じ緯度の他の海域に比べて水温が高い。
⑥　大気の湿度が高い。

B

右の図1は，北半球の中緯度域において，海面を通して海洋に出入りする熱エネルギーの年変化を示している。この図より，4月から8月の期間は，海洋に入る太陽放射エネルギーは海洋から出る熱エネルギーより多いが，10月から2月の期間は，その逆であることがわかる。このような熱エネルギーの出入りによって，海面付近では，加熱期に形成された暖水の層が，冷却期に対流により上下にかき混ぜられる。その結果，中緯度域の海面付近では，次の図2に示すような水温の年変化が起こる。

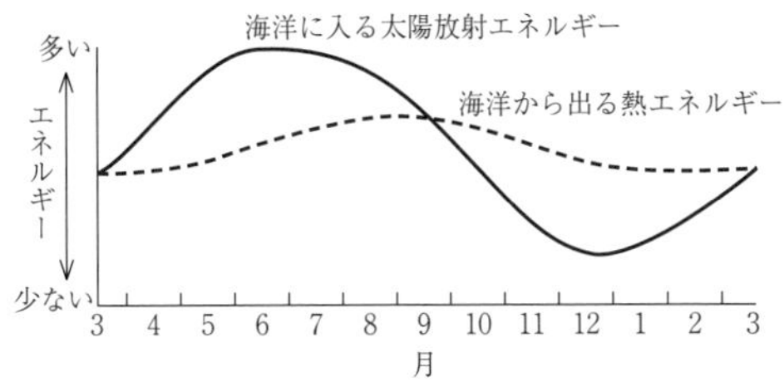

図1　北半球の中緯度域で海面を通して海洋に出入りする熱エネルギーの年変化（模式図）

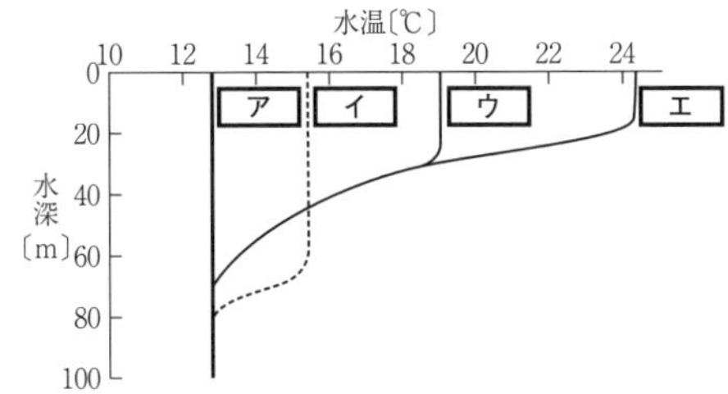

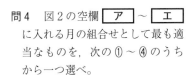

図2　北半球の中緯度域の海面付近における水温の年変化（模式図）

問4　図2の空欄 ア ～ エ に入れる月の組合せとして最も適当なものを，次の①～④のうちから一つ選べ。

	ア	イ	ウ	エ
①	12月	3月	9月	6月
②	12月	9月	3月	6月
③	3月	6月	12月	9月
④	3月	12月	6月	9月

問5　文章中の下線部に関連して，海面での熱エネルギーの出入りに関して述べた文として最も適当なものを，次の①～④のうちから一つ選べ。

①　海洋から放射される電磁波の波長は，太陽放射の波長より短い。

②　1年間を通してみると，低緯度域では，海洋に入る太陽放射エネルギーは海洋から出る熱エネルギーよりも少ない。

③　海水が蒸発することにより，海洋から大気へ熱の輸送が起こる。

④　放射によって海洋から出る熱エネルギーは，海水の塩分に依存する。

★50 <海流>

A

外洋の水深数百メートル付近には，深くなるにつれて水温が急激に［ア］する層があり，主水温躍層（水温躍層）と呼ばれる。この層より上の層と下の層では，海水の循環の特徴が大きく異なる。下の層では，［イ］の海面付近から沈み込んだ重い水が地球全体の海洋にゆっくり広がるように流れる。北太平洋における上の層では，次の図に示すように環状の水平方向の流れがあり，この流れはおもに［ウ］のはたらきで引き起こされる。

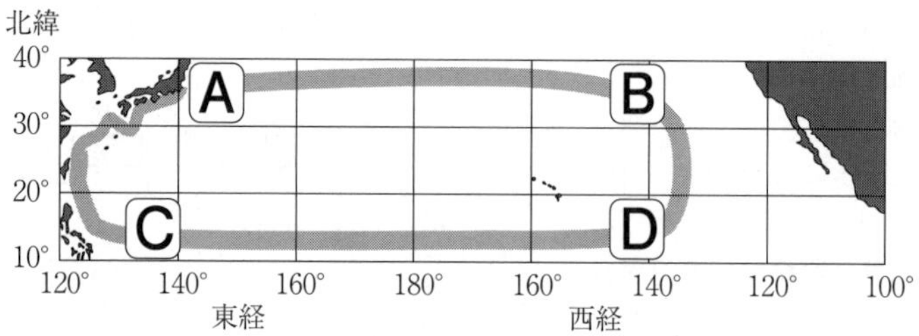

北太平洋の亜熱帯環流の概略図

問1　文章中の空欄［ア］～［ウ］に入れる語の組合せとして最も適当なものを，次の①～⑧のうちから一つ選べ。

	ア	イ	ウ		ア	イ	ウ
①	低下	高緯度	風	②	低下	高緯度	降水
③	低下	赤道域	風	④	低下	赤道域	降水
⑤	上昇	高緯度	風	⑥	上昇	高緯度	降水
⑦	上昇	赤道域	風	⑧	上昇	赤道域	降水

問2　亜熱帯環流付近の海水は，海面近くで加熱または冷却されながら，環流によって輸送される。上の図中の北太平洋の海域A～Dのうち，海面近くの年平均水温が最も高い海域と最も低い海域の組合せとして最も適当なものを，次の①～⑧のうちから一つ選べ。

	水温が最も高い海域	水温が最も低い海域		水温が最も高い海域	水温が最も低い海域
①	A	C	②	A	D
③	B	C	④	B	D
⑤	C	A	⑥	C	B
⑦	D	A	⑧	D	B

B

風が起こす海水の流れは，コリオリの力（転向力）がはたらくと，北半球では風を背にして右手方向，南半球では左手方向に向かう。

北半球では，年間を通じて，亜熱帯高圧帯の北側に［エ］が，南側に［オ］が吹いている。これらの風とコリオリの力の影響によって大洋に生じる海水運動は，海域全体にわたって［カ］を変化させ，大規模に循環する流れを形成する。この流れは亜熱帯環流と呼ばれ，その西側（大洋の西岸付近）には，北太平洋の黒潮や北大西洋の湾流（メキシコ湾流）のように，強い海流がある。

問3　文章中の空欄［エ］～［カ］に入れる語句の組合せとして最も適当なものを，次の①～④のうちから一つ選べ。

	エ	オ	カ
①	東よりの風	西よりの風	海面の高さ
②	東よりの風	西よりの風	海水の密度
③	西よりの風	東よりの風	海面の高さ
④	西よりの風	東よりの風	海水の密度

問4　亜熱帯環流は南半球にも見られるが，北半球のものとは違いがある。その違いを述べた文として最も適当なものを，次の①～④のうちから一つ選べ。

① 亜熱帯環流は，北半球では時計回り，南半球では反時計回りである。

② 亜熱帯環流は，北半球より南半球の方がはるかに優勢で，流れも数倍速い。

③ 北半球で大洋の西岸付近に見られる強い海流は，南半球では大洋の東岸付近に見られる。

④ 亜熱帯環流の中心部における海面は，北半球では周辺部より高く，南半球では低い。

★★51 ＜エルニーニョ現象＞

エルニーニョは，もともとペルー付近の沿岸で毎年クリスマスのころに海面水温が上昇する現象を指した言葉であったが，現在では，［ア］に１度くらいの頻度で起こる，より広い範囲の現象を指すようになっている。エルニーニョが起こることにより，(a)さまざまな方面にその影響があることが知られている。(b)気候の変動において海洋の役割が大きいと考えられているが，エルニーニョは，海洋の役割が明らかになった例として注目される。

問１　エルニーニョが起こっているときの海面水温の分布はどのようになるか。次の①～④の図のうちから最も適当なものを一つ選べ。なお，図の等温度線の間隔は２℃で，太平洋の28℃以上の部分には影をつけた。

①
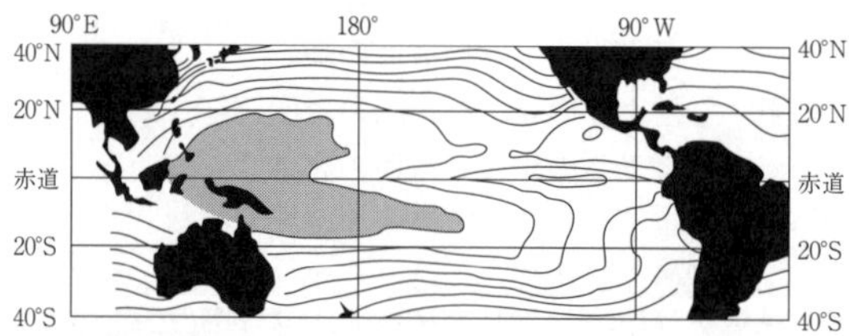

②
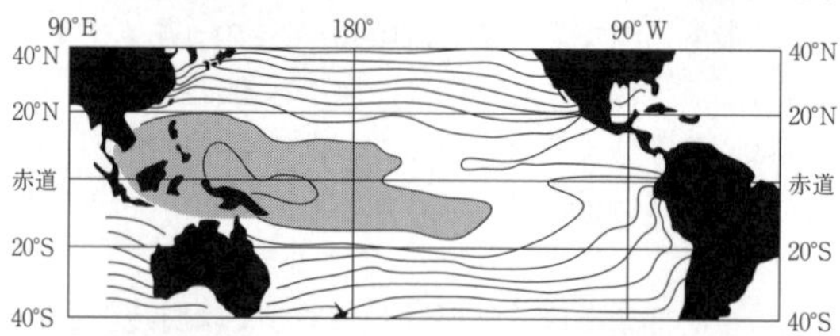

③
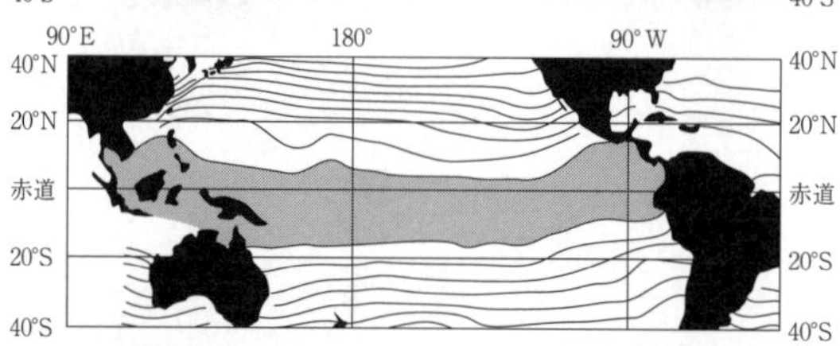

④
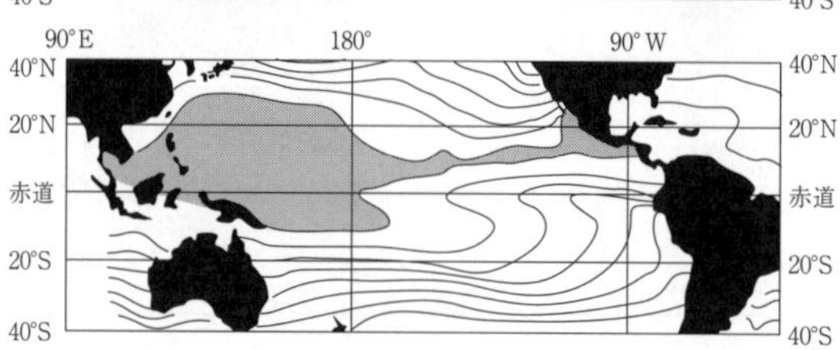

問2　文章中の空欄 **ア** に入れる語句として最も適当なものを，次の①～⑤のうちから一つ選べ。

①　数か月　　②　数年　　③　数十年　　④　数百年　　⑤　数千年

問3　エルニーニョに伴う海面水温の変動の原因は，太平洋熱帯域での風の変化と考えられているが，それはどのようなものか。次の①～④のうちから最も適当なものを一つ選べ。

①　偏西風が強くなる。

②　偏西風が弱くなる。

③　貿易風が強くなる。

④　貿易風が弱くなる。

問4　太平洋熱帯域で，海洋上部の暖かい海水の層の厚さを東西で比較した場合，エルニーニョの前はどのようになっていて，それがエルニーニョの時にどのように変化するか。それぞれについての記述の組合せとして最も適当なものを，次の①～④のうちから一つ選べ。

	エルニーニョの前	エルニーニョの時
①	東で厚く，西で薄い。	東西の差が小さくなる。
②	東で厚く，西で薄い。	東西の差が大きくなる。
③	西で厚く，東で薄い。	東西の差が小さくなる。
④	西で厚く，東で薄い。	東西の差が大きくなる。

問5　文章中の下線部(a)の例として，一般に**考えられていないもの**はどれか。次の①～⑤のうちから一つ選べ。

①　世界の多くの場所で，異常気象が発生する。

②　高緯度域で，地表に到達する紫外線が増加する。

③　南米の太平洋沿岸域における漁業に，大きな影響を与える。

④　日本付近に接近する台風の数に影響を与える。

⑤　日本では冷夏になることが多い。

問6　文章中の下線部(b)の理由として最も適当なものを，次の①～④のうちから一つ選べ。

①　海洋は大気に比べ熱容量が大きい。

②　地球全体の海面水温の平均が，地上気温の平均より低い。

③　海洋は陸地よりも，太陽放射に対する反射率が高い。

④　海水の循環は，大気の循環よりはるかに速い。

★★52 ＜海洋の深層＞

A

海洋は地球表面積の約 70 %を占め，海面近くの海水の密度は，太陽放射の吸収，放射冷却，大気との熱交換，［ア］などによって変化している。密度を増した表層の海水は，下の海水と混合して，水温のほぼ一様な混合層をつくる。そのすぐ下には，水温が深さとともに大きく変わる水温［イ］があり，水温の季節変化はこの層の下の深層には直接及ばない。深層水の密度は深さとともに大きくなる。

海洋の表面海水は 1 kg 中におよそ［ウ］の塩類を含む。塩類を含まない淡水は，1 気圧のもとでは 4 ℃で密度が最大になる。海水の密度が最大となる温度は，塩分によって変わる。外洋の深層の海水は高緯度海域から移動してきたもので，4000 m より深いところでの水温は［エ］であり，緯度にはほとんど関係しない。

問 1　次の文章を読み［ア］～［エ］に入れるのに最も適当なものを，以下のそれぞれの解答群のうちから一つずつ選べ。

［ア］の解答群

① 潮の満ち干　② 風浪とうねり
③ 気圧の変化　④ 蒸発と降水

［イ］の解答群

① 不安定層　② 逆転層　③ 境界層　④ 躍層

［ウ］の解答群

① 5 g　② 20 g　③ 35 g　④ 50 g

［エ］の解答群

① 4 ℃以下　② 6 ～ 8 ℃　③ 10 ～ 12℃　④ 14℃以上

B

海洋には，深層循環（熱塩循環）と呼ばれる，表層から深さ数千 m にまで及ぶ海水の循環があり，長期的な地球の気候を決める重要な要因となっている。

ある特定の場所で沈み込んだ海水は，深層をゆっくりと流れ，地球の大洋をめぐると考えられている。次の図に示すように，深層循環は各大洋をつなぐベルトコンベアーにたとえられ，沈み込んだ海水が再び表層近くへ上昇するまでに **オ** 年を要すると考えられている。この年数と深層循環の経路の長さ数万 km を用いると，深層の流れの平均的な速さは 1 mm/s 程度と見積もることができる。

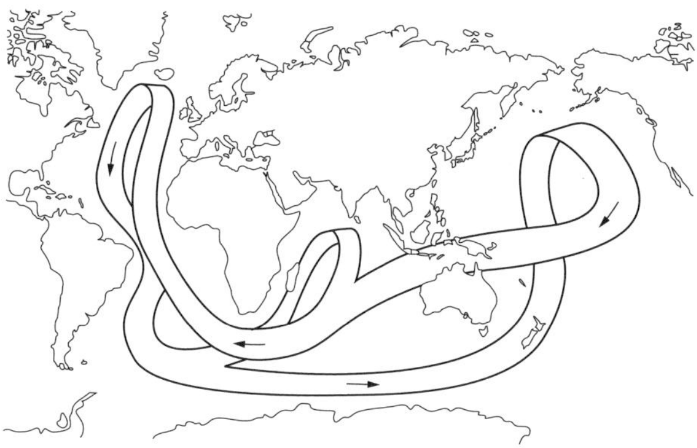

ベルトコンベアーにたとえられる深層循環の模式図
図中の矢印は流れの向きを示す。

問2　文章中の下線部に関連して，深層循環形成のおもな原因を述べた文として最も適当なものを，次の ①〜④ のうちから一つ選べ。

① 風によって形成された表層の海流が，高緯度で深層にもぐり込むため
② 盛んな蒸発によって重くなった海水がその場で沈み込むため
③ 高緯度で冷却され，さらに結氷による高塩分化の影響を受けて重くなった海水が沈み込むため
④ 地熱によって暖められた深層水が，低・中緯度でゆっくりと上昇するため

問3　文章中の空欄 **オ** に入れる数値として最も適当なものを，次の ①〜④ のうちから一つ選べ。

① 5〜10　② 50〜100　③ 1000〜2000　④ 10000〜20000

第5章　天　文

★★53　＜太陽系と惑星の形成＞

地球は太陽系の惑星の一つとして誕生し，その変遷の中で生命が誕生した。現在までに生命の存在が確認されているのは地球だけであり，地球上には多様な生物が繁栄している。

問1　太陽系の惑星とその形成について述べた次の文章中の空欄 [ア] ～ [ウ] に入れる語の組合せとして最も適当なものを，下の ①～⑧ のうちから一つ選べ。

銀河系の中で星間雲が収縮して円盤状になり，今から約 [ア] 前，その中心に [イ] が形成された。同時にその周囲を回転する [ウ] が形成され，その中から惑星が誕生した。現在，太陽系の惑星は，それぞれ自転しながら地球の公転面とほぼ同じ平面上を，互いに同じ向きに公転している。

	ア	イ	ウ
①	40億年	原始太陽	原始太陽系星雲
②	40億年	原始太陽	原始大気
③	40億年	原始地球	原始太陽系星雲
④	40億年	原始地球	原始大気
⑤	46億年	原始太陽	原始太陽系星雲
⑥	46億年	原始太陽	原始大気
⑦	46億年	原始地球	原始太陽系星雲
⑧	46億年	原始地球	原始大気

問2　図1と図2は，太陽系の惑星の特徴を，地球の値を1としたときの相対値で表したグラフである。図1および図2のグラフの縦軸を表す語として最も適当なものを，次の ①～⑥ のうちからそれぞれ一つずつ選べ。

① 半径
② 質量
③ 衛星数
④ 公転周期
⑤ 平均表面温度
⑥ 平均密度

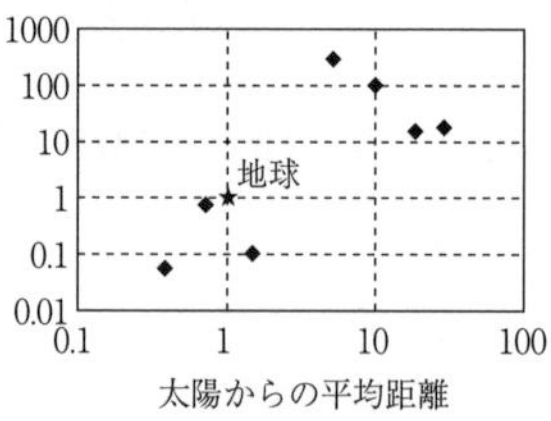

図1

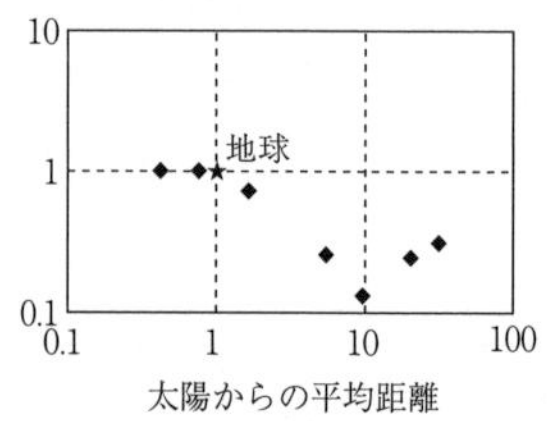

図2

問3　地球の特徴を，他の地球型惑星と比較した次の文Ⅰ～Ⅲについて，その正誤の組合せとして最も適当なものを，下の①～⑧のうちから一つ選べ。

Ⅰ　水星にはほとんど大気がないが，地球には大気が存在する。

Ⅱ　平均表面温度は，金星よりも地球の方が高い。

Ⅲ　火星表面には大量の液体の水からなる海洋が存在しないが，地球には海洋が存在する。

	Ⅰ	Ⅱ	Ⅲ
①	正	正	正
②	正	正	誤
③	正	誤	正
④	正	誤	誤
⑤	誤	正	正
⑥	誤	正	誤
⑦	誤	誤	正
⑧	誤	誤	誤

問4　地球上に生命が存在した痕跡は，化石で確かめることができる。化石が多く見つかりはじめるのは，約5億4千万年前以降のカンブリア紀の地層からである。この時期の生物に関する記述として最も適当なものを，次の①～⑤のうちから一つ選べ。

①　原始的なラン藻類が，はじめて出現した。

②　硬い殻をもち，多様な形態をもつ生物が栄えた。

③　遊泳生活を行う生物はいなかった。

④　体長30 cmを超える生物はいなかった。

⑤　最古の種子植物が現れた。

問5　陸上環境にさまざまな変化が起こり，水中生活をしていた脊椎動物がその環境に適応した結果，陸上生活を行えるようになった。脊椎動物が陸上で生活できるようになった理由として**適当でないもの**を，次の①～⑤のうちから一つ選べ。

①　体温を一定に保つことができるようになった。

②　肺による呼吸ができるようになった。

③　硬い皮膚や鱗を備え，乾燥に耐えられるようになった。

④　脚などが発達し，体を支えられるようになった。

⑤　硬い殻に覆われた卵を産むようになった。

*54 <太陽系の惑星と衛星>

太陽系の惑星のうち，内側にある四つの惑星は，外側の木星型惑星と比較すると密度が大きく，その表面に堅い地殻をもち，地球型惑星と呼ばれている。地球型惑星の地殻を構成している岩石は，共通して ア 鉱物に富んでいる。しかし，地殻表面の地形や大気の状態は，惑星ごとに異なっている。

地球の表面の約 70 %は海洋によって覆われている。海洋底には，海山・海台などとともに，海嶺・海溝の地形などが発達している。一方，大陸地域では，褶曲・断層地形や，侵食作用による谷地形・準平原などが発達している。隕石クレーターは安定な大陸地域で 100 個余り見つかっているが，形成当時の地形を残しているものは少ない。大気は 1 気圧で，おもに窒素と酸素からなっている。

イ の表面は，月と同じく，多数の隕石クレーターによって覆われている。この惑星には大気がほとんどなく，自転周期が長いために，表面温度が昼側と夜側で 500℃以上も異なる。

ウ の表面には，隕石クレーターが多数存在するが，巨大な火山や峡谷状の地形なども認められている。この惑星の大気圧は，約 0.006 気圧である。極地方には白い極冠が見られ，その大きさは季節により変化する。

エ の表面は，90 気圧に達する二酸化炭素の大気で覆われており，可視光線では観察できない。しかし，電波を使った観測から，その表面には多数の火山地形が分布し，また，褶曲·断層地形なども発達していることがわかっている。隕石クレーターも見いだされているが，その数は多くない。

問 1　文章中の空欄 ア に入れるのに最も適当なものを，次の ①～④ のうちから一つ選べ。

①　元素　　②　炭酸塩　　③　酸化　　④　ケイ酸塩

問 2　文章中の空欄 イ ～ エ に入れる惑星の組合せとして正しいものを，次の ①～⑥ のうちから一つ選べ。

	イ	ウ	エ
①	水星	金星	火星
②	水星	火星	金星
③	金星	火星	水星
④	金星	水星	火星
⑤	火星	水星	金星
⑥	火星	金星	水星

問3　次の写真A～Dは，地球型惑星の表面地形のうち，隕石クレーター，火山，褶曲・断層地形，および侵食による谷地形の代表的なものを示している。隕石クレーターおよび褶曲・断層地形を示す写真の組合せとして正しいものを，以下の①～④のうちから一つ選べ。

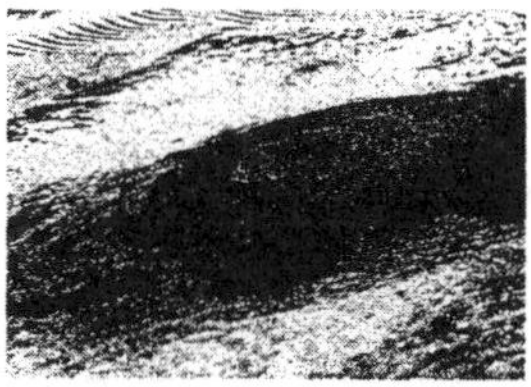

A

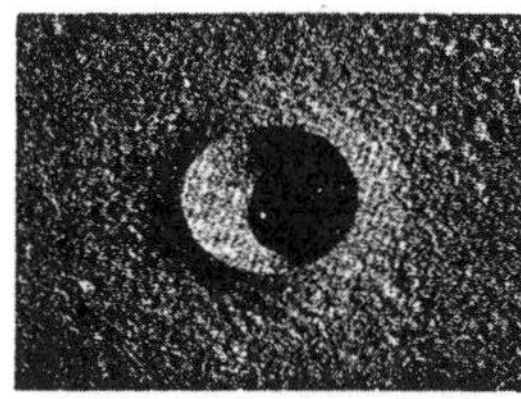

B

C

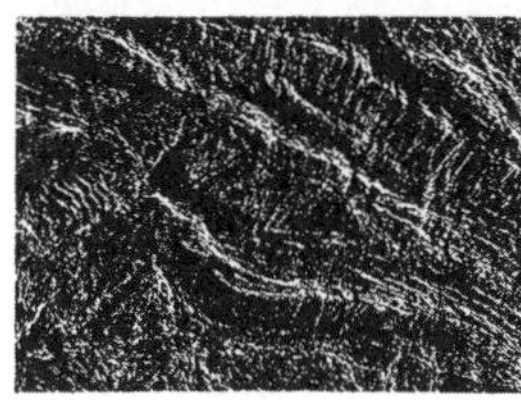

D

	隕石クレーター	褶曲・断層地形
①	A	C
②	A	D
③	B	C
④	B	D

問4　月や惑星で，地殻表面に多数の隕石クレーターが見られるのはなぜか。その理由として最も適当なものを，次の①～④のうちから一つ選べ。

①　プレート運動が生じている。

②　質量が小さい。

③　太陽からの距離が大きい。

④　厚い大気を有する。

★★55 <ハビタブルゾーン>

太陽系の惑星のうち，生命の存在が確認されているのは地球だけである。最近，太陽系以外にも惑星系が続々発見されている。これらの惑星系に生命が存在しているかどうかはまだわかっていない。

地球に存在するような生命が発生するためには，液体の水の存在や適度な表面温度が必要であると考えられる。将来，これらの惑星系に生命が発見されれば，生命発生の条件がより明らかになると期待される。

仮に，二つの惑星系（惑星系**P**と惑星系**Q**）のうち，惑星系**P**の内側から数えて2番目と，惑星系**Q**の内側から4番目の惑星にのみ生命が発生したとする。まゆみさんは，個々の惑星を内側から順にP1，P2，P3，…，およびQ1，Q2，Q3，…と番号をつけて，生命発生の条件を論理的に考察してみた。

問1　まゆみさんは「惑星の表面温度がある範囲にあれば必ず生命が発生する」という仮説をたてた。この仮説が惑星系**P**と**Q**で成り立っているだろうか。惑星系**P**と**Q**の個々の惑星の表面温度を次の図1に示す。ここで，生命が発生した惑星P2とQ4は，白抜きの記号で表す。まゆみさんの仮説を**否定する**事実を，下の①～④のうちから一つ選べ。

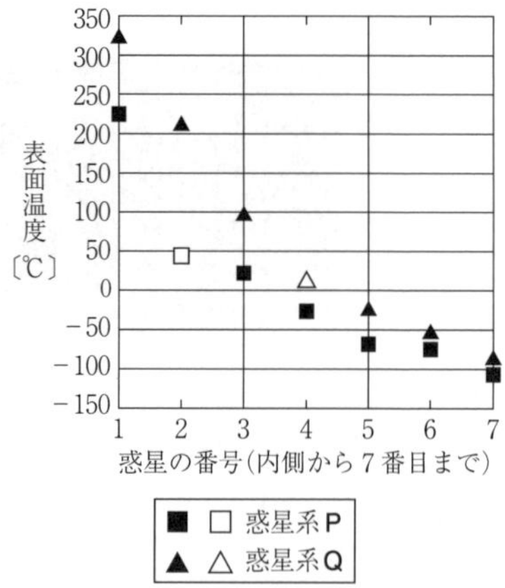

図1

① P1の表面温度はQ1より低く，P2より高い。
② P2の表面温度はQ3より低く，Q4より高い。
③ P3の表面温度はP2より低く，Q4より高い。
④ P4の表面温度はP5より高く，Q4より低い。

問2　惑星に生命が発生するための条件を見いだすために，まゆみさんは図2に示す**ア**～**エ**の四つのグラフをつくった。グラフの中では，生命発生の条件を明らかにするために惑星系**P**と**Q**を区別せずに同じ記号で表す。これらのグラフから読み取れる生命発生の条件として最も適当なものを，下の①～④のうちから一つ選べ。ただし，白抜きの丸○は生命が発生した惑星を表し，黒丸●は生命が発生しなかった惑星を表す。

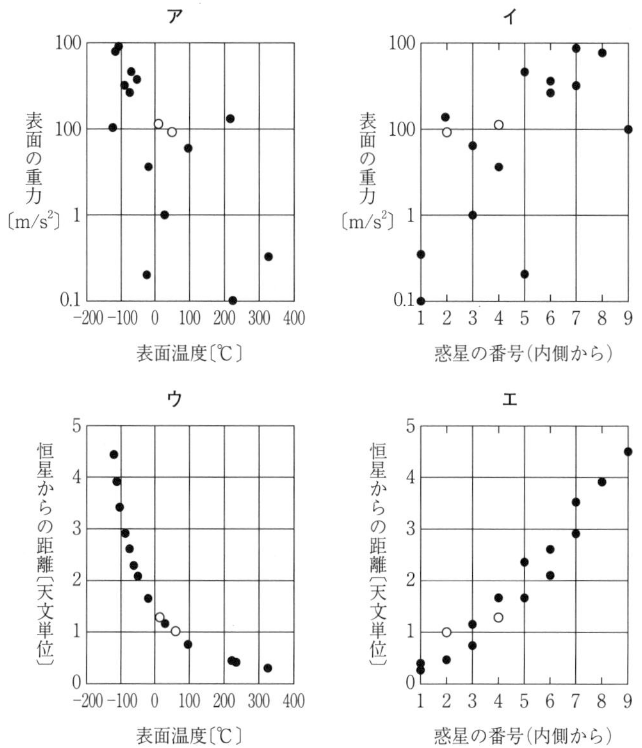

図2

① 惑星の恒星からの距離がある範囲にあること

② 惑星の表面温度と恒星からの距離が共にある範囲にあること

③ 惑星の表面の重力がある範囲にあること

④ 惑星の表面温度と表面の重力が共にある範囲にあること

問3 地球上でみられるような生命が発生するためには，液体の水が必要であると考えられる。太陽系の惑星の中で，金星には生命はもちろん液体の水も存在しないことがわかっている。金星に液体の水が存在しない理由として最も適当なものを，次の①～④のうちから一つ選べ。

① 金星の自転周期は，地球にくらべて非常に長い。

② 金星の自転の向きは，地球の自転とは逆向きである。

③ 金星は衛星をもたない。

④ 金星は地球にくらべ，太陽に近い軌道を公転している。

★★56 <太陽>

A

太陽面には ア が見えることがあり，その温度は光球の温度に比べて低い。 ア の出現数には，約 あ 年の周期的な変動があることが知られている。光球の上にある彩層は，光球に比べると，密度ははるかに低く，その上層部では温度は上にいくほど高くなる。太陽面の一部が突然明るくなる イ と呼ばれる現象が見られることがある。大きな イ が現れると，地球へも影響がおよぶ。彩層の上には，約 200 万度という非常に高温の ウ があり，皆既日食のときなどには，それが彩層の外に広がっているのが見える。

問 1　文章中の空欄 ア ～ ウ に入れるのに最も適当な語を，次の ① ～ ⑥ のうちから一つずつ選べ。

① コロナ　　② スピキュール
③ 太陽風　　④ 紅炎（プロミネンス）
⑤ フレア　　⑥ 黒点

問 2　文章中の空欄 あ に入れるのに最も適当な数値を，次の ① ～ ④ のうちから一つ選べ。

① 6　② 11　③ 26　④ 31

B

さまざまな観察によって太陽を多角的に調べることができる。図 1 の左図は，ある日の太陽表面のスケッチであり，右図は同様に 6 日後の同時刻に得たスケッチである。図 1 には 10° おきに経線と緯線が記してある。このスケッチから低緯度では見かけの自転周期は エ 日であり，これは高緯度での自転周期より オ ことがわかる。分光器を用いると，図 2 に示すような<u>太陽光のスペクトルを観察することができ，詳しく調べると，太陽に存在する元素の種類と存在量を知ることができる</u>。

問 3　文章中の エ・オ に入れる数値と語の組合せとして最も適当なものを，次の ① ～ ⑥ のうちから一つ選べ。

	エ	オ
①	8	短い
②	8	長い
③	14	短い
④	14	長い
⑤	27	短い
⑥	27	長い

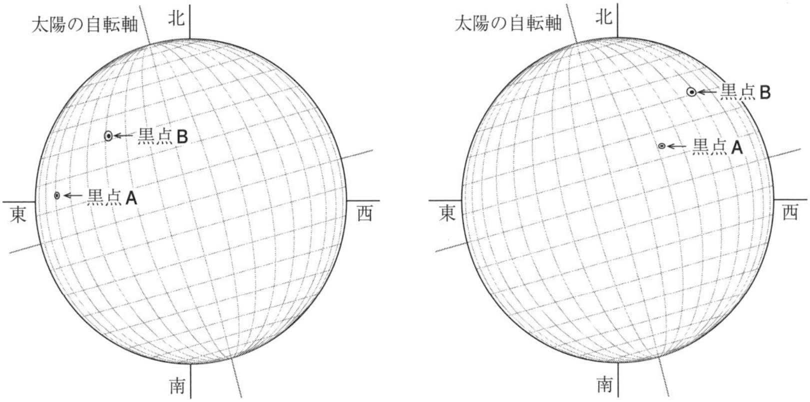

図1　太陽黒点のスケッチ
各図の東西南北は天球面上における方向を示す。

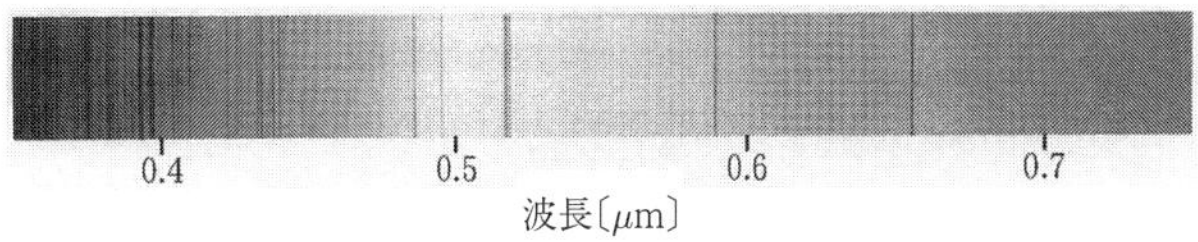

図2　太陽光のスペクトル

問4　図1のスケッチでかかれた黒点Aは緯度方向に約2°の広がりをもっている。このことから黒点Aは地球の直径のおよそ何倍であるか。太陽の直径は地球の約100倍であることを考えて，最も適当なものを，次の①～⑤のうちから一つ選べ。

①　$\frac{1}{200}$倍　　②　$\frac{1}{20}$倍　　③　2倍　　④　20倍　　⑤　200倍

問5　文章中の下線部に関連して，太陽光のスペクトルとそれからわかる元素について述べた文として誤っているものを，次の①～④のうちから一つ選べ。

①　太陽光のスペクトルから，水素，ヘリウムに加えて，ビッグバン直後の宇宙に存在しなかった元素も太陽には存在することがわかる。

②　スペクトルの波長の短い方から長い方までなめらかに連続した光の帯状の部分は連続スペクトルとよばれる。

③　太陽は全質量の70％以上が水素で占められており，その水素の核融合反応でエネルギーを生成している。

④　太陽光のスペクトルに見られる暗線は，これに対応する元素が太陽にないことを示している。

★★57 <太陽とその進化>

A

約46億年昔，一つの星間雲の内部に密度の高いガスの塊が発生し，収縮を始めた。収縮が進むにつれて，ガス塊中心部の温度と密度は上昇し，やがて水素から［ア］への核融合反応が始まった。このようにして現在太陽と呼ばれる恒星が誕生した。

今から約50億年の未来，太陽の中心部では水素のほとんどが［ア］に変わる。この太陽内部で起こる元素組成の変化は内部構造の変化を引き起こし，太陽は赤色巨星へと進化する。赤色巨星時代の最後の数万年間に，太陽は大量のガスを吹き出し，質量の約半分を失う。

残された太陽は一転して収縮を開始し，表面温度は約5万K近くまで上がる。赤色巨星時代に放出されたガスは高温化した太陽の光により電離され，惑星状星雲として輝く。その後の太陽は，核融合反応が停止し，白色矮星として冷えていくのである。

問1　文章中の空欄［ア］に入れるのに最も適当なものを，次の①～④のうちから一つ選べ。

①　ヘリウム　　②　炭素　　③　鉄　　④　ウラン

問2　文章中の下線部に関連して，赤色巨星となった太陽の表面温度〔K〕と光度（太陽の現在の光度を1とする）との組合せとして最も適当なものを，次の①～④のうちから一つ選べ。ただし，光度とは恒星が毎秒放射するエネルギーのことである。

	表面温度〔K〕	光度
①	3500	0.1
②	3500	1000
③	35000	0.1
④	35000	1000

B

太陽コロナから宇宙空間に放射されたイオンや電子などの高速の粒子の流れを，太陽風という。地球の周囲の磁力線は，この太陽風に囲まれて，太陽に面した側では狭く，反対側では長く尾を引いたような領域をつくる。この領域を［　イ　］という。

地球上のある地点で観測していると，地磁気は時間的に変化していることがわかる。この変化は，普通，規則正しく繰り返される。しかし，ときには，［　ウ　］と呼ばれる急激で不規則な変化もある。この［　ウ　］は，太陽面で爆発が起こり，これによって強められた太陽風が地球に近づいて，超高層大気中に特別な電流が流れることに起因すると考えられている。

問3　文章中の空欄［　イ　］・［　ウ　］に入れるのに最も適当なものを，次のそれぞれの解答群のうちから一つずつ選べ。

［　イ　］の解答群

①　熱圏　　②　彩層　　③　電離層　　④　磁気圏

［　ウ　］の解答群

①　磁気あらし　　②　永年変化　　③　日変化　　④　地磁気異常

問4　太陽面での爆発が観測されても，地磁気の変化はすぐには起こらず，約2日遅れて観測される。この事実に基づいて，太陽風の速度を推定することができる。ただし，太陽から地球までの距離は約 1.5×10^8 km，1日は約 8.6×10^4 s(秒）である。太陽風の速度として最も適当なものを，次の①～⑥のうちから一つ選べ。

①　18 km/s　　②　90 km/s　　③　180 km/s

④　900 km/s　　⑤　1800 km/s　　⑥　9000 km/s

問5　太陽風は地磁気にさまざまな影響を与えるが，その影響と**関係のないもの**を，次の①～④のうちから一つ選べ。

①　デリンジャー現象

②　オーロラ

③　磁極の逆転

④　バンアレン帯

★★58 <太陽のエネルギー>

次の文章を読み，空欄 ア ～ エ に入れるのに最も適当なものを，以下のそれぞれの解答群のうちから一つずつ選べ。

太陽や恒星が光り輝いているのは，その天体がエネルギーを外に放出しているからである。太陽の場合は，エネルギーの放出率は，およそ 10^{34} J/年である。

恒星のエネルギー源が何であるかがわかったのは，1930 年代のことであった。それ以前に検討されたエネルギー源としては，重力エネルギーがある。太陽が収縮していく過程で放出される重力エネルギーの総量を見積もってみると，およそ 10^{41} J となる。そこで，太陽の放射エネルギーの源をこの重力エネルギーであるとすると，太陽の寿命は，およそ ア 年に過ぎないことになってしまう。太陽の年齢は，隕石の年代測定などから，およそ 50 億年（5×10^9 年）であると考えられているから，重力エネルギーで太陽の放射エネルギーを説明するのは困難である。

現在では，太陽のエネルギー源は，その中心部で起こる イ 原子核の核融合反応であることがわかっている。 イ 原子核 1 個当たりのエネルギーの発生量と，この反応に費やされる原子核の総量と，太陽からのエネルギーの放出率から見積もると，太陽の寿命は，およそ 100 億年（10^{10} 年）になる。

太陽と同じように主系列星の段階にある恒星では，その放射エネルギー（光度）は，質量によって大きく異なっている。質量のわかっている恒星について，質量と光度との関係を調べると，次の図のようになっている。この結果から，光度が質量の 3 乗に比例しているとした場合，太陽質量の 10 倍の質量をもつ恒星の寿命は，太陽の寿命の ウ 倍ということになる。

恒星の中心部で イ が消費し尽くされると，他の元素の核融合反応が順次起こっていく。そして，主系列星の段階において太陽程度の質量であった恒星は，最終的には，核融合反応によるエネルギーの放出が行われなくなって， エ になる。

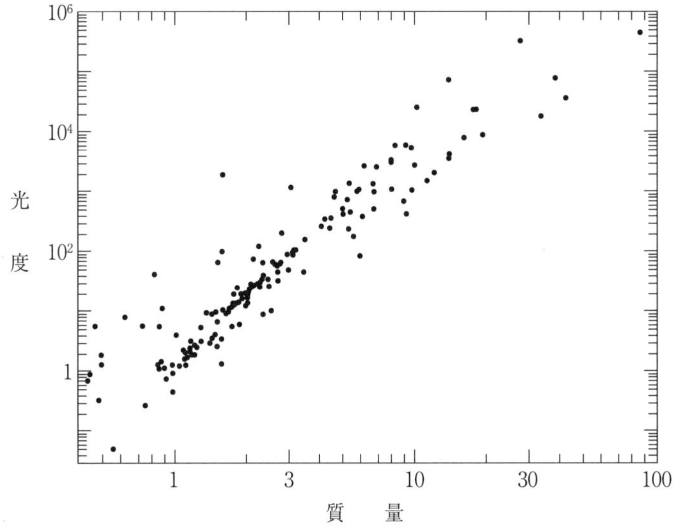

主系列星の質量と光度の関係（質量，光度とも，太陽の値を1としてある。）

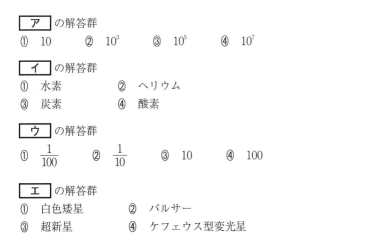

ア の解答群

① 10　② 10^3　③ 10^5　④ 10^7

イ の解答群

① 水素　② ヘリウム
③ 炭素　④ 酸素

ウ の解答群

① $\frac{1}{100}$　② $\frac{1}{10}$　③ 10　④ 100

エ の解答群

① 白色矮星　② パルサー
③ 超新星　④ ケフェウス型変光星

★★59 <恒星>

太陽は最も身近な恒星である。太陽の見かけの等級（地球から見たときの等級）は(a)−27等とたいへん明るいが，宇宙の中では特に明るい星ではなく，平凡な主系列星である。

望遠鏡で太陽の像を投影して観察すると，(b)中心部が最も明るく，周縁部は暗く観測される。この現象を周辺減光という。光球には粒状斑という細かな模様が見える。太陽のエネルギー源は，水素の［ア］反応である。

宇宙には無数の恒星がある。次の表は，太陽および地球から明るく見えるいくつかの恒星の性質を比較したものである。表のように，恒星の性質は個々に異なっている。

恒星	表面温度	見かけの等級	地球からの距離
太陽	［イ］	−27等	1.5億km
シリウス	9900 K	−1.4等	8.6光年
ベガ	9500 K	0.0等	25光年
アンタレス	3500 K	1.2等	550光年
リゲル	12000 K	0.1等	860光年

問1　表の［ア］にあてはまる値として最も適当なものを，次の①～④のうちから一つ選べ。

①　燃焼　②　溶融　③　核分裂　④　核融合

問2　表の［イ］にあてはまる温度として最も適当なものを，次の①～④のうちから一つ選べ。

①　1500 K　②　6000 K　③　12000 K　④　30000 K

問3　太陽の直径は，地球から見て0.5°に見える。太陽の実際の直径として最も適当なものを，次の①～④のうちから一つ選べ。必要なら円周率$\pi = 3$とせよ。

①　75万km　②　130万km　③　1300万km　④　7500万km

問4　下線部(a)に関連して，満月の見かけの等級は−12等である。地球から見たときの太陽の明るさは，満月の明るさの何倍か。最も適当なものを，次の①～⑤のうちから一つ選べ。

①　2.3倍　②　15倍　③　300倍　④　3万倍　⑤　100万倍

問5　下線部(b)に関連して，太陽の周辺減光の原因として最も適当なものを，次の①～④のうちから一つ選べ。

① 太陽のふちの方は，温度の低い部分から出る光が見えているから。
② 太陽の周縁部では，コロナ中をより長い距離だけ通過してきているから。
③ 太陽の球面の端に行くほど，黒点がより多く観察されるから。
④ 太陽の光球の厚さは，惑星の分布しない側では薄くなるから。

問6　表から考えて，最も青白く見える恒星として最も適当なものを，次の①～④のうちから一つ選べ。

① シリウス　② ベガ　③ アンタレス　④ リゲル

問7　アンタレスの性質として最も適当なものを，次の①～④のうちから一つ選べ。

① 表面温度が低いことから，半径の小さい白色矮星である。
② 表面温度が低いわりに明るいことから，白色の主系列星である。
③ 表面温度が低いわりに明るいことから，半径の大きい赤色巨星である。
④ 表面温度が低く暗いことから，赤色の主系列星である。

問8　次の文の空欄［ウ］，［エ］にあてはまる値や語の組み合わせとして最も適当なものを，次の①～④のうちから一つ選べ。

地球から見たとき，シリウスの明るさはリゲルの明るさの［ウ］倍である。また，星の明るさは距離の2乗に反比例するから，シリウスとリゲルを同じ距離から見たとすれば，［エ］が明るい。

	ウ	エ
①	1.5	シリウス
②	1.5	リゲル
③	4.0	シリウス
④	4.0	リゲル

★★60 ＜銀河系とその構造＞

A

宇宙空間には星間ガスの密集した部分があり，星間雲と呼ばれる。近くにある明るい星の光を受けて輝いて見える星間雲は散光星雲と呼ばれる。一方，背後の星や散光星雲の光を吸収して暗く観測される星間雲は暗黒星雲と呼ばれる。

図１に示されているのはオリオン座の一部の天体写真である。ここにはさまざまな星間雲の姿が見られる。

図１　オリオン座の一部の天体写真

問１　図１に関して述べた文として，**適当でないもの**を，次の ①～④ のうちから一つ選べ。

① 右側の領域に広がって光っている部分は散光星雲であり，この近くに星間雲を照らす明るい星がある。
② 散光星雲と暗黒星雲の分布を見ると，星間雲は右側の領域だけに存在している。
③ Aで示されている黒い部分は暗黒星雲であり，この部分は周囲の散光星雲より太陽系に近い位置にある。
④ 左側の領域は右側の領域と比べて見える恒星が少なく，ここに遠方の星を隠す暗黒星雲が存在している。

問２　星間雲について述べた文として最も適当なものを，次の ①～④ のうちから一つ選べ。

① 暗黒星雲では，多数のブラックホールが光を吸収している。
② 密度の高い部分が重力で収縮して，恒星が誕生する。
③ 高温であるため，星間分子はほとんど含まれていない。
④ 星間雲に含まれる星間塵は，ほとんどヘリウムでできている。

B

問３　銀河系について述べた文として最も適当なものを，次の ①～④ のうちから一つ選べ。

① 銀河系の円盤部では現在でも星が生まれている。
② 散開星団の多くは銀河系のハローに分布する。
③ 銀河系の大きさは年周光行差を使って測定する。
④ 球状星団の多くは銀河系のバルジ内部に分布する。

問4　夜空に観測される天の川は銀河系を内部から見た姿であり，天球を一周している。次の図2は天の川の写真である。図2中の二つの矢印の先端を通るように，左下から右上にかけて天の川に沿った暗い帯状の部分が見られる。この帯状の部分が暗い理由として最も適当なものを，下の ①～④ のうちから一つ選べ。

図2　天の川の写真

① 天の川を光らせている散光星雲が少ないため。

② 周囲と比べて，暗い種族Ⅱの星の割合が大きいため。

③ 銀河系円盤部の多くの星は年老いた星であり，その一部が白色矮星になり暗くなったため。

④ 星間物質が多く，背景の星の光を吸収するため。

問5　われわれの住む銀河系など，渦巻銀河は一般に回転している。ある渦巻銀河が，次の図3のように，円盤部を横から見た向きに観測された。この銀河を図3の矢印 **P** の方向から見ると，次の図4の矢印 **a** の方向に回転している。地球から図3の **L**，**C**，**R** 付近の後退速度を測定すると，どのようになるか。後退速度を小さい順に並べたものとして最も適当なものを，次の ①～⑥ のうちから一つ選べ。

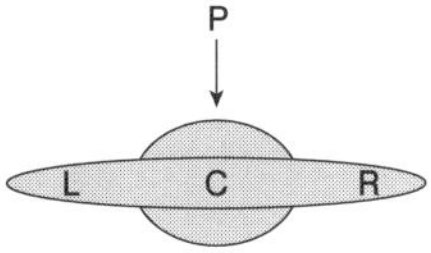

図3　地球から見た銀河の模式図

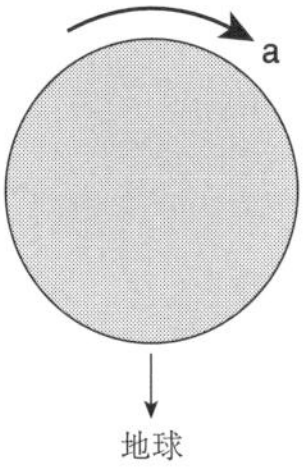

図4　銀河を図3の矢印 **P** の方向から見た模式図
回転方向を矢印 **a** で，地球の方向を短い矢印で示している。

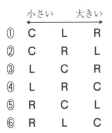

	小さい	←→	大きい
①	C	L	R
②	C	R	L
③	L	C	R
④	L	R	C
⑤	R	C	L
⑥	R	L	C

★★★61 ＜球状星団＞

(a)星間ガスから恒星が誕生するときに，もし，すべての恒星が太陽と同じ質量であったならば，その星団の色は，約 100 億年の間は現在の太陽と同じであり，そのあと，少しの期間はそれより赤くなるであろう。

しかし，実際の星団では，(b)いろいろな質量の恒星がほぼ同時に生まれたのちに，主系列星になり，質量の［ア］恒星から順に［イ］に進化していく。

星団全体の色は，明るく輝く質量の［ウ］恒星の色に大きく影響されるから，若い散開星団の多くは，まだ［X］色に見えるが，球状星団（下の写真）のような古い星団は，散開星団よりも［Y］味を帯びている。

球状星団は，写真で見ると恒星がたがいにくっついているように見える。しかし，実際には，(c)恒星と恒星が衝突することはほとんどないと考えられている。

問1　文章中の空欄［ア］，［イ］および［ウ］に入れる語句の組合せとして正しいものを，次の ①～⑥ のうちから一つ選べ。

	ア	イ	ウ
①	小さい	白色矮星	小さい
②	小さい	赤色巨星	小さい
③	小さい	赤色巨星	大きい
④	大きい	白色矮星	小さい
⑤	大きい	赤色巨星	大きい
⑥	大きい	白色矮星	大きい

問2　文章中の恒星の色 X ・ Y の組合せとして正しいものを，次の①～⑤のうちから一つ選べ。

	X	Y
①	青	赤
②	黄	赤
③	赤	青
④	黄	青
⑤	青	白

問3　下線部(a)の恒星の誕生について述べた文として**誤っているもの**を，次の①～④のうちから一つ選べ。

①　ガスの密度が高いほど，恒星は生まれやすい。

②　大きいガス塊は恒星になり得るが，小さいものは恒星になり得ない。

③　暗黒星雲のなかでは，恒星は生まれない。

④　ガス塊の重力が圧力よりも大きいときに，恒星が生まれる。

問4　下線部(b)の恒星の質量に関する文として最も適当なものを，次の①～④のうちから一つ選べ。

①　質量の小さい主系列星は，青白く輝く。

②　赤色巨星は，主系列星が進化して質量が大きくなった恒星である。

③　太陽と同じ質量をもつ主系列星100個よりも，太陽の10倍の質量をもつ主系列星1個の方が明るい。

④　太陽は質量が小さいので，白色矮星にはならない。

問5　下線部(c)に関連して，球状星団における恒星と恒星の平均間隔は恒星の大きさの約何倍か。次の①～④のうちから最も適当なものを一つ選べ。ただし，星団は，一辺が10パーセクの立方体の領域内に約100万個の恒星があるとして計算せよ。また，1パーセク$=3\times10^{13}$ kmであり，恒星の大きさは約10^6 kmとする。

①　100　　②　3000　　③　10万　　④　300万

★62 ＜宇宙の階層構造＞

宇宙には，その距離に応じて階層構造がある。

我々に最も身近な宇宙は，太陽や地球を取り巻く太陽系である。太陽系は，太陽の周囲を公転する8つの惑星のほか，惑星のまわりをまわる衛星があり，海王星軌道の外側には冥王星などの太陽系外縁天体が存在する。また，多数の(a)彗星もあるが，彗星の一部は，海王星以遠にあって，各惑星の公転面の延長上に位置する小天体の集団の領域である［ア］から来ている。さらに遠方には，球殻状の［イ］があり，公転周期が200年以上の長周期彗星はこの領域から来ている。図は，太陽系外縁天体の分布を示したものである。この外殻までの距離は，およそ1.5光年である。

太陽系は銀河系の一員である。銀河系は，中心にあるバルジ，太陽系を含む円盤部，それを取り巻く球状の空間のハローから成り立っている。ハローは老齢な恒星が分布するが星間物質が少なく，新しい恒星の誕生は少ない。しかし，正体のはっきりしない大きな質量が存在しており，ダークマターとよばれる。ハローの直径は，およそ［ウ］光年である。

銀河系のまわりには，大マゼラン雲，小マゼラン雲，そして，(b)アンドロメダ銀河がある。これらを含めた40個ほどの銀河の集団が局部［エ］である。この領域の直径がおよそ600万光年である。

さらに，より大規模な数百，数千の銀河の集団は［オ］である。これらの分布が観測されることで，(c)宇宙の大規模構造が明らかになってきている。現在，同様の大規模構造が80億光年程度まで続いていることが明らかにされている。

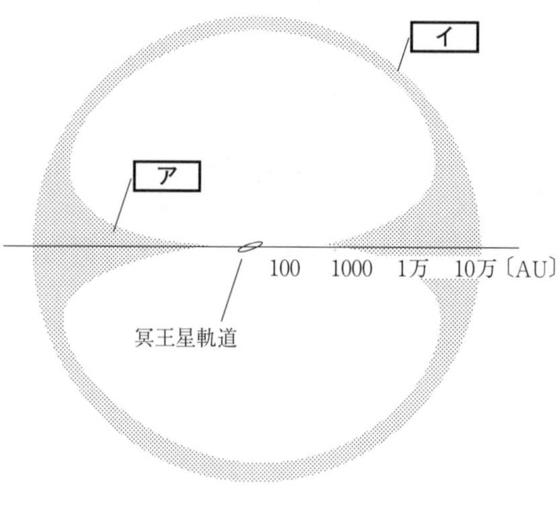

問1　光の速度は30万km/sである。1光年は何kmか。次の①～④のうちから最も適当なものを一つ選べ。

①　9.5×10^{6} km　　②　9.5×10^{9} km
③　9.5×10^{12} km　　④　9.5×10^{15} km

問2　文の空欄 ア ， イ にあてはまる語の組み合わせとして最も適当なものを，次の①～④のうちから一つ選べ。

	ア	イ
①	オールトの雲	エッジワース・カイパーベルト
②	オールトの雲	グレートウォール
③	エッジワース・カイパーベルト	グレートウォール
④	エッジワース・カイパーベルト	オールトの雲

問3　下線部(a)について，太陽系にある彗星について述べた文として最も適当なものを，次の①～④のうちから一つ選べ。

①　彗星はすべて，太陽の周りをまわる楕円軌道を公転している。
②　彗星が宇宙空間に残したチリが，地球大気に飛び込んで流星となる。
③　彗星の多くは，太陽に近づくと太陽に向かって尾を伸ばす。
④　彗星は，水星の軌道よりも内側に入るほど太陽に近づくことはない。

問4　文の空欄 ウ ～ オ にあてはまる値や語の組み合わせとして最も適当なものを，次の①～④のうちから一つ選べ。

	ウ	エ	オ
①	1.5万	銀河群	銀河団
②	1.5万	銀河団	銀河群
③	15万	銀河群	銀河団
④	15万	銀河団	銀河群

問5　下線部(b)について，アンドロメダ銀河はどのような形態の銀河に分類されるか。最も適当なものを，次の①～④のうちから一つ選べ。

①　渦巻銀河　　②　棒渦巻銀河　　③　楕円銀河　　④　不規則銀河

問6　下線部(c)について，宇宙の大規模構造について述べた文として最も適当なものを，次の①～④のうちから一つ選べ。

①　宇宙空間では，銀河系からの距離に比例して銀河の数密度が増加する。
②　宇宙空間では，銀河がほぼ一定の間隔で，どの方向にも均一に分布している。
③　宇宙空間には，銀河が平面的に並び，渦巻きを描くように分布している。
④　宇宙空間には，銀河が多く分布しているところや少ない空洞の部分がある。

★★63 ＜宇宙の膨張＞

A

宇宙は進化する。この概念が一般に受け入れられたのは，現代にはいってからである。宇宙が膨張していることは，銀河がわれわれから遠ざかっていく速度（後退速度）とその銀河までの距離との間の比例関係から導き出された。次の図に示すように，遠い銀河ほど大きな速度でわれわれから遠ざかる傾向にある。銀河，恒星，惑星など，私たちになじみの深い個々の天体も進化する。近年の観測装置の進歩や地球に飛来する隕石の解析等により，これらの天体の誕生や進化の様子が続々と明らかにされている。たとえば，恒星は星間雲の中でつくられる。星間雲の密度の高いところが重力収縮して［ア］となり，それはやがて主系列星へと進化していく。恒星の形成とほぼ同時期に惑星も形成されると考えられている。

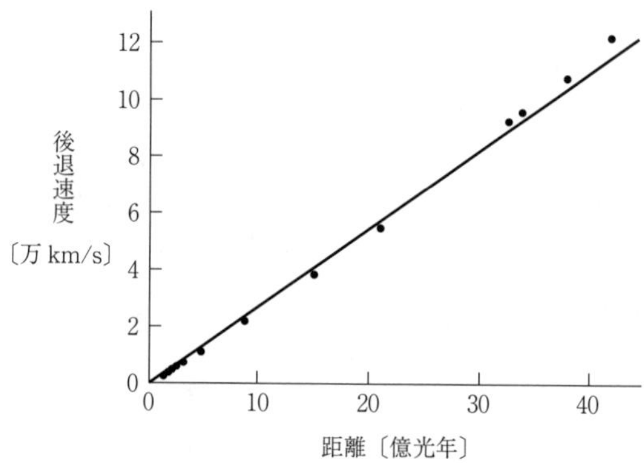

図 1　銀河の後退速度と距離の関係
点は観測値，直線は観測値に当てはまる比例関係を表す。

問 1　文章中の下線部の関係は，発見した人物名をとって誰の法則と呼ばれるか。正しいものを，次の ①～④ のうちから一つ選べ。

① コペルニクスの法則
② ケプラーの法則
③ アインシュタインの法則
④ ハッブルの法則

問 2　文章中の下線部の関係がはるか遠方まで成り立つとすると，光速（30 万 km/s）で遠ざかる銀河の距離を推定できる。それはおよそ何億光年か。図を参考にして最も適当な数値を，次の ①～④ のうちから一つ選べ。

① 1　　② 10　　③ 100　　④ 1000

問3　文章中の空欄 **ア** に入れる語として最も適当なものを，次の①～④のうちから一つ選べ。

①　原始星　　②　新星　　③　超巨星　　④　巨星

問4　さまざまな元素の合成について述べた文として**誤っているもの**を，次の①～④のうちから一つ選べ。

①　炭素や酸素などの重い元素は，恒星や超新星の中でつくられた。

②　木星と同じ質量の星では，核融合反応は起こらない。

③　太陽と同じ質量の恒星では，ヘリウムはつくられるが，炭素はできない。

④　太陽と比較して十分に質量が大きい恒星では，しだいに重い元素ができて最後には鉄ができる。

B

図2は，われわれの銀河系を中心とした約7億光年までの銀河の分布を示している。銀河系の観測者から見た方向が60°離れた銀河**A**と銀河**B**は，ともに銀河系から同じ距離にあり，銀河系から遠ざかる方向（図中の矢印の方向）に同じ速さ10000 km/sで動いている。

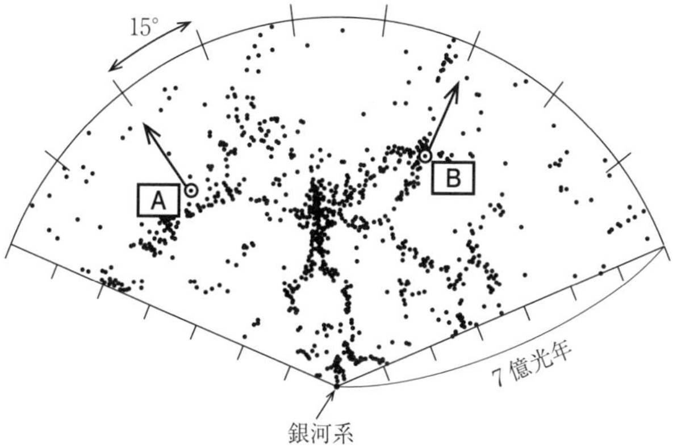

図2　観測された銀河の分布

問5　図2に関連して，銀河について述べた文として**誤っているもの**を，次の①～④のうちから一つ選べ。

①　銀河**A**は銀河**B**から5000 km/sの速さで遠ざかっている。

②　銀河**A**を観測すると，約4.7億年前の情報を得ることができる。

③　銀河が少ない空洞や，銀河が連なる壁のような宇宙の大規模構造が見られる。

④　銀河が遠ざかる速度を調べることにより，宇宙の膨張が見つかった。

短期攻略　大学入学共通テスト　地学基礎

著　　者	小　野　雄　一
発 行 者	山　﨑　良　子
印刷・製本	株式会社日本制作センター
発 行 所	駿台文庫株式会社

〒101-0062　東京都千代田区神田駿河台1-7-4
小畑ビル内
TEL. 編集　03(5259)3302
販売　03(5259)3301
《⑤－268pp.》

ISBN978-4-7961-2348-8　Printed in Japan

駿台文庫 Web サイト
https://www.sundaibunko.jp

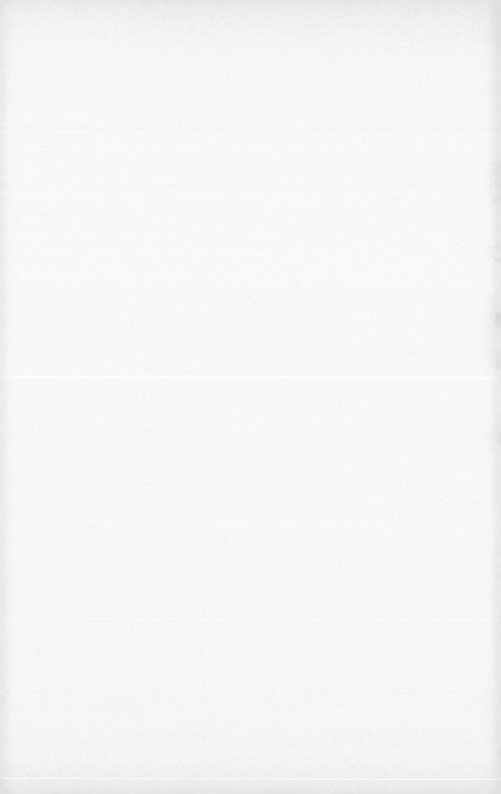

短期攻略

大学入学 共通テスト

地学基礎

解答・解説編

駿台文庫
SUNDAIBUNKO

目　次

固体地球

鉱物・岩石

地質・地史

大気・海洋

天　文

○出典の科目の記号について
本書では下の記号を用いて出典を表しています。
出典表示のないものはオリジナル問題です。

2015 年以降	地学基礎	…★
2015 ～ 2006 年	地学Ⅰ	…○
	理科総合 B	…●
2006 ～ 1997 年	地学 IB	…◇
	地学 IA	…◆
1996 年以前	地学	…△

第1章　固体地球

1

A：2000 本◇　B：1984 本△

問1　④　問2　①　問3　③　問4　①　問5　②　問6　②

A

問1　問題文にあるように，紀元前 220 年ごろ，ギリシアのエラトステネスは，夏至の日にシエネでの太陽の南中高度が 90° であることを知った。そこからラクダの歩測によって測定された 5000 スタジア（約 900 km）真北にあるアレクサンドリアで，同じ日の太陽の南中高度が 7.2° 低いことから，地球の全周の長さを求めた。

地球の全周の長さを L とすると，次の式が成り立つ。

5000 スタジア：7.2° = L スタジア：360°

これを計算すると，L = 250000 スタジアである。このように，同一子午線（経線）上の 2 地点間の距離と，同一日の太陽の南中高度の差から，地球の全周を求めることができる。

問2　問題の地球儀は，地球全周の 40000 km を 4 m に縮小している。これは，単位をそろえると 7 桁下がっている。それでも，一周 4 m はかなり大きな地球儀である。

世界最高峰のエベレスト山（チョモランマ山）の高さ 8848 m が x〔m〕になるとして，次の式が成り立つ。

40000 km：4 m = 8.848 km：x〔m〕

解くと，

$$x = 8.848 \times 10^{-4}\ \mathrm{m} = 8.848 \times 10^{-1}\ \mathrm{mm} \fallingdotseq 0.9\ \mathrm{mm}$$

このように，かなり大きな地球儀でも，エベレスト山の高さは 1 mm に満たない。地球上の地形の起伏を，立体的に凹凸で表現した地球儀が市販されているが，その凹凸は実際よりも強調して製造されていることが分かる。

問3　地球の形は，完全な球ではなく，赤道方向に長い楕円を回転させた立体図形，つまり，回転楕円体に近い。これは，地球の自転による遠心力によって，球が変形したものだとすれば理解しやすい。赤道半径は 6378 km，極半径は 6357 km であり，赤道半径の方が 21 km ほど長い。

B

問4　18 世紀のヨーロッパにおいて，地球が赤道方向に偏平なのか，極方向に偏平なのかという論争が起こった。発端は，赤道に持参した振り子時計が遅れていくことからであった。この論争に決着をつけるため，1735 年からおこなわれたフランス学士院の測量が問題文の内容である。赤道に近いペルー（現在のエクアドル）と，北極に近いラップランドにおいて，緯度差 1° あたりの子午線（経線）の長さが測量された。そして，北極に近いラップランドの方が，緯度差 1° あたりの子

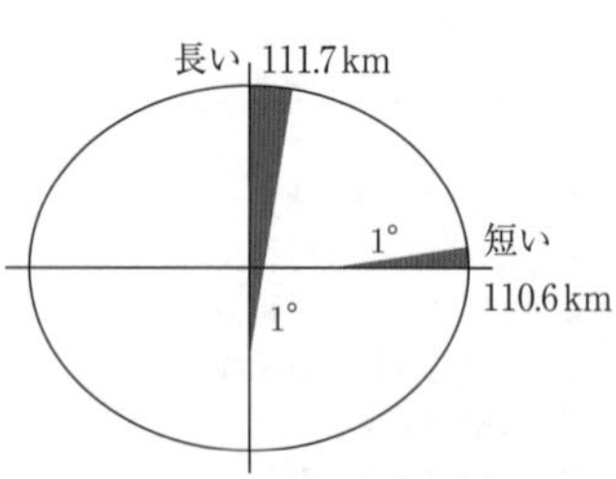

緯度 1° あたりの子午線弧長

午線が長いという測量結果が得られた。

極付近の緯度差1°あたりの子午線が長いということは，極付近の地表面の曲がり具合が緩やかだということである。逆に，赤道付近では地面の曲がり具合が急だということである。このことから，赤道方向がよりとがった回転楕円体だと分かったのである。

問5　偏平率は，回転楕円体が球からどのくらい外れた形なのかを示した数値である。赤道半径を a，極半径を b とすると，偏平率 f は，次の式であらわされる。

$$f = \frac{a-b}{a}$$

つまり，偏平率は，赤道半径と極半径の差 $a-b$ が，赤道半径 a に比べてどのくらいの割合かを示したものである。問題の偏平率 0.25 = 1/4 だから，次の式が書ける。

$$\frac{a-b}{a} = \frac{1}{4}$$

これは，赤道半径を4と考えたとき，赤道半径と極半径の差が1であることを示している。このとき，極半径は3であり，短半径（極半径）は長半径（赤道半径）の4分の3である。

次のように式を変形すれば同じ結果が得られる。

$$\frac{a}{a} - \frac{b}{a} = \frac{1}{4} \qquad 1 - \frac{b}{a} = \frac{1}{4} \qquad \frac{b}{a} = \frac{3}{4}$$

問6　問3でも述べたように，地球の形が回転楕円体に近い大きな原因は，地球の自転による遠心力である。自転軸からの距離の長い赤道付近ほど，遠心力が大きくはたらく。

POINT【地球の大きさ】

・地球の半径 R の求め方（エラトステネスの方法）

同一経線上にある2地点の緯度差 ϕ と距離 L から求める。

$$\frac{L}{2\pi R} = \frac{\phi}{360} \qquad R = \frac{180L}{\pi\phi}$$

・地　球　の　半　径　…　約 6400 km

・赤道と極を通る全周　…　約 40000 km

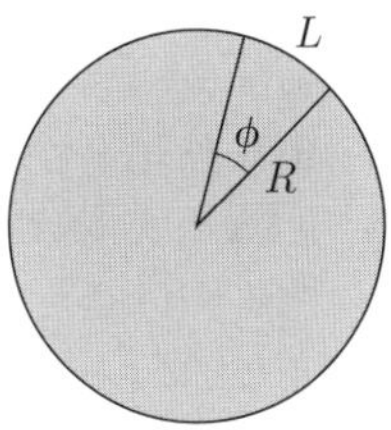

POINT【地球楕円体と偏平率】

・地球は，赤道半径 a が，極半径 b よりも長い回転楕円体に近い。

・偏平率 f は，

$$f = \frac{a-b}{a}$$

地球の偏平率は，およそ $\frac{1}{300}$ である。

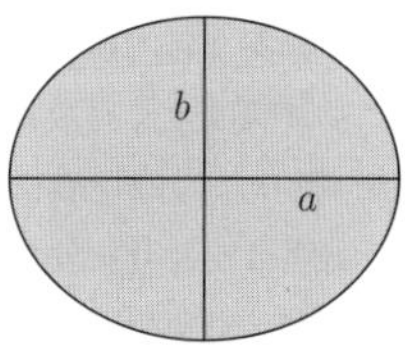

2

1995 本△

問1 ③　問2 ②　問3 ①　問4 ③

問1　海面を基準にすると，地球表面の最も高い地点の標高は約 9 km，最も低い地点の水深は約 11 km であり，その差は約 20 km である。右下の **POINT** の図は，地球の高度別に分けた面積の割合である。地球の標高は，陸地の低地である 0 ～ 1 km と，深海底の −4 ～ −5 km の，2 か所にピークがある。これは，地球に 2 種類の異なる地殻，すなわち，大陸地殻と海洋地殻が存在しているためである。このような 2 つのピークをもつ特性は，他の地球型惑星（水星・金星・火星）にはみられない。

大陸地殻と海洋地殻の 2 種類の地殻には，年代，構成する物質，密度，熱的な性質など，いくらかの違いがみられる。

大陸地殻は造山運動によって，地球の歴史の早い段階である 40 億年前には形成がはじまっていた。上層は花こう岩質，下層は玄武岩質でできていると考えられるが，その区別が明瞭でない場所も多い。大陸地殻の厚さは 20 ～ 70 km であり，場所によって差がかなり大きいが，平均は 40 km 程度である。

海洋地殻は，海洋プレートの表層部分である。海嶺でつくられ続け，海溝で沈み込み続けているため，常に更新されてきた。そのため，最古の海洋地殻でも 2 億年程度のものしかない。海洋地殻の厚さは 10 km 未満で，通常は 5 ～ 8 km 程度であり，大陸地殻に比べてかなりうすい。

問2　各選択肢を検討する。

① 誤り。アフリカ大地溝帯は，アフリカ大陸が東西に分かれようとして形成された大きな谷（リフトゾーン）である。現在行われている測量でも，年々谷の両側の距離が少しずつ離れている。アフリカの最高峰キリマンジャロ（5895 m）も，大地溝帯にある火山である。一方，大西洋中央海嶺も，プレートが形成され，両側に分かれているところである。陸地か海洋底かのちがいはあるが，プレートが両側に開くという成因は共通している。

② 正しい。大陸地殻は，プレートの沈み込みや衝突などに伴う造山運動によって古い時代から形成されてきたものである。数多くの断層や大規模な褶曲，火成岩の貫入，大規模な変成作用などによって，その構造はたいへん複雑である。海洋地殻が，玄武岩質岩石からなる比較的単純な構造をしているのとは対照的である。

③ 誤り。大西洋中央海嶺は，海底下でマグマが発生して上昇し，新たなプレートが形成され，両側に分かれているところである。一方，アルプスやヒマラヤのような山脈は，大陸プレートどうしが衝突することで，巨大な褶曲山脈ができたものであり，火山活動は極めて少ない。このように，前者はプレートの発散境界，後者はプレートの収束境界に位置するため，形成の機構は全く異なる。

④ 誤り。大陸地殻は，大まかには上部は花こう岩質岩石，下部は玄武岩質岩石からなるが，実態はかなり複雑で，上部と下部の区分が明瞭でない場所もある。一方，海洋地殻はほとんど玄武岩質岩石であり，表面は玄武岩，深い部分は斑れい岩が主体である。選択肢の文では，大陸地殻と海洋地殻が逆である。

問3　大陸地殻で最古の岩石の年代は，およそ 40 億年前である。近年ではさらに古く 43 億年前程度の岩石が見つかったとする報告もある。いずれにせよ，地球の歴史ではかなり初期の年代である。このような古い岩石は，カナダや南アフリカ，南極などで見出されている変成岩である。古い岩石のみつかる場所は古い大陸地殻であって，現在では造山運動の起こっていないなだらかな盾状地となっている。

海洋地殻は，海嶺でつくられ，海溝で沈み込むというように，常に更新されている。最古の海洋地殻は，太平洋プレートが沈み込む海溝付近である。その海溝付近の岩石の年代でもせいぜい2億年程度，つまり，中生代のものである。

問4　プレートが生み出される海嶺では正断層の地震が頻発するが，その震源は深さ100 kmより浅いものにほぼ限られる（③が誤り）。一方，プレートが沈み込む付近の島弧－海溝系では，逆断層型の地震が多いが，その震源は深さ100 kmより浅いものばかりでなく，プレートが沈み込む深さ660 km程度まで分布する。それ以深での地震は，どのような場所でも観測されていない。また，プレートのすれ違い境界であるトランスフォーム断層の付近でも，浅い震源の地震が起こる。さらに，プレート境界以外でも，地殻の浅い位置にある活断層が動くことで地震が発生する。

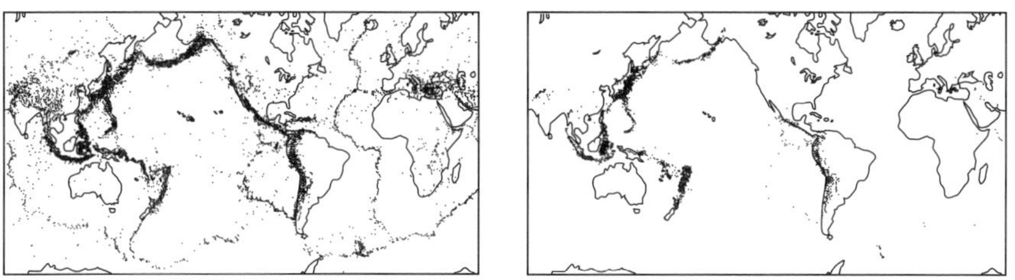

(a)　深さ100kmより浅い地震　　(b)　深さ100kmより深い地震

世界の地震と震央分布

POINT【大陸地殻と海洋地殻】

地球の標高分布には，2つのピークがある。

→2種類の地殻が存在する。

大陸地殻

上部が花こう岩質岩石，下部が玄武岩質岩石

厚さは20 km～70 km

最古の岩石の年代は約40億年前

海洋地殻

玄武岩質岩石（玄武岩，斑れい岩）

厚さは5 km～8 km

最古の岩石の年代は約2億年前（中生代）

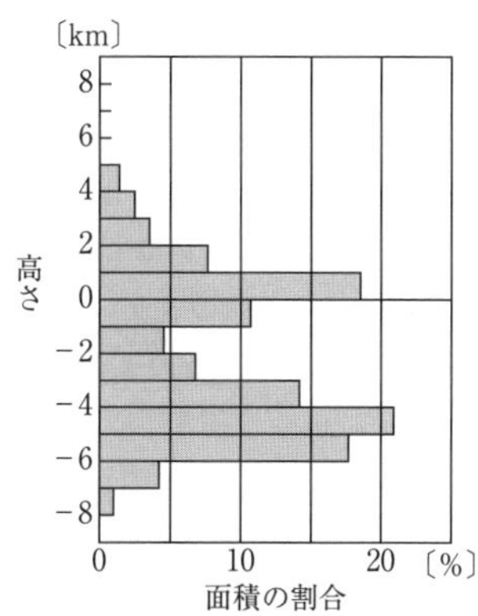

地球の表面積の標高別割合

3

2006 追○

問1 ④	問2 ②	問3 ④	問4 ②	問5 ③	問6 ①

問1　プレートは，問題の図1のcで示される中央海嶺で形成され，両側に移動する。海嶺は，両側から引っ張りの力を受け，アセノスフェアの物質の一部が上昇してマグマが生成し，冷却固結して新たなリソスフェアをつくっている。

①は沈み込むプレートの面に沿って震源が分布する面であり，プレートの上面にほぼ一致する（☞ *10*）。

②について，M8を超える巨大地震の多くは，図1のbのようにプレートが沈み込む境界や，大陸プレートどうしが衝突する境界付近に限られる。

③はマントル深部に固定された熱源によって生じる火山で，ハワイ諸島などプレートの動きと無関係に分布する（☞ *6*）。

問2　図1のaはプレートが沈み込む海溝に並行した島弧（弧状列島）の直下であり，cは問1のように海嶺である。いずれもプレートの境界であり，活発な地学現象がみられるが，aは収束境界，cは発散境界であり，その性質は異なる。各選択肢を検討する。

① 誤り。深さ100 km未満の浅発地震は，a，cの付近でともに活発であるが，100 kmを超えるような深発地震は，ほぼ沈み込み帯のaの下に限られる。aの下では深さ660 kmほどまで震源が分布しており，その深さが上部マントルと下部マントルの境界である。なお，a付近では圧縮の力による逆断層型の地震が，c付近では引っ張りの力による正断層型の地震が多い。

② 正しい。a，cともにマグマの生成が起こり，火成活動が活発である。aでは，マントル物質が部分溶融してできたマグマが，地殻内で変化をして，主に安山岩質マグマやデイサイト質マグマの火成活動となることが多い。一方，cでは地下のマントル物質が上昇することで，マントル物質の圧力が低下しマグマが生成する。玄武岩質マグマの火成活動となることが多い。

③ 誤り。現在の地球科学では，造山運動とは大陸地殻を形成する作用の全体と考える。つまり，隆起や沈降のような上下運動，プレートの動きによる褶曲や逆断層，あるいは，堆積物の付加，岩石の変成作用などを総合的に指す。このような造山運動が起こる場は，プレートの収束境界であるaであり，海洋プレートの形成の場であるcでは起こらない。

④ 誤り。プレート間の横ずれ断層とは，トランスフォーム断層のことである。海嶺と海嶺をつなぐ部分に多数のトランスフォーム断層が存在するし，海溝と海溝をつなぐ部分にもいくらか存在する。a，cのような地下の構造ではない（☞ *4*）。

問3　毎年5 cmずつ沈み込むプレートが，1000 kmに達したのだから，その年数は次のように求められる。〔km〕から〔cm〕のへの変換は5桁上げればよい。

$$\frac{1000 \times 10^5〔\text{cm}〕}{5〔\text{cm/年}〕} = 200 \times 10^5〔\text{年}〕 = 2000〔\text{万年}〕$$

すなわち，2000万年前に沈み込みを開始したと考えられる。

問4　大陸プレートの下に海洋プレートが沈み込む場では，引きずり込まれて変形した大陸プレートの先端が跳ね上がることで，M8を超える巨大地震がおこることもある。変形によるひずみの蓄積量には限界があるから，巨大地震の発生は数十年〜数百年に一度，周期的に発生することが知られている。また，大陸プレートの跳ね上がりによって，海底が変形すると，津波が発生することも多々ある。

誤った選択肢は②である。海洋プレートは密度が大きく，大陸プレートの下に沈み込むので，その境界は横ずれ断層にならない。

問5　地下およそ100 kmには，右図のように，地震波速度の遅い「上部マントル低速度層」がある。この層は，マントル物質が部分溶融して軟らかくなっている部分である。この軟らかい部分以深がアセノスフェアであり，その上の硬い部分がリソスフェアである。リソスフェアこそ，プレートの実態である。

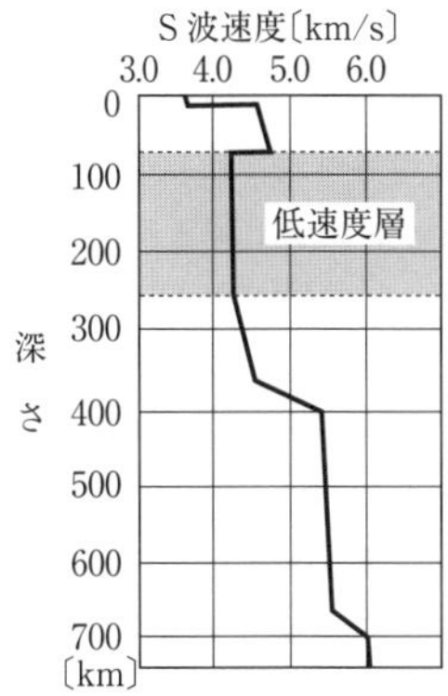

硬いリソスフェアは軟らかいアセノスフェアの上を滑るように動くことができる。正解は③である。

他の選択肢は，上記の区分とは直接の関係がない。

① 極の重力が大きいのは，地球が回転楕円体の形に似ていて，赤道よりも極のほうが地球中心に近いため，および，極は自転軸上にあって遠心力が0であるためである。

② S波が届かない地域があるのは，地球の内部に液体からなる外核があるためである。S波は物質のねじれの状態を伝える横波だから，液体を伝わらない。

④ 地球に磁場があるのは，地球内部に鉄の液体でできた外核があって流動できることと，地球の自転角速度がさほど遅くないことによって，外核に電流が流れることが原因だと考えられている（ダイナモ理論）。

問6　リソスフェア（プレート）の厚さは場所によって異なるが，およそ70〜150 kmである。仮に100 kmとして，地球の半径約6400 kmと比べた割合を求めると，次の計算の通りせいぜい1.6％である。選択肢では①が最も近い。④ではもはやマントル全体になってしまう。

$$\frac{100〔\mathrm{km}〕}{6400〔\mathrm{km}〕} = 0.016$$

POINT【プレートテクトニクス】

・硬いプレート（リソスフェア）が，軟らかいアセノスフェアの上を動く。
・プレートの境界で，地震，火山活動などの現象が活発である。
・プレートの厚さ…70〜150 km
・プレート境界
　発散境界　…　海嶺など
　収束境界　…　海溝など
　すれ違い境界　…　トランスフォーム断層

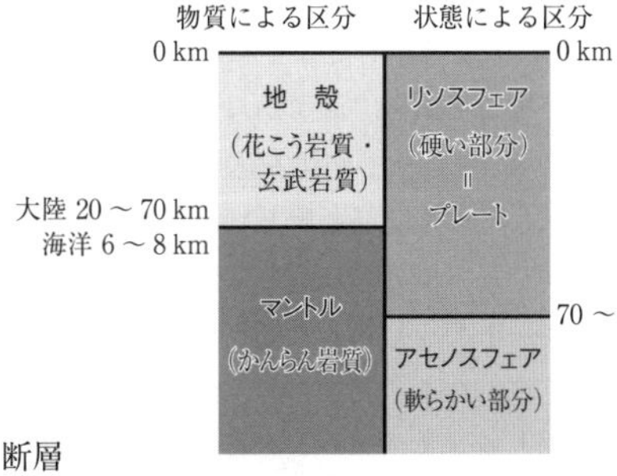

4

2010本●

問1　③　　問2　④　　問3　②　　問4　①

問1　地球の表面は，十数枚のプレートにおおわれており，相互に運動している。地震や火山活動といった地学現象の大半は，3種類のプレートの境界付近で起こる。

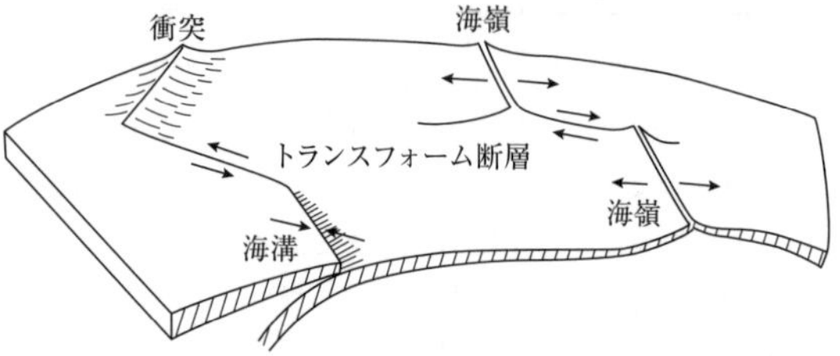

3種類とは，

(i)新たにプレートが形成される海嶺などの発散境界

(ii)海洋プレートが沈み込む海溝や，大陸プレートどうしが衝突する場のような収束境界

(iii)トランスフォーム断層のようにプレートどうしがすれちがう境界

問題の**A**～**D**の場所は，それぞれ次のような場である。

A：(ii)太平洋プレートが北アメリカプレートの下に沈み込む千島海溝である。

B：(iii)太平洋プレートと北アメリカプレートがすれ違うサン・アンドレアス断層である。

C：(i)太平洋プレートとナスカプレートが生成され分かれていく東太平洋海嶺である。

D：(ii)フィリピン海プレートがユーラシアプレートの下に沈み込む南海トラフである。

以上のように，(i)のタイプは**C**である。

問2　沈み込み帯は，問1の解説で述べた(ii)のタイプにあたる。日本列島は沈み込み帯に位置し，地震や火山活動が多く，造山運動が活発である。各選択肢を検討する。

①　正しい。海洋プレートが沈み込む場所は，水深6000 m ～ 11000 mにおよぶ海底の谷になっている。太平洋プレートが沈み込む場所は千島海溝や日本海溝など，フィリピン海プレートが沈み込む場所は，駿河トラフや南海トラフなどとよばれる。

②　正しい。海洋プレートが沈み込むとき，大陸側のプレートの端を引きずりこんでひずみが蓄積する。数十～数百年に一度，M8を超えるような巨大地震でひずみを解放する。

③　正しい。海洋プレートが約100 kmまで沈み込んだ場所で，マントル物質が部分溶融してマグマが生じる。これが地上に噴き出してできる火山の列が火山前線（火山フロント）であり，東北地方の中央部を南北に走る山脈がその例である（☞ ***11***）。

④　誤り。③で解説したように，マグマができるのは海洋プレートが約100 km以深まで沈み込んだ場所である。海溝から火山前線直下までの間ではマグマは生じず，火山は分布しない。

⑤　正しい。プレートが沈み込む付近は，水平方向に圧縮の力を受け，逆断層型の活断層が多数存在している。活断層とは第四紀に活動し，今後も活動が予想される断層である。②のようなプレート境界の地震とは別に，直下型の地震が警戒されている活断層も多い。

問3　プレートどうしがすれ違う横ずれ断層（トランスフォーム断層）は，海嶺と海嶺の間に特に数多くみられる。問1の図1で，プレート境界がギザギザに描かれているところは，たいてい海嶺とトランスフォーム断層が交互に存在するところである（このことからも問1の解答が得られる）。

次の図は，問題の図２を真上から見たところである。海嶺でできたプレートは両側に向かって引っ張られるから，海嶺と海嶺の間（bc 間）ではすれ違いが見られ，これがトランスフォーム断層である。さらにその両側（ab 間，cd 間）ではプレートは同じ向きに動くので，すれ違いは解消されている。

トランスフォーム断層とは，動くプレートだけがすれ違っているのであって，海嶺が切れてずれたものではない。海嶺がプレートを生産している限り，年月が経っても，海嶺どうしの距離（bc 間）は縮まることも広がることもない。

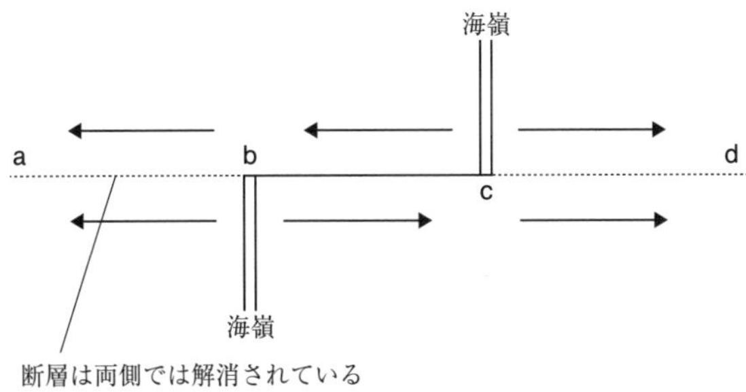

問４　南アメリカ大陸とアフリカ大陸は，中生代に大西洋中央海嶺によって両側に分かれ，現在は 6000 km 離れた今の位置にある。移動の平均の速度を求めるのだから，X から X' までの距離と，X から X" までの距離は等しいと考え，6000 ÷ 2 で 3000 km ずつとする。これを 8000 万年間で移動したのだから，速度は次の計算により，片側に約 3.8 cm/年で移動したことになる。なお，〔km〕から〔cm〕の換算は５桁（$\times 10^5$）である。

$$\frac{3000 \times 10^5〔\mathrm{cm}〕}{8000 \times 10^4〔年〕} = 3.75〔\mathrm{cm/年}〕$$

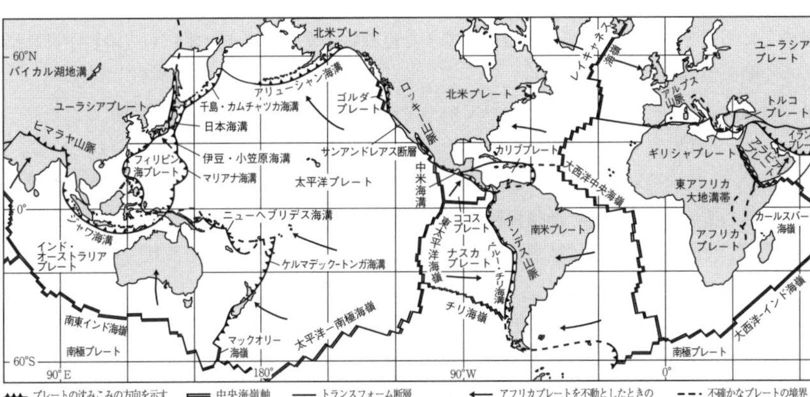

地球表面のプレート分布

5

A：2012 追○　B：2009 追○

問1　③　　問2　②　　問3　④　　問4　⑤

A

問1　マグマは岩石が溶融してできた液体である。中でも，かんらん岩質岩石からなる上部マントルの物質が部分溶融してできた玄武岩質マグマは，地殻でおこる諸現象を考えるうえで出発点となるマグマであり，本源マグマとよばれる。問題の中央海嶺でも，マントル物質が地表に向かって上昇することで，部分溶融しマグマが発生する。

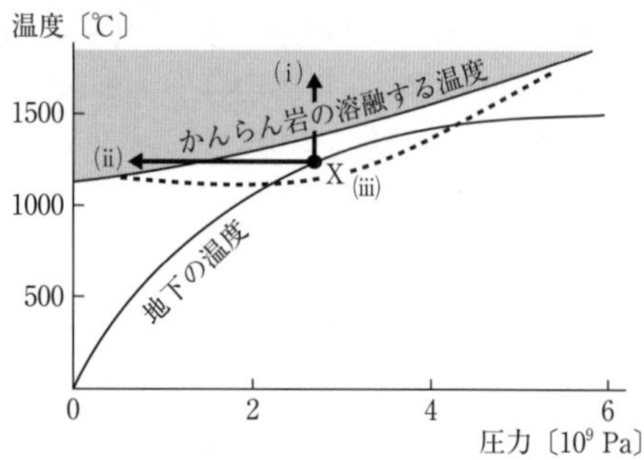

固体であるマントル物質が溶融するためには，次の3つの条件のいずれかを満たさなければならない。

(i)　温度が上がる。(右上のグラフのX点が上へ移動する。)

(ii)　圧力が下がる。(右上のグラフのX点が左へ移動する。)

(iii)　融解温度が下がる。(右上のグラフの融解曲線が下がる。)

このうち，海嶺では(ii)が原因となって玄武岩質マグマが発生する。海嶺では，両側からプレートが引っ張られて地盤が開いていく。それを補うように，マントルから物質が上昇する。マントルから上昇した物質は，地表に近づいて急速に圧力から解放される。この圧力の低下によって，溶融曲線に達するのである。

なお，(i)は局所的に温度が上がる条件であり，例えばホットスポットでは(i)と(ii)の原因があわさってマグマができる。(iii)は，島弧などプレートの沈み込み帯でみられる。プレートからマントル物質に水が供給され，溶融温度が下がる。

このようにしてできた玄武岩質マグマは，SiO_2 の割合が比較的小さく，粘性が小さい。海嶺の上にあるアイスランドでは，地面にできた直線状の裂け目（ギャオ）から溶岩が流れ出るような噴火がみられる。(☞ ***15***)

問2　海嶺は，プレートが両側に分かれていく発散境界である。各選択肢を検討する。

①　誤り。玄武岩質マグマが海底から噴出する海嶺では，海洋プレートがつくられている。

②　正しい。枕状溶岩は，マグマが水中で急冷されたときにできる，丸みをおびた塊が重なった形態の溶岩である。(☞ **巻頭資料**)

③　誤り。トランスフォーム断層は，プレートが水平にすれ違う断層であり，右ずれまたは左ずれの水平横ずれ断層である。上下に動く正断層や逆断層ではない。

④　誤り。リソスフェアは，地殻およびマントル上端の硬い部分をまとめて指す語であり，プレートそのものである。海嶺でできたリソスフェアは，海嶺から離れるにしたがってマントル物質が加わっていき，少しずつ沈み込みながら厚く重く成長していく。

B

問3　3種のプレート境界のうち，プレートの生成も消費もせず，ただすれ違うのみの境界をトランスフォーム断層という。トランスフォーム断層では，海嶺どうしの位置関係は変わらず，プレートのみが動いていくことである。本問では，地球上のプレートの分布が変わらない限り，中央海嶺CとDの位置は，過去から未来まで位置を変えず，海嶺どうしの距離も一定である。動くのはプレートAが左に，プレートBが右に広がっていくだけである。

本問の火山島Fは，ホットスポットで形成された火山である。ホットスポットは，プレートよりも深部にほぼ固定されており，マグマが供給されて火山ができる場所である。現在，火山島Eが活動中であり，ここがホットスポットである。200万年前にホットスポットEの位置にあった火山は，プレートの動きとともにホットスポットを離れ，マグマの供給を断たれ，火山の跡の島としてFまで移動してきた。このことから，海嶺から離れるプレートBの移動速度は，「200万年で100 km」と分かる。

一方，海底Gは，中央海嶺Dで形成されたあと，現在の位置まで300 kmを動いてきた。プレートBの移動速度は上記と同様に「200万年で100 km」だから，300 kmを動くのにかかった時間は，200万×3で600万年である。

問4　図のH点は左に，I点は右に動いていく。下の図で，現在の位置をH0，I0とする。プレートの動きとともに，H点とI点も動いていき，やがてH1，I1の位置に達し，最接近する。ここまでは，H点とI点の距離は徐々に近づいていく。その後もプレートが動いていくと，やがてH2，I2の位置へ遠ざかっていく。その後も遠ざかり続けていく。

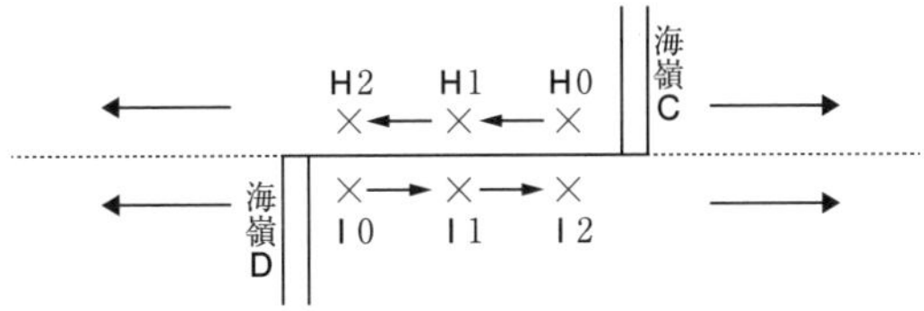

POINT【プレート境界】

プレート＝地球をおおう，厚さ70～150 km程度の岩板。

地殻＋上部マントルの一部を指す。(低速度層よりも上の硬い部分＝リソスフェア)

プレート境界では，地震や火山活動などが起きやすい。

(1)　生成境界　…　海嶺など
- 玄武岩質マグマの活動。裂け目噴火。
- 正断層型の浅発地震

(2)　収束境界　…　海溝，衝突など
- 島弧では，安山岩質やデイサイト質マグマの活動。
- 衝突の場では，複雑な褶曲山脈。
- 逆断層型の浅発および深発地震（～660 km）

(3)　すれ違う境界　…　トランスフォーム断層
- 横ずれ断層型の浅発地震

6

2007 追●

問1　①　　問2　②　　問3　②　　問4　④

問1・問2　「プレート」の考えは，厚さ 70 ～ 150 km の硬い岩石の板が，やわらかい層の上を動いているというものである。プレートは，地殻全体に上部マントルまでを含んでいる。

ホットスポットは，プレートの動きには関わらず，マントルの深部に起源をもつ火山の場所である。そこではマグマが発生し噴出して，火山が活動している。ホットスポットの例として，太平洋には本問で取り上げたハワイ諸島の他に，タヒチ島やイースター島などいくつか知られている。また，北米大陸のイエローストーンも有名である。近年の地球内部の研究によると，ホットスポットの熱源は核とマントルの境界にあると考えられ，後述のようなプルームの考え方で説明がなされている。

プレートが動いても，ホットスポットの位置はほぼ変わらないとみなしてよい。そのため，ホットスポット上の火山がプレートとともに移動すると，やがてマグマの供給場所から離れてしまい，火山としての活動が終了する。プレート上には，火山の跡である島あるいは海山が残る。よって，時代が経つと，プレート上には，火山の跡の海山が点々と列をなして残る。この列の向きから，プレートの移動の向きが分かる。また，岩石の年代を調べれば，プレートが動く速度も分かる。

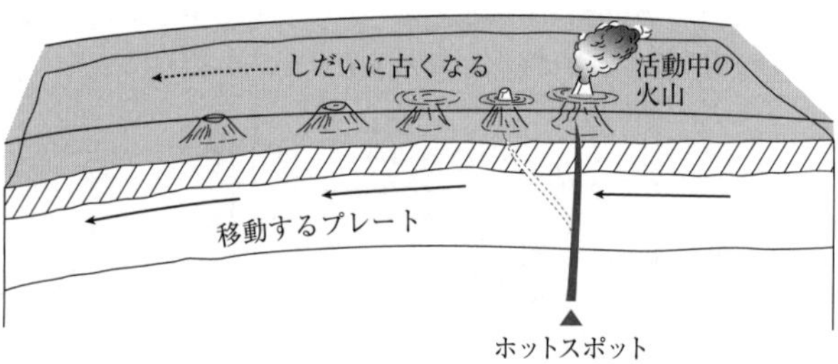

ハワイ島は，代表的なホットスポットであり，その跡の海山列は，問題の図1のように並んでおり，途中で向きを変えて，天皇海山列へ続いている。向きが変わっているのは，そのときプレートの動く向きが変わったからだと考えられる。

図2では，ハワイ島からの距離と形成年代が，ほぼ一直線に並んでおり，プレートの移動速度がおよそ一定であったことが分かる。その移動速度は，たとえば海山列のひとつである明治海山は，7000 万年の間に 5800 km ほど移動しているのだから，次のように求められる。

$$\frac{5800 \times 10^5 〔\mathrm{cm}〕}{7000\,万年} = 8\ \mathrm{cm}/年$$

問3　プレートの動きは，問題の図1から，次のように読み取れる。まず明治海山がホットスポットの位置で火山島として生まれ，北北西に進むプレートに乗って動いた。その後，雄略海山がホットスポットの位置にきたころ（4340 万年前）に，プレートの動く向きが変わり，現在まで西北西に動いた。右ページの図にその様子を，順を追って示す。

なお，近年の地球科学では，ホットスポットは，核とマントルの境界に原因を持つマントルの上昇流の細い出口の1つであると考えられている。この上昇流をホットプルームという（plume は羽毛，羽毛のように舞う煙）。

マントル内部の温度構造は，地震波トモグラフィーによって明らかにされてきている。この手法は，医療でいうCTと同じ原理で，地震波を使って地球の断面図を作成するものである。地震波トモグラフィーによって，核の表面で加熱されて上昇するプルーム（ホットプルーム）の存在が分かってきている。規模の大きいプルームはアフリカ大陸と南太平洋の下に存在し，アフリカ大地溝帯やホットスポットなどを形成している。

一方，下降流はコールドプルームとよばれることもあり，アジアの下に存在し，周囲の大陸プレートを吸い寄せている。

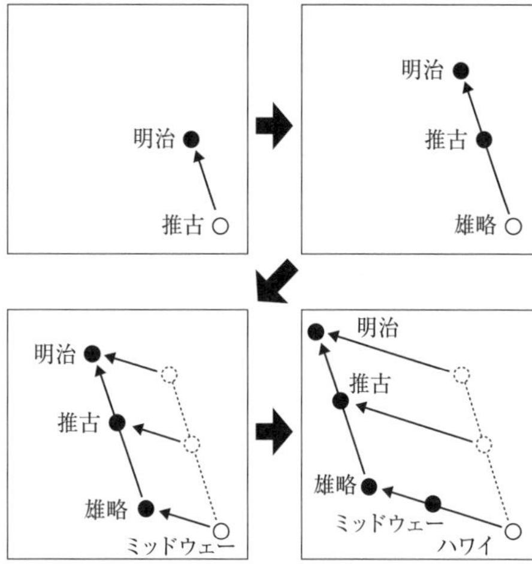

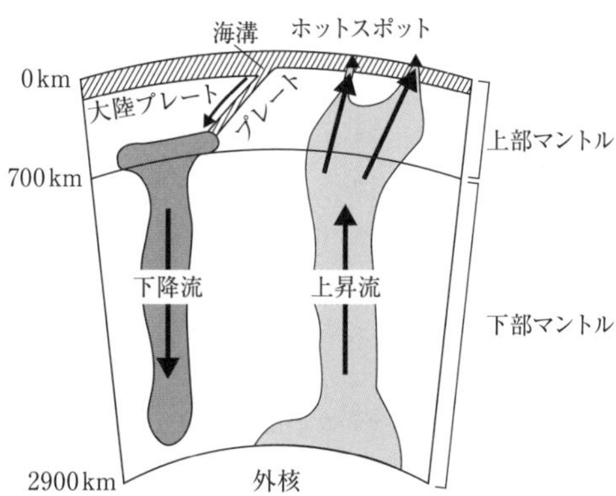

問4　火山島付近は海深が浅く，温暖な海域であればサンゴが生育し，サンゴ礁が形成される。サンゴの主成分は $CaCO_3$ であり，サンゴはやがて石灰岩となる。火山島の近くは海深が浅いが，その周囲は深海底である。大陸から供給された砂や泥などの砕屑物はほとんど含まない。

7

A：2002本◇　B：2004本◇

問1 ③	問2 ②	問3 ③	問4 ②	問5 ③	問6 ②

A

問1　震度は，ある場所での地震の揺れの大きさを表したものであり，地震動の加速度をもとに計算される。現在，日本の気象庁で使われている震度階は，兵庫県南部地震（阪神淡路大震災）の翌年の1996年から使われているもので，機械による計測震度であり，10階級であらわされる。10階級とは，「0，1，2，3，4，5弱，5強，6弱，6強，7」である。世界では地域によって震度の決め方は異なるし，日本でも1996年以前は人体の感覚や周囲の被害をもとに8階級で決めていた。以下，各選択肢を検討する。

① 誤り。地震のエネルギーの規模を表すのがマグニチュードである。震度は，1回の地震に対してその場所ごとの揺れの大きさを示すが，マグニチュードは1回の地震に対して1つの値である。

② 誤り。問5でも解説するが，初期微動継続時間と震源距離は比例する。つまり，初期微動継続時間が長い場所は，震源からの距離が遠いと分かる。よって，ふつう震度は小さくなることが多い。実際には地下の構造や地盤の性質によって，震度はやや大きくなったり小さくなったりすることもあるが，選択肢の文のような関係性は誤りである。

③ 正しい。ある場所での震度は，その場所の揺れの程度であるから，震央や震源の情報がなくとも，その場所の計測震度計だけで観測できる。

④ 誤り。ある場所の震度が分かっても，その場所が震源や震央から遠いのか近いのか分からなければ，マグニチュードの推定はできない。これは，問題の図1からもわかる。ある場所の震度が分かっても（例えば震度2だとしても），震央距離が違うと，そこから判断されるマグニチュードは違う。

問2　日本での近代的な地震の観測は，明治期に入った19世紀末からであり，100年程度の記録しかない。それまでは，近代的な観測がなされていない。一方，活断層でおこる地震にしても，海溝型の巨大地震にしても，数百年以上の周期でおこる地震は少なくない。そのため，古文書や絵図を読み解き，地層に残された痕跡を探して，過去の地震の実態を復元することには大きな意味がある。問2，問3は，このような歴史地震の分析に関する問題である。

図1を読み取ると，震央距離100kmの場所では，M=6ならば震度は2，M=7ならば震度は4，M=8ならば震度6である。つまり，マグニチュードMが1大きくなるごとに，震度は2ずつ大きくなっていく。

問3　図2は，過去のある地震について古文書などから推定した震度である。震央から100kmの位置での震度はおおむね4である。これを図1でみると，100kmで震度4ならば，マグニチュードMは7と推定できる。

B

問4　各選択肢を検討する。

① 誤り。地震波のP波は，媒質の粗密を伝える縦波である。ある場所での振動方向は，波の進行方向と平行である。

② 正しい。S波はねじれの状態を伝える横波である。ある場所での振動方向は，波の進行方向と垂直である。また，S波は液体中を伝わらない。地球の外核は，S波が通らないことから液体であることが分かった。

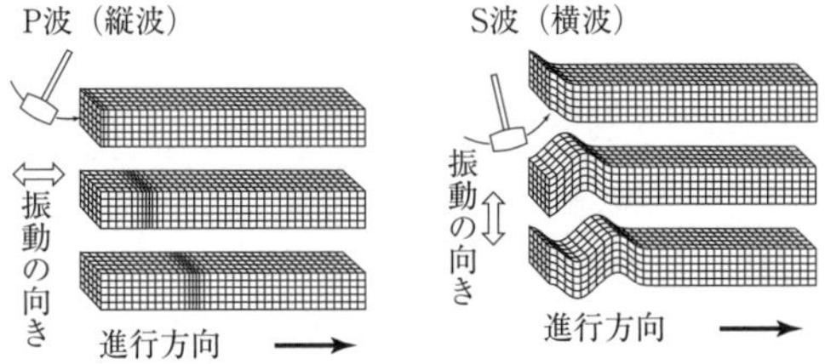

③ 誤り。P波速度はS波速度より常に速い。

④ 誤り。P波速度もS波速度も，マントル内では地下深部に行くほど速くなる。これは，地下深部に行くほど物質の密度が大きいためだと考えられる。マントル内に比べて核ではP波速度は遅いが，核の中だけを考えれば，やはり深部に行くほど速くなっている。

問5　地震では，震源でP波，S波が同時に発生するが，P波はS波に比べ速度が速いため，それぞれの観測点には，P波が先着し，その後S波が到着する。初期微動継続時間（P–S時間）とは，P波が到着してからS波が到着するまでの時間をいう。

地盤の性質が一様だとすれば，地震波のP波速度をV_P，S波速度をV_Sとすると，震源距離Lの地点での初期微動継続時間tは，

$$t = \frac{L}{V_S} - \frac{L}{V_P}$$

と表される。この式を変形すると，

$$L = \frac{V_P V_S}{V_P - V_S} t$$

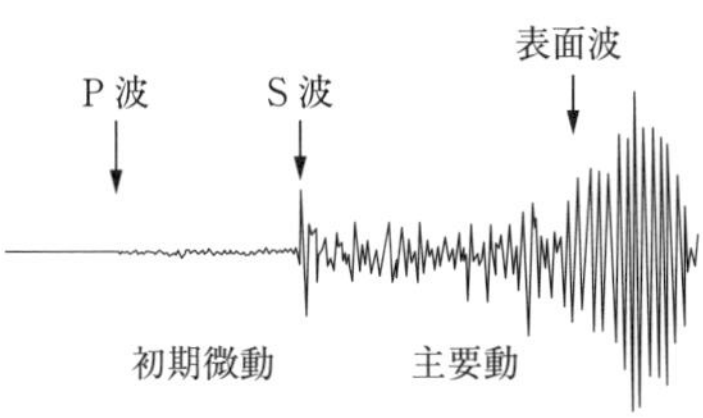

となる。この式は大森公式と呼ばれ，各地での初期微動継続時間tが震源距離Lに比例することを表している。本問では次のようになる。

$$L = \frac{V_P V_S}{V_P - V_S} t = \frac{5.0 \times 3.0}{5.0 - 3.0} \times t = 7.5t\,〔\mathrm{km}〕$$

問6　震央は震源の真上の地上の点である。震源の深さDは，震源と震央の距離だから，次図のようにして求められる。

$$D = \sqrt{50^2 - 40^2} = 30$$

すなわち，深さは30 kmである。

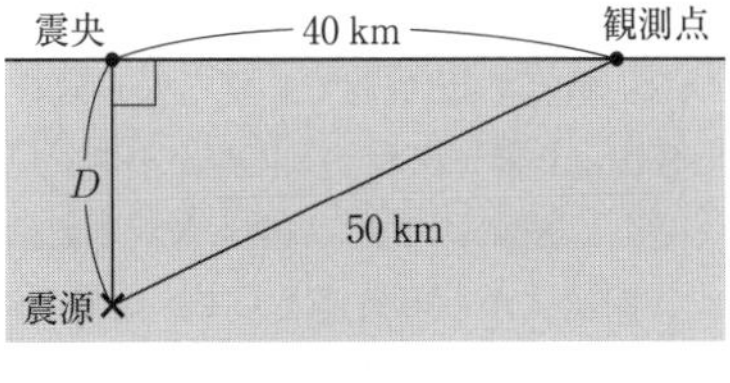

POINT【震度とマグニチュード】

震度　…　ある場所での揺れの大きさ。場所によって異なる。10階級。
　0，1，2，3，4，5弱，5強，6弱，6強，7

マグニチュード　…　地震のエネルギーの規模の大きさ。1回の地震で1つの値。
　マグニチュードが1大きいとエネルギーは32倍，2大きいと1000倍。

8

問1 ③ 問2 ② 問3 ④ 問4 ⑥ 問5 ④

問1 何かの運動を記録するときは，ふつう，動かないものを基準にして位置や速度を記録する。地震では地面が動くのだから，地面に半分以上埋まっている地震計そのものが動く。そこで，地震計では，振り子の支点をすばやく動かしてもおもりは動かないという原理が応用されている。つまり，不動点であるおもりに対し，地震計そのものの動きを記録していくのである。

なお，地震動は空間内での動きであるから，上下動，東西動，南北動の3方向の成分を測定するため，地震計は3つ一組で使用される。そのうち，上下動の測定は，右図のような，ばね振り子を応用した装置が使われる。

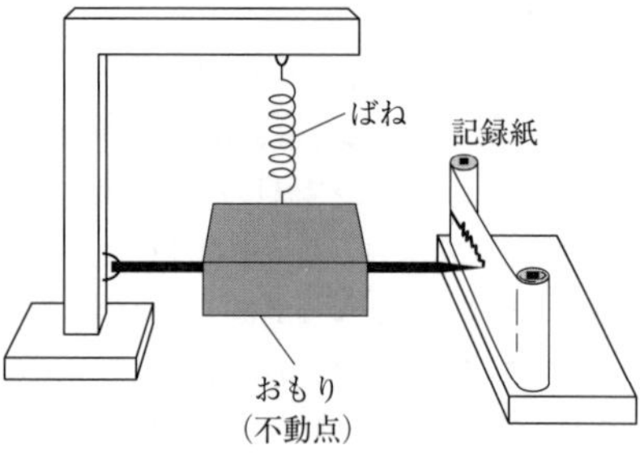

問2 問題の図2において，aは初期微動であり，震源から伝わってきたP波の到着によって引き起こされる。また，bは主要動であり，S波の到着によってはじまったあと，いくつかの表面波が到着して続いていく。各選択肢を検討する。

① 誤り。震源において，P波（Primary Wave）とS波（Secondary Wave）は同時に生じる。P波の方が速度が速いので，各観測点ではS波がP波よりも遅れて到着する。

② 正しい。震源は，地震が発生した地下の点である。また，震央は震源の真上の地上の点である。観測点から震源までの斜めの距離は，震央までの水平な距離よりも長い。

③ 誤り。図2のaの揺れの時間は，初期微動継続時間という。問3で解説するように，地盤の性質が一定なら，初期微動継続時間は震源距離に比例する。つまり，震源距離が長いと，初期微動継続時間も長くなる。

④ 誤り。図2のbの揺れは，S波によって生じる。

問3 地震では，震源でP波，S波が同時に発生する。このうちP波はS波に比べ速度が速いため，S波より前に伝わり，振幅が小さく周期の短い初期微動として観測される。その後，S波が到着し，振幅が大きく周期も長い主要動として観測される。

問題文からの条件として，地盤の性質が一様で，A地点とB地点の震源距離の差が30 kmである。また，図2から，A地点とB地点で初期微動aの始まった時刻が5秒差，主要動bの始まった時刻が10秒差である。これらから，P波速度V_PとS波速度V_Sを求めると，次の通りであり，選択肢①，②ともに誤りである。

$$V_P = \frac{30\text{ km}}{5\text{ s}} = 6\text{ km/s} \qquad V_S = \frac{30\text{ km}}{10\text{ s}} = 3\text{ km/s}$$

震源距離Dの地点での初期微動継続時間tは，S波が到達するまでの時間からP波が到達するまでの時間を引けばよい。よって，tは次の式であらわされる。

$$t = \frac{D}{V_S} - \frac{D}{V_P}$$

変形した次の式は，大森公式と呼ばれる。

$$D = \frac{V_P V_S}{V_P - V_S} t$$

これは，初期微動継続時間 t と震源距離 D が比例することを示している。

本問では，A地点の初期微動継続時間が5秒間，B地点の初期微動継続時間が10秒間だから，B地点の震源距離はA地点の震源距離の2倍である。選択肢③は誤りである。

大森公式を使って，A地点，B地点の震源距離 D_A，D_B を求めると，次のとおりである。

$$D_A = \frac{6 \times 3}{6 - 3} \times 5 = 30 \text{〔km〕} \qquad D_B = \frac{6 \times 3}{6 - 3} \times 10 = 60 \text{〔km〕}$$

以上より，選択肢④が正しい。

問4　前問3で求めたとおり，震源からA地点までの距離は30 km，P波速度は6 km/sだから，震源で発生したP波がA地点まで到達するのにかかる時間は，5秒間である。すなわち，A地点で揺れ始めた4時20分30秒よりも5秒前に，震源で地震が発生していたことになる。よって，地震の発生した時刻は4時20分25秒である。

問5　地面にかかる力によって地盤にひずみが蓄積し，限界に達してそのひずみが解放されるときに地震がおこる。地震を起こした断層を震源断層といい，震源断層の中で最初に破壊が起こった一点が震源である（☞ ***9***）。

地震のエネルギーは，マグニチュードとよばれる尺度で表現される。問題の表には，震源断層の長さと断層の変位量の平均的な値を掲載している。これより，マグニチュードが2大きくなると，震源断層の長さが約10倍，幅が約10倍，そして，断層の変位量（ずれの大きさ）も約10倍となって，エネルギーは約1000倍になる。表をみながら各選択肢を検討する。

① 誤り。マグニチュードが1大きくなると，エネルギーはおよそ32倍になる。

② 誤り。震源断層の長さが10倍になると，マグニチュードが2大きくなり，エネルギーはおよそ1000倍になる。

③ 誤り。断層の変位量が10倍になると，マグニチュードは2大きくなり，エネルギーはおよそ1000倍になる。

④ 正しい。震源断層の長さと幅の両方が10倍になると，面積が100倍になる。このとき，マグニチュードは2大きくなり，エネルギーはおよそ1000倍になる。

POINT【大森公式】

震源距離 D と初期微動継続時間 t は比例する。

$$D = \frac{V_P V_S}{V_P - V_S} t$$

一般には，$D = kt$　で，比例定数 $k = 5 \sim 8$ 程度

9

1994 本△

問1　④　　問2　②　　問3　③　　問4　③

問1　地震は，地面にかかり続けた力によるひずみが限界に達し，地盤が壊れることによって起こる。その様子を知るには，問題文にあるような，岩石試料を使った圧縮破壊実験がモデルとなる。

問題の図(b)では，岩石試料に上下方向から強い圧縮の力を加えている。岩石試料は，ある程度までの圧力には耐えるが，その間にも内部にひずみが蓄積される。そして，ひずみが限界に達すると，岩石試料は横方向に膨張し，やがて破壊される。そのときの破壊面は，図に描かれているように，力の向きに対し斜めである。

これを地震に置き換えると，地盤が常に一定方向からの力を受け続け，ひずみが蓄積されて，やがて断層が急に動き出す。これが地震発生である。このとき，断層の向きと力の向きは，平行でも垂直でもなく，必ず斜めになる。

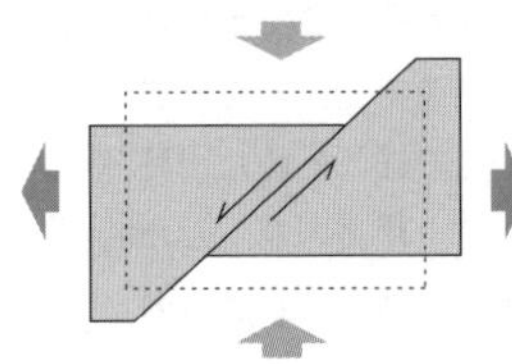

設問では，どの選択肢の図でも，右上から左下にかけて破壊面ができている。加わる力は破壊面に対して斜めだから，選択肢 ① や ② はありえない。あとは，断層の変位の向きをみて，不自然のない力の向きを探すと，④ が正解である。

問2　P波は縦波，つまり，媒質の粗密を伝える波である。進行方向と振動方向が平行であり，S波よりも速度が速い。

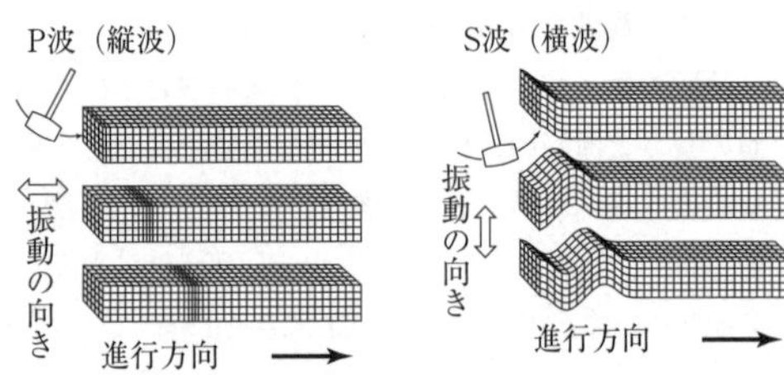

一方，速度の小さいS波は横波，つまり，ねじれの状態を伝える波である。媒質の振動の方向が，波の進行方向と直交している波である。

問3　問題文にある「最初の波」とはP波のことである。P波は，問2で解説したように縦波である。だから，ある観測点での振動の向きは，P波の進行する向きに平行であり，そのため，震源から押されたり引かれたりするように観測される。

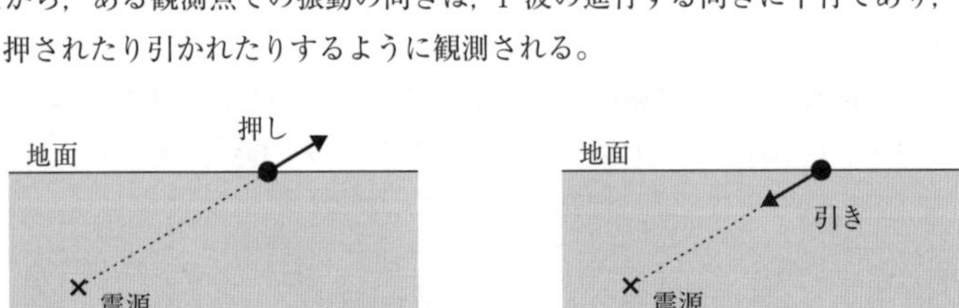

問題の地図に示されるように，実際の横ずれ断層型の地震では，「最初の波」つまりP波の初動が，「押し」になる地域と「引き」になる地域が，地図上で規則的に4つの領域に分かれて分布することが多い。その領域は，震央で交わる2本の境界線で分けられる。2本の境界線のうち一方は，震源となった断層の向きに一致する。どちらに一致しているかは，余震の分布

などから決定することができる。このような分布となるのは，P波の初動の分布と地震を起こした断層のずれの向きに，相関関係があるためである。

本問の地震では，ちょうど南北と東西の2本の境界線で，4つの領域に分けられる。このことから可能性として考えられる震源断層は，次図のように南北または東西のいずれかである。断層の向きが南北であれば右横ずれ，断層の向きが東西であれば左横ずれである。

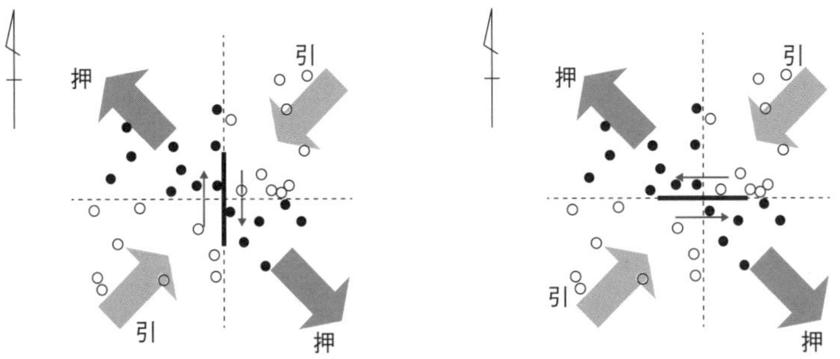

問4　日本列島は，沈み込み帯に位置する島弧である。日本およびその付近で起こる地震の震源分布は，大別すると次の2通りである（☞ ***10***）。

・日本列島の浅い活断層で起こる浅発地震の震源

・プレートの沈み込み面（和達－ベニオフ面）に沿って起こる深発地震の震源

前者では，M8を越えることは少ないが，震源が浅いために，被害が大きくなる場合もある。後者では，海洋プレートの沈み込みに伴って引きずり込まれた大陸プレートが，ひずみに耐えられなくなって跳ね上がる形の巨大地震を起こすことがある。このようにしておこる巨大地震は，M8以上となることもあり，数十年～数百年の周期でおこる。

いずれにせよ，日本列島にはプレートが沈み込んでおり，地震がたいへん多い。その発生のメカニズムのタイプは，正断層，逆断層，横ずれ断層のいずれも起こっている。ただ，水平方向に圧縮の力がかかっているため，逆断層型の地震が多くを占めている。

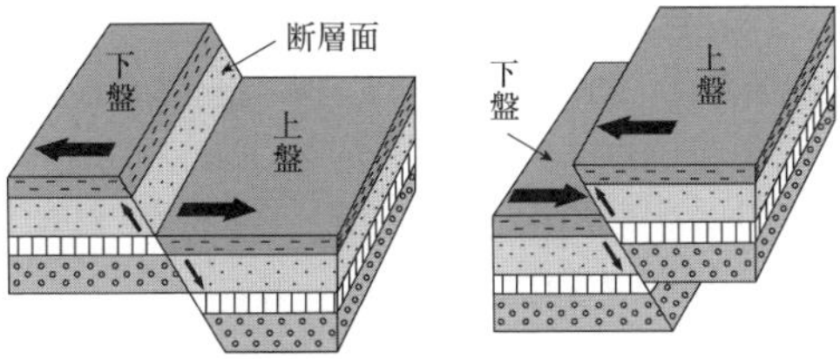

正断層　　　逆断層

10

2008 本○

問1　③　　問2　②　　問3　④　　問4　①　　問5　②　　問6　③

問1　東北日本の下に沈み込む海洋のプレートは，太平洋プレートである。東太平洋にある中央海嶺で形成され，数 cm/年の速さで移動して，日本海溝などに沈み込む。

問2　プレートの沈み込む海溝付近で起こる地震の原因は，大きく分けて 2 通りある。

一つは，プレートの内部にひずみがたまって起こる地震である。地表の直下の活断層が動くことによって起こる地震がこの型である。もう一つは，プレート境界で起こるタイプであり，マグニチュードが 8 以上の巨大地震になることもある。各選択肢を検討する。

① 誤り。地震の周期は数十年～数百年の場合も多い。

② 正しい。大陸プレートの末端は，ふだんは引きずり込まれており，それがはね上がるときに巨大地震が起こる。

③ 誤り。同様の地震は，プレートの沈み込む所ではどこでもみられる。例えば，インドネシアなどでは津波を伴う巨大地震が起こっている。

④ 誤り。地震と同様に火山活動も，沈み込み帯および島弧でみられる特徴的な地学現象であるが，地震によってマグマが発生するわけではない。マグマの発生は地下約 100 km 以深で起こるが，地震はそれにかかわらず様々な深さで起こる。

問3　プレートが沈み込む付近では，浅発地震（震源がおよそ 100 km 未満）だけでなく，深発地震も多い。これは，硬いプレートが，660 km の深さまで達していることによるもので，深発地震の震源は，そのプレートの面にそって分布する。

① 誤り。深発地震は，沈み込み帯に特有の現象であり，海嶺やトランスフォーム断層など，他のプレート境界ではほとんど起こらない。

② 誤り。日本周辺では，震源の深さが 600 km 程度の地震も観測されている。震源の深さが 700 km 以上の地震は観測されていないから，プレートの到達する深さはおよそその程度までだと推定できる。

③ 誤り。都市の直下で，深さ 10 km ～ 30 km 程度の浅い活断層が動くと，地上では大きな被害が起こりうるが，深さ数百 km といった深発地震の場合，マグニチュードが大きくても，地上の震度は大きくなく，被害が生じることはほとんどない。

④ 正しい。深発地震の震源は，沈み込むプレートの面に沿って分布する。日本に沈み込むプレートに沿った面は，和達－ベニオフ面（帯）とよばれる。

問4　地震波の P 波速度を V_P，S 波速度を V_S とすると，震源距離 d の地点での初期微動継続時間 t は，次の大森公式に表される（☞ *8*）。

$$d = \frac{V_P V_S}{V_P - V_S} t$$

この式は，震源距離と初期微動継続時間の比例関係を表したものである。比例定数部分を k とおくと，$d = kt$ となり，その k は 5 ～ 8 程度である。

本問では，震源の深さが 17 km の地震において，その震源の真上（つまり震央）におかれた地震計で観測しているから，d は 17 km である。よって，初期微動継続時間 t は，およそ 2

～3秒程度ということになる。③や④は誤りである。

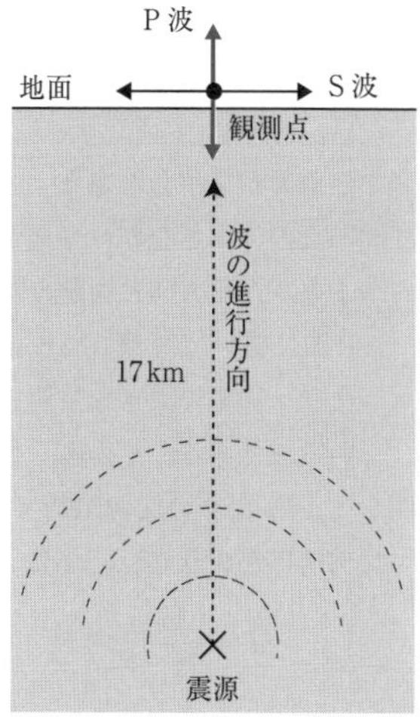

次に，この観測点での揺れの向きを考える。P波は，波を伝える媒質の振動方向が，進行方向と平行な縦波（疎密波）である。媒質の疎密の状態を伝える波であり，ある観測点では，震源から押されたり引かれたりするように観測される。一方，S波は媒質の振動方向が，進行方向と垂直な横波（ねじれ波）である。そのため，S波は液体中を伝わらない（☞ *7*）。

本問の観測点では，地震波は震源からこの観測点まで真上の向きに伝わってくるから，P波による初期微動は上下方向に，また，S波による主要動は水平方向に観測される。このことをよく反映しているのは①である。

問5　日本列島の下には海洋プレートが沈み込んでいるが，マグマは，プレートが100 km程度まで沈み込んだ場所で発生し，それよりも手前（海溝側）には分布しない。プレートが沈みこんで，はじめて火山ができる境界線を火山前線（火山フロント）という。例えば，東北地方の場合，中央を南北に連なる火山の列が火山前線であり，それよりも太平洋側には火山は分布しない（☞ *11*）。

問6　地球の表面を覆う「プレート」は，地殻と上部マントルの一部を含む硬い部分，すなわちリソスフェアとよばれる部分である。その下はマントル物質が部分溶融して軟らかくなっているアセノスフェアである。硬いリソスフェア（プレート）は，軟らかいアセノスフェアの上を滑るように動いている。各選択肢を検討する（☞ *3*）。

① 誤り。モホロビチッチ不連続面（モホ面）とは，地殻とマントルの境界面である。プレートは，地殻全体に上部マントルの一部までを含んだ部分を指し，その下面はモホ面より深い。

② 誤り。海洋プレートの厚さは，場所にもよるが100 km以下である。なお，2900 kmというのは，マントルと核の境界面（グーテンベルク不連続面）である。

③ 正しい。アセノスフェアは，マントル物質が部分溶融して軟らかくなった部分である。アセノスフェアの上を，リソスフェアすなわちプレートがすべりながら動いている。

④ 誤り。アセノスフェアはすべてマントルにあり，かんらん岩質物質などで構成される。

POINT【日本列島と地震】

震源のタイプは2通り。
・日本列島の浅い活断層で起こる浅発地震（深さ100 km未満）
・和達－ベニオフ面に沿って起こる浅発～深発地震（最深で660 km程度）

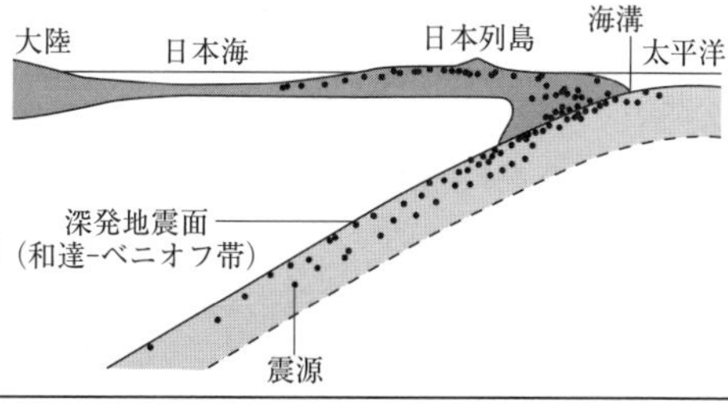

11

1990 追△

問1　①　　問2　④　　問3　③　　問4　③

問1　地震が発生したあと，各地に最初に到着するにはP波（Primary wave）であり，これが問題文の「小さなガタガタというゆれ」，つまり，振幅の小さな初期微動を招く。P波は縦波，つまり，進行方向と振動方向が平行な波である。

P波に続いてS波（Secondary wave）が到着し，問題文の「大きなユサユサというゆれ」，つまり，振幅の大きな主要動がはじまる。S波は横波，つまり，進行方向と振動方向が直交している波である。その後，さらに遅いいくつかの波が到着する。

問2　正解は④の震源距離である。ある地点での震源距離 d と初期微動継続時間 t の間には，比例関係が成り立つ。なお，V_P は地震波のP波速度を，V_S はS波速度である。

$$d = \frac{V_P V_S}{V_P - V_S} t$$

この式は，震源距離と初期微動継続時間の比例関係を表した大森公式である。比例定数部分を k とおくと，$d = kt$ となり，その k は5～8程度である。

問題文には，初期微動継続時間が「2分ほど」とあり，特徴的に長い時間である。これは，震源距離がたいへん長いことを意味している。問題文では，震源の深さが約600 kmと記されているが，これが長い震源距離の原因である。これらについては，問4で解説する。

なお，③の震源の深さは，震源距離に関わってはいるが，深さだけではなく水平距離も関わってくるため，震源の深さだけで初期微動継続時間が決まるわけではない。

また，①のマグニチュードや②の震度は，全く関係ない。地震のエネルギーが大きかろうと小さかろうと，波の速度は変わらない（大きい声を出したからといって音波が速く伝わるわけではないのと同じである）。

問3　津波は，地震において，海底の陥没や隆起というような変形が生じたときにできる波である。特に，海溝型の地震で起こることが多い。また，地震だけでなく，火山活動に伴って起こる場合もある。波長は数十kmから数百kmにおよぶ。海で日常的に目にする波はほとんどが風浪で，波長は数十mから数百m程度だから，津波は，日常の波とは全く異なる。

「津」波，つまり港の波という名前のように，沖合よりも陸地での影響が大きく，陸地へ侵入したり，川を遡上したりして，甚大な被害をもたらす場合もある。2011年3月11日の東北地方太平洋沖地震に伴う津波は，東北から関東にかけて大きな被害をもたらしたほか，国内の太平洋岸全体はもとより太平洋を伝わって約1日後には南北アメリカ大陸でも観測された。

海底で発生した津波は，陸地に近づくにつれ海の水深が浅くなるにしたがい，波高が高くなる。特に，狭くなった湾の奥では，波高はさらに高くなる。

本問の地震で津波が発生しなかったのは，震源の深さが600 kmという，きわめて深いところで起こった地震だからである。津波は海底の変形によって生じるため，マグニチュードが大きかろうと，海底の変形がなければ津波は発生しない。本問のように，きわめて深い震源で起こった地震や，陸域にある震源で起こった地震では，ふつう津波は発生しない。よって，正解は③である。

他の選択肢①，②，④は誤りである。日本海側では例えば，1983年の日本海中部地震（M7.7）では秋田県を中心に，1993年の北海道南西沖地震（M7.8）では北海道奥尻島を中心に，いずれも死者100人に達する甚大な被害が発生している。また，日本海の水深は，深いところで3000 m程度に達し，決して「水深が浅い」海ではない。

問4　問題文の「太平洋側のこの町が震度3くらいなのに，日本海側のほとんどの都市では人体に揺れが感じられなかった」という記述から，正解は③である。人体に感じられないが，地震計では感知する揺れは，震度0である（1996年までは「無感」とよばれていた）。

本問のように震源が深い地震は，プレートが沈み込む海溝の大陸側で起こる。プレートが沈み込む面に沿って深発地震面がみられるが，その深さは，700 km程度まで達しており，これが最も深い震源である。この深さを境界に，上部マントルと下部マントルを区分する。

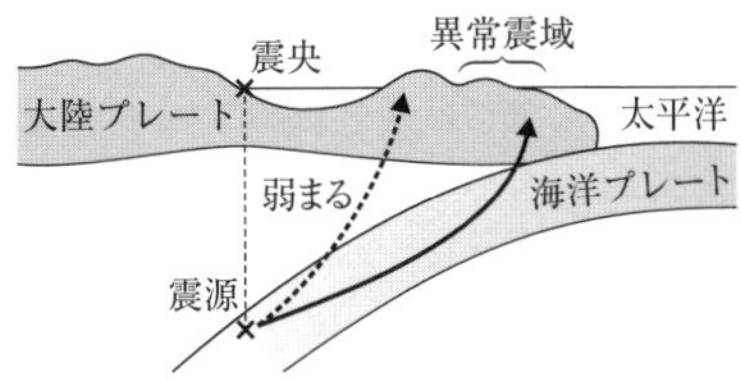

震源の浅い地震では，ふつう震央の近くで震度が大きく，震央から離れると震度が小さくなる。しかし，震源の深さが100 kmを超えると，水平距離よりも，地下の構造の影響が大きくなる。深い震源から出た地震波は，軟らかいマントル物質（アセノスフェア）の中では減衰するため地表まであまり伝わらない。しかし，硬いプレート内では減衰しにくく，地震波が地表まで到達して揺れをもたらす。硬いプレートは太平洋側で地表まで達している。そのため，震源が日本海側にあっても，北海道の十勝地方や，東北地方，関東地方などの太平洋側の震度が大きい場合がある。この現象を異常震域という。

なお，本問のモデルになったのは，1973年9月29日に日本海のウラジオストク付近の深さ600 kmを震源とする地震と思われる。この深さでM7.3はかなり大きい。ただし，ここまで大きくないものであれば異常震域が観測される例は，毎年のようにみられる。

POINT【日本列島とプレート】

右図で

-·—·—·—· は海溝

———— は火山前線（火山フロント）

海溝と火山前線の間に火山はない。

--------- は沈み込むプレートの深さ〔km〕

▲ は主な火山

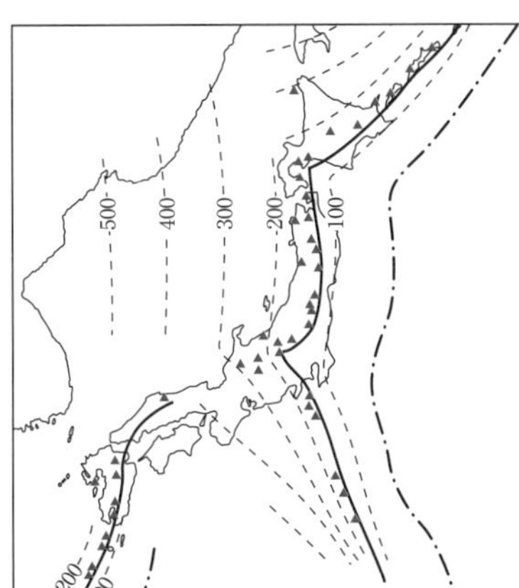

第2章　鉱物・岩石

12

A：2011 追○　B：2004 本◇

問1　⑤　　問2　①　　問3　①　　問4　③　　問5　③

A

問1　地球の平均密度は，5.5 g/cm^3（5.5 × 10^3 kg/m^3）で，太陽系の8つの惑星の中では最大である。4つの地球型惑星の平均密度はおおむね5 g/cm^{3}程度である。

地球の内部は，地殻とマントルが主にケイ酸塩からなる岩石でできている。地殻の密度は3 g/cm^{3}程度，マントルの密度は4～5 g/cm^{3}程度で，内部に行くほど密度は大きくなる。地球の中心部には鉄を主体にニッケルなどが混ざった核があり，その密度は10～17 g/cm^{3}程度で，やはり，中心に近づくほど密度は大きい。

地殻の厚さは，海洋で数 km，大陸で数十 km である。また，マントルと外核の境界は深さ2900 km，外核と内核の境界は，深さ5100 km である。本問で問われている核の半径は，地球の半径の6400 km から，マントルと核の境界の2900 km を引き算すればよいので，およそ3500 km である。

このように，核の半径は，地球の半径の約55％に相当する。しかし，これを体積の割合に直すと，$0.55^3 = 0.16$ で，約16％を占めるに過ぎない。地球内部の約84％はマントルといえる。

なお，4つの木星型惑星の密度は1 g/cm^{3}程度であり，地球型惑星よりも小さい。これは，膨大な体積の水素やヘリウムが，岩石や鉄の核を取り巻いているためである（☞ ***55***）。

問2　各選択肢を検討する。

① 正しい。リソスフェアは，プレートそのもので，地殻の全体と，マントルの上層の硬い部分を指す。その下は，岩石が部分溶融して軟らかいアセノスフェアである（☞ ***3***）。

② 誤り。一般にP波速度は，物質が硬いところほど速い。マントルは，深部ほど圧力が大きく，密度が大きくなっていくため，P波速度はマントルの最下部で最も速い。マントルでP波速度が遅いところは，地表に近く，岩石が部分溶融して軟らかくなった場所である。

③ 誤り。マントルと内核が固体，外核が液体である。内核と外核は，どちらも鉄が主体の金属であり，内核の方が温度は高い。それにもかかわらず，内核が固体なのは，圧力が高く，物質の融点も高いためである。

④ 誤り。地球内部の温度の分布は，観測や推定が難しいため，密度や圧力，地震波速度などの物理量に比べ，不明な点も多い。しかし，マントルでも核でも，内部に行くほど温度が高くなり，マントルと核の境界でも低下することはない。地球の中心の温度は，およそ6000 ℃と推定されている。

B

問3　地球の核の物質は直接に手にできないが，隕石のうちの隕鉄（鉄隕石）の組成に類似しており，鉄に少しのニッケルが混ざった合金に近いと考えられている。この物質は，地球の平均密度や，高温高圧実験での地震波速度などの性質，また，地球に磁場があることなどの諸現象に極めてよく合致している。また，地震波の観測から，地球の外核は横波（ねじれ波）であるS波を通さない液体であり，一方，内核はS波を通す固体である。

地球のマントル物質は，マグマとともに捕獲岩として地上に持ち出されている。だから，上部マントルのごく一部の物質のみが観察・分析が可能である。この岩石はかんらん岩である。マントル物質の大半は核と同様に手にすることは不可能であるが，隕石のうちの石質隕石に類似しているケイ酸塩と考えられる。

問4　各選択肢を検討する。

① 誤り。大陸地殻の上部は花こう岩質，下部は海洋地殻と同じく玄武岩質である。

② 誤り。海洋プレート上の火山島は，玄武岩質マグマによる活動によるものである。上部マントルで生じる本源マグマは玄武岩質マグマであり，海洋プレート上で噴出しているマグマもほぼ同じ玄武岩質マグマである。

③ 正しい。中央海嶺での火成活動も玄武岩質マグマによるものである。

④ 誤り。結晶片岩は，高圧型の広域変成作用を受けて形成され，1000 km もの距離に帯状にのびる変成帯に分布する。文中の接触変成岩は数 km ～数十 km の規模で生じたホルンフェルスや結晶質石灰岩を指す（☞ ***20***）。

問5　各選択肢を検討する（☞ ***18***）。

① 正しい。砕屑物を粒径によって分類すると，2^{-4} mm（1/16 mm）以下が泥，2^{-4} ～ 2 mm が砂，2 mm 以上が礫である。

② 正しい。凝灰岩は，火山灰などの火山砕屑物が堆積してできたものである。一般の砂や泥のような流水による砕屑物と異なって粒形が角ばっている。凝灰角礫岩は火山灰よりも粒径の大きい火山砕屑物が堆積してできたものである。

③ 誤り。チャートは，主に SiO_2 の殻を持つ放散虫や珪藻の遺骸が深海底に集積し固化してできた堆積岩である。

④ 正しい。岩塩 NaCl は，海水中の塩化ナトリウム（食塩）が，海水の蒸発によって結晶となりできた鉱物であり，また，それを含む岩石である。

POINT【地球の内部構造】

・地殻

大陸地殻　…　厚さ数十 km　花こう岩質＋玄武岩質

海洋地殻　…　厚さ数 km　玄武岩質

・マントル

固体。上部はかんらん岩質。

・核

鉄と少量のニッケル。外核は液体，内核は固体。

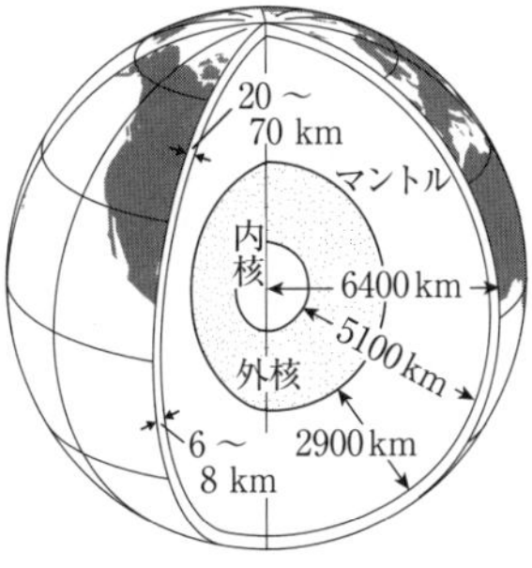

13

A：2005 追◇　B：2004 追◇

問1　②　　問2　③　　問3　①　　問4　③　　問5　②

A

問1　岩石は，鉱物の集合体である。鉱物は，主に無機物からなる結晶である。マグマが固結してできた岩石が火成岩であるが，その火成岩は，石英，長石類など，いくつかの主要造岩鉱物と，少量のその他の鉱物からなっている。主要造岩鉱物は，いずれもケイ素と酸素を中心とした二酸化ケイ素，およびケイ酸塩鉱物である。

ケイ酸塩鉱物である主要造岩鉱物の骨格は，1 個のケイ素原子 Si のまわりを 4 個の酸素原子 O で取り囲んだ SiO_4 正四面体である。Si の半径は約 0.04 nm, O の半径は約 0.14 nm である。造岩鉱物は，この SiO_4 正四面体の結合の仕方によって分類されている。

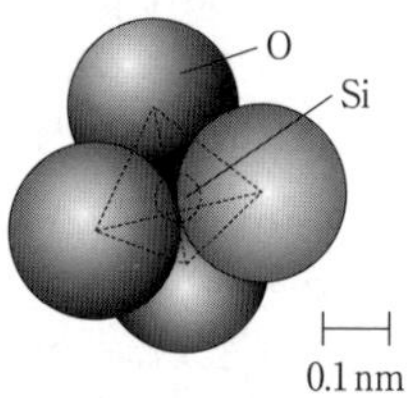

カンラン石ではこの正四面体が独立しており，その間隙に Fe や Mg が入ることで結晶を形成している。輝石では正四面体が鎖状をしており，角閃石ではその鎖が二重である。雲母は正四面体が平面網状に結合している。いずれも間隙には Fe や Mg が入る。以上の 4 種の鉱物は，有色鉱物，あるいは，苦鉄質鉱物とよばれる。

一方，長石類や石英は，SiO_4 正四面体が立体網目状に結合している。斜長石ではすき間に Ca や Na が，カリ長石では K が入っているが，石英は金属元素が入らない純粋な SiO_2 である。

問2　問1で解説したように，Mg や Fe を含む有色鉱物は，カンラン石，輝石，角閃石，黒雲母である。正解である ③ のカンラン石は黄緑色であり，輝石，角閃石，黒雲母は黒っぽい色をしている。

なお，① の石英は無色，② の長石は白色やうすい桃色であり，まとめて無色鉱物とよばれる。④ の方解石はケイ酸塩鉱物ではなく，$CaCO_3$ の組成をもつ炭酸塩鉱物であり，堆積岩の石灰岩や変成岩の結晶質石灰岩（大理石）を構成する無色の鉱物である。

B

問3　岩石は鉱物の集合体である。岩石を分類するときには，その岩石が形成された原因，岩石を観察したときの組織，そして，岩石に含まれる鉱物の種類などを観点とするのがふつうである。

火成岩は，マグマが冷え固まってできた岩石である。火成岩は，マグマが地表近くで急冷した斑状組織の火山岩と，マグマ全体が地下深部で長い年月かけて冷却した等粒状組織の深成岩とに大別される。さらに，それぞれが，構成する鉱物組み合わせと量比によって，細かく分類される。鉱物組み合わせは，岩石の化学組成を反映しており，特に，二酸化ケイ素 SiO_2 の割合（質量パーセント）を強く反映しているため，マグマの性質とも深く関係している。

問題の火成岩の分類図は，教科書等に掲載されている図とほぼ同様のものである（☞ ***14***）。ただし，問題の図は，多くの教科書と左右が逆になっており，読むときに注意を要する。

岩石 a と岩石 b に多く含まれる鉱物は，いずれも石英，鉱物 d，斜長石，黒雲母などである。つまり，岩石 a と岩石 b は，鉱物組み合わせや化学組成が同じである。岩石 a は，地表や地下浅部でマグマが急に冷えてできた火山岩のなかまであり，流紋岩である。また，岩石 **b** は，地下深部でマグマが長い年月をかけてできた深成岩のなかまであり，花こう岩である。

玄武岩と岩石 **c** も，鉱物組み合わせや化学組成が同じである。岩石 **c** は，地下深部でマグマが長い年月をかけてできた深成岩のなかまであり，斑れい岩である。

問4　鉱物 **d** は，石英や黒雲母などとともにみられる鉱物であり，カリ長石（正長石）である。外見は白～うすい桃色であり，Si や Al の他に，K を含む。

鉱物 **e** は，有色鉱物の１つであり，黒っぽい外見の輝石である。有色鉱物はどれもケイ素のほかに，Mg や Fe を含む。

問5　色指数は，岩石中に含まれる有色鉱物の体積の割合である。有色鉱物は，Mg や Fe を含み，黒色や緑色をした鉱物，つまり，図のカンラン石，輝石（**e**），角閃石，黒雲母である。花こう岩（**b**）では，その割合は 10％程度なのに対し，閃緑岩では 30％程度，斑れい岩（**c**）では 50％を超える。つまり，問題のグラフの向きでは，右側に向かって大きくなっていく。

マグマの粘性は，マグマ中の SiO_2 の割合で決まる。花こう岩（**b**）では，含まれる SiO_2 の割合は 70％程度なのに対し，閃緑岩では 60％程度，斑れい岩（**c**）では 50％程度である。つまり，問題のグラフの向きでは，右側に向かって小さくなっていく。マグマの粘性は，右側ほど小さい。

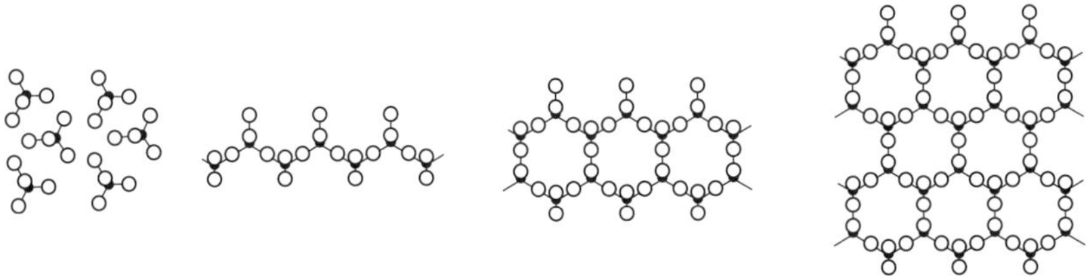

カンラン石　　輝石　　角閃石　　黒雲母

POINT【主要造岩鉱物】

・火成岩の主要造岩鉱物７種は，いずれも SiO_4 四面体を骨格としている。

・有色鉱物（苦鉄質鉱物）４種　…　Fe や Mg を含み，黒色など濃い色である。

カンラン石　…　黄緑色。へき開は不完全。SiO_4 四面体は独立。

輝　　石　…　暗緑色～黒色。へき開は 90°の２方向。短柱状。SiO_4 四面体は一重鎖。

角 閃 石　…　黒緑色。へき開は 120°の２方向。長柱状。SiO_4 四面体は二重鎖。

黒 雲 母　…　黒色。へき開は１方向。平板状。SiO_4 四面体は平面網目状。

・無色鉱物（珪長質鉱物）３種　…　SiO_4 四面体は立体網目状。薄い色である。

斜 長 石　…　白色。Ca や Na を含む。

カリ長石　…　白色～桃色。K を含む。

石　　英　…　無色。純粋な SiO_2 で，金属イオンを含まない。硬く，風化に強い。

14

2006 追○

問1　③　　問2　④　　問3　③

問1　偏光顕微鏡は，岩石の観察にしばしば使われる顕微鏡である。通常の生物顕微鏡とのちがいは，ステージが丸く回転することと，ステージの上と下に偏光板がとりつけられていることである。これにより，形や大きさ，組織だけでなく，鉱物の光学的性質も観察できる。

図1，図2の岩石**ア**，**イ**とも，マグマが冷却固結してできた火成岩であるが，そのでき方が異なっており，**ア**は深成岩，**イ**は火山岩に分類される。

このうち，火成岩**イ**（火山岩）は，マグマが地上や地下浅部で急冷固結して形成されたため，半晶質の斑状組織となっている。問題文の下線部(a)で説明される斑晶は，比較的粗粒の結晶である。これは，マグマだまりにあったときに長い年月をかけて徐冷固結した部分であり，鉱物本来の形である自形をしている。一方，問題文の下線部(b)で説明される石基は，鉱物のごく小さな結晶も含むが，非結晶のガラスがかなりの割合を占めている。これは，マグマが急冷固結した部分である。

なお，火成岩**ア**（深成岩）は，マグマが地下深部で長い年月をかけ，全体が徐冷固結して形成され，完晶質の等粒状組織となっている。

問2　火成岩は，問1でみたような組織によって分類され，さらに，含まれる鉱物組み合わせによって区分され命名される。

問題文に説明されているように，色指数とは岩石全体に占める有色鉱物の体積%である。主要造岩鉱物のうち，有色鉱物は Fe や Mg を多く含む鉱物であり，カンラン石，輝石，角閃石，黒雲母の4つの鉱物を指す。いずれも濃い色をしている。

問題の表で色指数を求めるには，上記4つの鉱物の体積%を足し算すればよい。

火成岩**ア**　…　$0 + 0 + 7 + 3 = 10$

火成岩**ウ**　…　$35 + 20 + 0 + 0 = 55$

正解は④である。右ページの図からも分かるように，色指数が10の深成岩である**ア**は花こう岩，色指数が55の深成岩である**ウ**は斑れい岩と考えられる。

なお，色指数の計算のもとになった問題の表，つまり，岩石中の各鉱物の体積比は，顕微鏡の観察で，岩石と方眼を重ね合わせることで測定される。顕微鏡の視野に方眼を入れて，方眼の格子点のところにある鉱物が何かを確認し，各鉱物の占める格子点の数をカウントすることで，体積比を求めることができる。粗粒の深成岩であれば，顕微鏡ではなく，岩石そのもので測定しても良い。表面を研磨した岩石試料に，トレーシングペーパーの方眼紙を乗せれば，同様の測定ができる。

問3　問1でみたように，火成岩**イ**は火山岩であるから，選択肢①の斑れい岩，選択肢②の花こう岩ではない。図2の薄片スケッチにみられるように，輝石やカンラン石の斑晶を含んでおり，また，色調が黒っぽいことから色指数が大きい。以上より，火成岩**イ**は③の玄武岩だと考えられる。

なお，火成岩**ア**は深成岩で，石英や黒雲母を含むことから，花こう岩である。

POINT【火山岩と深成岩】

・火山岩…マグマが，地表近くで急冷した。
　半晶質の斑状組織。
　地表に噴き出た溶岩，あるいは，岩脈や岩床など。
　斑晶は，マグマだまりで早期に晶出した自形の結晶。
　石基は，急冷固結した微結晶やガラス質の部分。

・深成岩…マグマが，地下深部で長い年月をかけ，徐冷した。
　完晶質の等粒状組織。
　バソリス（底盤）のような大規模貫入岩体など。
　自形の結晶は早期に晶出，他形の結晶は晩期に晶出。
　（自形：鉱物本来の形，他形：本来でない形）

POINT【火成岩の分類】

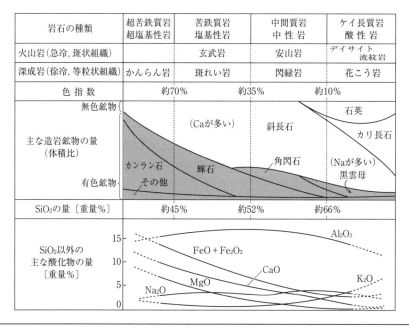

岩石の種類	超苦鉄質岩 超塩基性岩	苦鉄質岩 塩基性岩	中間質岩 中性岩	ケイ長質岩 酸性岩
火山岩(急冷，斑状組織)		玄武岩	安山岩	デイサイト 流紋岩
深成岩(徐冷，等粒状組織)	かんらん岩	斑れい岩	閃緑岩	花こう岩
色指数	約70%　約35%　約10%			

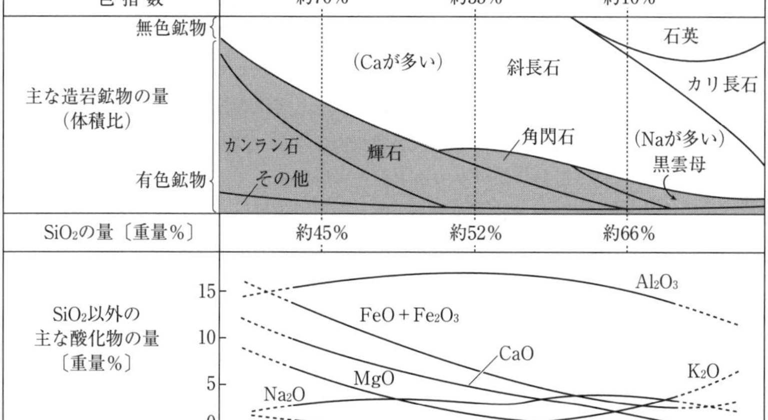

15

2000 本◇

問1 ① 問2 ③ 問3 ⑤ 問4 ② 問5 ⑥ 問6 ①
問7 ④

問1 玄武岩質マグマのように粘性の小さい溶岩は，急な傾斜の高まりをつくらず，なだらかに流下する。このような溶岩が繰り返し重なってできた火山体が①の盾状火山である。

なお，③の火砕流は，粘性が大きいマグマによる活動で，数百℃の火山ガスが火山灰や軽石などの大量の火砕物を巻き込んで斜面を高速で下り降りる現象である。また，④の溶岩円頂丘（溶岩ドーム）は，粘性の大きなマグマが周囲に広がらずにできた，直径が数 km 以内の小規模な火山体で，1 回の活動のみでできる。なお，②の土石流は，火山に限らず，大雨のときに大量の土砂や大きな岩塊を含んだ流れが斜面を下りる現象である。

問2 粘性の大きいマグマの中では，泡となった揮発性成分（主に水蒸気）がマグマから脱出しにくく，しだいに気体の圧力が増して，マグマを粉砕するようになる。これが火口から噴き出してくるのが，火山活動の初期にみられる。粉砕されたマグマ由来のものは，まとめて火山砕屑物（火砕物）とよばれるが，2 mm 以下の粒子である火山灰，多孔質の軽石，特有の形状をした火山弾などを総称した語である。

なお，①の結晶片岩と④のホルンフェルスは，変成岩の名前である（☞ ***20***）。②の溶岩は，マグマの本体が火口から地上に流れ出た液体，および，それが冷え固まった固体である。

問3 マグマの粘性は，マグマの温度，および，マグマに含まれた SiO_2 の割合によって決まる。マグマの温度が高いほど，また，SiO_2 の割合が小さいほど粘性が小さい。代表的な種類のマグマを粘性が小さい順に並べると，「玄武岩質 ＜ 安山岩質 ＜ デイサイト質 ＜ 流紋岩質」となるが，これは，そのまま温度の高い順であり，SiO_2 の割合が小さい順である。この順番は，火成岩の分類のグラフ（☞ ***14***）とともに理解するのがよい。

問4 水中にマグマが噴出した場合，あるいは，陸地に噴出したマグマが海などに流れこんだ場合，溶岩の表面が急冷されてできる特有な形に，枕状溶岩がある。

溶岩が冷たい水に触れたとき，表面が急冷されてガラス質の殻のように固化し，溶岩全体は丸みを帯びた塊（枕）となる。しかし，その塊の内部で固化していない高温のマグマは，その殻を突き破って水中に出てくる。再び表面だけが固化して次の丸い塊となる。これを繰り返すことで，丸い塊が積み重なったような枕状溶岩ができる（☞ **巻頭資料**）。

なお，①のマグマ溜りは地下でマグマが上昇を一時停止して滞留している場所である。④の底盤（バソリス）は，直径数 km ～数十 km におよぶ大規模なマグマの貫入形態であり，やがて深成岩体になる。③については，変成岩に関する語である（☞ ***20***）。

問5 火成岩をつくる主要造岩鉱物 7 種は，どれも SiO_4 正四面体が骨格となってできている。そのうち，有色鉱物（苦鉄質鉱物）は，カンラン石，輝石，角閃石，黒雲母の 4 種である。カンラン石は黄緑色であり，輝石，角閃石，黒雲母は黒っぽい色をしている。いずれも，SiO_4 正四面体の間隙に Fe や Mg が入ることで結晶を形成している（☞ ***13***）。

問6 火成岩をつくる主要造岩鉱物 7 種のうち，無色鉱物（珪長質鉱物）は，斜長石，カリ長石と石英の 3 種である。これらの鉱物では，SiO_4 正四面体が立体網目状に結合している。斜長石ではすき間にCaやNaが，カリ長石ではKが入っているが，石英は金属元素が入らない純粋なSiO_2である。

選択肢中の角閃石，カンラン石，輝石は有色鉱物である。また，火山ガラスは結晶でないため，厳密には鉱物とはよべない。

問7　火山岩は，マグマが地上や地下浅部で急冷固結したため，斑状組織となっている。斑状組織のうち，斑晶は比較的粗粒の結晶であるが，これは，マグマだまりにあったときに長い年月をかけて徐冷固結した部分であり，鉱物本来の形である自形をしている（②は誤り）。一方，石基は，鉱物の微結晶，および，非結晶のガラスの部分である。これは，マグマが急冷固結した部分であり，結晶が充分に成長できていない（③は誤り，④が正しい）。

なお，①の続成作用は火成岩に関する用語ではない（☞ ***18***）。

POINT【火山活動】

一連の火山活動では，揮発性成分の多い順に噴出することが多い。

・火山ガス

主成分はH_2O（水蒸気）。他に少量のCO_2など。

・火山砕屑物

火山灰（2 mm 以下の粒子。自形の鉱物結晶を含む。）

火山礫（2 mm ～ 64 mm）

火山軽石（多孔質，白っぽい），スコリア（黒っぽい）

火山弾（未固結の溶岩片が空中で固結。ラグビーボール形などの特有の形。）

・火砕流

高温の火山ガスが，火山灰や軽石などを巻き込みながら高速で斜面を流下する。

・溶岩

マグマが地表に噴出したもの，および，それが固まったもの

POINT【マグマの性質】

・マグマの粘性（小さい順）

玄武岩質 < 安山岩質 < デイサイト質 < 流紋岩質

・粘性が大きいマグマは，

温度が低い。

マグマに含まれる揮発性物質（主にH_2O）が多い。

火山灰や軽石などの火砕物（火山砕屑物）が多い。

爆発的な噴火になる。場合によっては，火砕流の発生もありうる。

・成層火山　…　主に，安山岩質～デイサイト質マグマの噴火。

火山砕屑物（火山灰や軽石）と溶岩が交互に重なった形。

・溶岩ドーム（溶岩円頂丘）　…　デイサイト質～流紋岩質マグマの活動。

小規模な単成火山

16

A：2002 本◆　B：1991 本△

問1　③　問2　②　問3　③　問4　①　問5　①　問6　③
問7　③

A

問1　火山岩は，火成岩のうち，マグマが地表や地下浅部で急速に固結してできた岩石である。火山岩には，石基と斑晶からなる斑状組織がみられる。そのうち，斑晶の部分は，地下のマグマだまりで早期に晶出を開始し，すでにある程度成長している粗粒の鉱物の結晶である。一方，石基の部分は，マグマが地上や地下浅部で急冷されたときに固結した部分であり，鉱物の微結晶や，結晶になっていないガラスからなっている。

火山岩には，玄武岩，安山岩，デイサイト，流紋岩がある。問題の伊豆大島火山を構成する火山岩は，問2で解説するように玄武岩である。各選択肢を検討する。

① 正しい。斑晶には，肉眼で見える大きさの粗粒の結晶がある。

② 正しい。火成岩の分類図（☞ ***14***）を思い浮かべると，玄武岩と斑れい岩は上下に位置している。つまり，マグマが冷却した速度が違うために組織が違うが，鉱物組み合わせやその割合が同じで，化学組成が同じである。

③ 誤り。火成岩の分類図を思い浮かべると，玄武岩にはカンラン石や輝石が合計で50％程度の体積が含まれている。石英やカリ長石はほぼ含まれない。

④ 正しい。陸地で流れ出た溶岩は，表面が冷えて収縮する。すると，水たまりの水が乾くときにみられるように，収縮に伴って六角形の割れ目が生じる（下図）。表面が冷却すると，内部に向かって徐々に冷却が進むが，そのとき，表面にできた六角形の割れ目が内部にも及んできて，六角柱を束ねたような形となる。これが柱状節理であり，玄武岩や安山岩でしばしばみられる。例えば，兵庫県豊岡市の玄武洞は，山陰海岸ジオパークの一部であり，玄武岩の名称の由来となった見事な柱状節理で有名である。

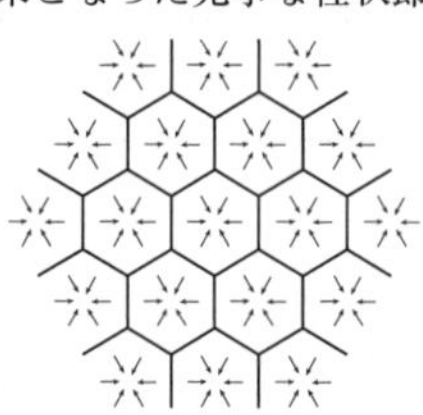

柱状節理（兵庫県豊岡市玄武洞）

問2　火成岩の分類図を思い浮かべると，火山岩には，玄武岩，安山岩，デイサイト，流紋岩がある。これらは，鉱物組み合わせで分類するが，それは，化学組成を反映している。岩石中の SiO_2 の質量の割合は，玄武岩で50％程度，安山岩で60％程度，デイサイトや流紋岩で70％程度である。問題の伊豆大島火山では50％程度であり，これは玄武岩である。

マグマ中の SiO_2 の割合が大きいほど，もとになるマグマの粘性が大きい。玄武岩質マグマは，比較的 SiO_2 の割合が小さいので，マグマの粘性は小さい。そのため，なだらかな傾斜の盾状火山を作りやすい。伊豆大島の火山も，なだらかな傾斜の山体であり，1986年の三原山の噴火など粘性の小さなマグマを流し出す噴火をする。一方，有珠山の東麓で昭和新山を形成した活動（1944 年，**巻頭資料**）や，雲仙の普賢岳の溶岩ドームの形成（1991 年）は，比較的 SiO_2 の割合が大きく，粘性の大きなマグマによるものであった。

問３　火成岩の主要造岩鉱物の７種は，いずれも，Si や O を主な元素として含んでいるが，中でも石英は純粋な SiO_2 である。石英は，火成岩の中では不規則な形に観察されるが，自形（本来の形）は六角柱のような形で，無色透明である。マグマ中に充分な空洞があって，石英の結晶が自由に成長できるときには，自形の大きな結晶ができることがある。特に形の良いものは「水晶」とよばれ，装飾品として価値がある。六角柱の断面の隣り合う面のなす角は，外角で 60°，内角で 120° である。正六角形とは限らず，面の結晶の成長の度合いなどにかかわらず，面のなす角はいつも一定である。

なお，方解石は組成が $CaCO_3$ で，石灰岩を構成する鉱物であり，平行四辺形６面で囲まれた無色透明の結晶である。

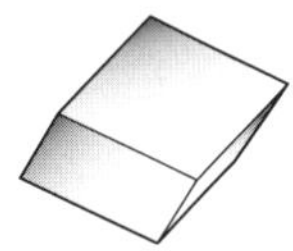

B

問４　火山ガスの主成分は，90％以上が水蒸気 H_2O である。他に，二酸化炭素 CO_2 や水素 H_2 が数％，塩化水素 HCl や，窒素 N_2，二酸化硫黄 SO_2，硫化水素 SO_2 などが微量含まれる。ガスの源は，マグマ中に含まれていたものや，地下水に由来するものなどがある。

問５　上の問２の解説と同様である。各選択肢を検討する。

① 正しい。玄武岩質マグマは，SiO_2 の割合が小さく，粘性が小さいため，溶岩をおだやかに流し出す活動を何度も繰り返し，盾状火山をつくる。

② 誤り。デイサイト質マグマは，流紋岩質マグマとともに，粘性が大きめだから，溶岩円頂丘（溶岩ドーム）を形成することもある。

③ 誤り。溶岩台地は，粘性の小さい玄武岩質マグマが洪水のように噴出して形成され，その後，周囲が侵食されてなだらかな台地として残ったものである。

問６　安山岩質～流紋岩質のマグマは，粘性が大きく，揮発性物質が多く含まれる。そのため，マグマだまりでは発泡がおこり，粉砕された岩片は，火山灰や軽石など様々な火山砕屑物として大量に放出される。その後，高温のガスの流れである火砕流が発生する。これらの物質が噴出したことで，地下が空隙になり陥没したものがカルデラである。火山地形としてのカルデラは，火山活動によって陥没が起こり生じた直径おおよそ 2 km 以上の凹地を指す。日本では，屈斜路湖のカルデラ湖や，阿蘇山のカルデラが有名で，いずれも直径 20 km 程度におよぶ。

他の選択肢はそれぞれ，① のカールは氷河の侵食によってできた凹地，② の溶岩湖は火山の火口に溶岩がたまった状態，④ のドリーネは，石灰岩でできた土地が二酸化炭素を含む雨水によって侵食されてできる凹地を指す。

問７　離れた場所で観察された地層について，同時性や前後関係を決定していく作業を地層の対比といい，その根拠となる地層が鍵層である。特に，火山灰層やそれが固結した凝灰岩層は，短期間で堆積し，観察によって他の層と容易に区別できるので，鍵層として最もよく用いられる。このように，③ が正解であり，他の選択肢のような事項は観察されない。

17

2008 追●

問1　④　　問2　⑦　　問3　⑦

問1　過去の断層の活動，つまり，過去の地震を推定する問題である。

本問の図では，断層の左右で各層の厚さを比べると，各層とも断層の右側の方が厚い。これは，右図のように，断層で変位した古い地層の上に，新しい地層が水平に堆積したためである。

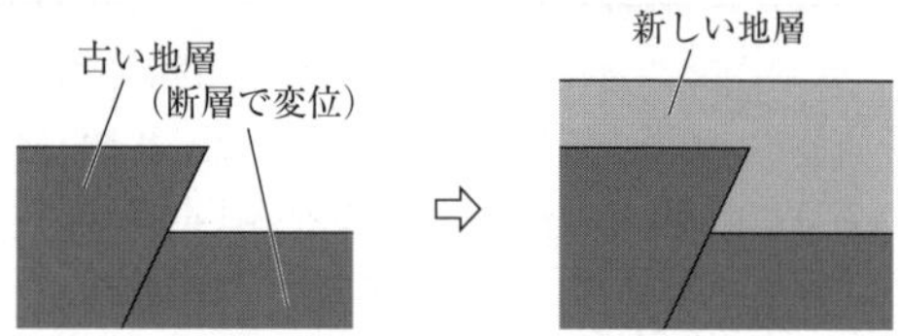

また，断層の変位量（ずれた長さ）に着目すると，上位の新しい地層Uでは1m程度なのに対し，下位の古い地層Pでは2m程度である。このように，地層が古くなるにつれ，断層による変位量が大きいのは，この地層の堆積中にも地震が繰り返し，断層が継続的に動いていることを示す。これは，古い地層では，断層が動くたびに変位が累積しているからである。

以上を踏まえて，各選択肢を検討する。

① 正しい。断層による変位量が，地層P，地層R，地層Uでそれぞれ異なるので，少なくとも，Pの堆積中か以後，Rの堆積中か以後，Uの堆積中か以後の3回は，断層が動いている。すなわち，少なくとも3回は断層が活動している。

② 正しい。この断層は，①でみたように，過去3回以上の活動をしている。最小の3回だとしても，地層U，地層R，地層Pの年代からみて約3000～3500年周期で活動をしている。4回以上ならば周期はもっと短い。地層Uの年代が今から3500年以上前だから，そろそろ次の変位をおこす活動があってもおかしくない。

　このように，断層のうち，第四紀に何度も活動し，今後も動く可能性がある断層は活断層とよばれている。活断層はときとして直下型の大地震を引き起こすことがあるため，その可能性のある活断層周辺の地殻変動はつねに観測され注意が払われている。

③ 正しい。地層P，地層R，地層Uの年代からみて，断層の活動が3回以上だと考えれば，約3500年かそれ以下の周期で活動していると推定できる。

④ 誤り。最も古い地層Oの上面でも，累積した変位量が2m程度なので，5m以上のずれを生じたとはいえない。ちなみに，1回の変位量の例として，1995年兵庫県南部地震（阪神淡路大震災）を起こした野島断層の変位量が2m程度である。

問2　直立した樹木は，生息当時に確かにこの場所にあったこと（現地性）の証拠となる。川や海によってどこかから運ばれてくる可能性のある倒木にくらべて，地質調査をする上で得られる情報の価値は高い。

この樹木は地層S（砂礫層）に根を張っているので，樹木が生育したとき，地層Sは既に存在していたことが分かる（エ→ア）。その生育中に，幹を埋めるように地層T（火山灰層）が堆積した（→ウ）。さらに，火砕流が発生して地層U（火砕流堆積層）が上に乗った（→イ）。

日本に多い安山岩質マグマやデイサイト質マグマによる火山活動の典型パターンは，最初に上空に向かって火山ガスを噴き出し，火山灰などの火山砕屑物を噴き上げる。やがて，高温の火山ガスが火山灰や土砂を巻き込みながら，高速で斜面を流下する火砕流が起こる。最後にマグマの本体が溶岩として流出し，一連の火山活動が終わる。

火砕流では，500℃を超える高温の火山ガスが，周囲の樹木をなぎ倒し，焼き尽くす。本問でもそのような火砕流が，図の左から右へ吹き抜けたと考えられる。また，火砕流堆積物は，水で運ばれた砂礫や，風で運ばれた火山灰のような分級（ふるい分け）がなされていないため，構成する粒子の大きさがそろっておらず，ばらばらである。

問３　ハザードマップは，火山活動や津波，洪水や斜面災害など，災害の起こる範囲を予測し，避難経路や避難場所を含めて，地図上に示したものである。自治体などが作成し，住民などに配布され，またインターネットを通じて公開される。

ただし，選択肢の「原因」の項目をハザードマップに盛り込むとき，「必要な情報」については不確定なものもあり，テレビやラジオ，新聞，インターネット，防災無線，広報車など，リアルタイムの情報提供と収集が必要である。

各選択肢を検討する。

①・②　火山灰などの降下火砕物は風に運ばれるため，風向や風速は重要な情報である。ハザードマップでも考慮されて作成されるものの，風向や風速は日々異なるうえ，マップの範囲を超える広範囲に飛散する可能性もある。

③・④　火砕流はガスが斜面を下る現象だから，斜面の地形や傾斜，火口や溶岩ドームからの距離などが重要な要素になる。ただし，流下するのはガスだから，多少の地形の高みは乗り越える。たから，地形が高いからといって安全とは限らない。実際には，避難地域が設定され，一般の人は立ち入りできなくなるのが普通である。

⑤・⑥　火山ガスは，火口と異なる噴気孔から噴出することもあり，その位置の情報は重要である。また，硫化水素や二酸化硫黄など，有害な成分を含んでいる場合は，人が接近しないようにする必要がある。これは，火山の噴火中に限らず，地熱地帯，温泉地域などでは平常時でも重要である。

⑦・⑧　溶岩流は，溶岩本体の流れである。複数の火口を持つ火山体もあるので，それらの位置の情報，および，周辺の地形の情報が重要である。地下から数百～千℃程度で流出する溶岩に，気温は関係ないので，⑦が誤りである。なお，溶岩が到達する範囲はふつう火砕流より狭いが，空中を飛んでくる火山砕屑物もあるため，実際には避難地域に一般の人は立ち入りできなくなる。

なお，１つの火山に複数の火口があったり，新しく火口が開いたりすることもあり，次の活動時にどの火口が活動するかは事前に分からないこともある。そのため，ハザードマップに描かれた火砕流や溶岩流の範囲は，ふつう，可能性のある最大限の範囲であり，同時に到達する範囲ではない。新しい火口の情報をもとに，適切な方角に避難する必要がある。

18

問1　①　　問2　①　　問3　②　　問4　⑤　　問5　③　　問6　④

問1　風化作用とは，地表に露出している岩石が変質し崩されていく作用である。風化作用はその原因から，物理的風化作用と，化学的風化作用に分けられるが，実際にはこの２つの作用が，相互に促進しあって同時に進行する場合が多い。

物理的風化作用は，機械的風化作用ともよばれる。岩石は複数種の鉱物が組み合わさってできているが，それぞれ熱による膨張率が異なる。そのため，温度変化が激しい環境で，鉱物が膨張と収縮を繰り返すと，鉱物と鉱物の接合部がはがれていく。また，岩石のすき間に水が入って，凍結すると，水の体積が増えるためにすき間を押し広げ，岩石を崩していく。

化学的風化作用とは，岩石の表面を流れる水によって，鉱物の成分が変化したり，溶脱したりといった過程を経るものである。鉱物の組成のうち，Na^{+}，K^{+}，Ca^{2+}，Mg^{2+}などは，水に溶脱しやすい。市販のミネラルウォーターには，これら金属イオンの濃度が表示されている。このような成分の溶脱のため，鉱物が変質し，岩石が崩れていく。また，雨水による石灰岩の溶解も，化学的風化の一種である。

各選択肢を検討する。

①　正しい。上記のとおり，水の凍結と融解に伴う体積変化は，物理的風化の一因である。

②　誤り。例えば，鉱物の成分のなかでも長石に多く含まれるAl^{3+}は溶脱しにくい。残留したAlの一部は年月を経てボーキサイトになる。

③　誤り。温度変化に伴う体積変化による，物理的風化が優勢である。

④　誤り。成分の変質や溶脱がおこりやすく，化学的風化が優勢である。

問2　花こう岩には，選択肢の４つの鉱物が多く含まれるが，このうち風化を最も受けにくいのは石英である。石英は純粋なSiO_2であり，金属イオンを含まないため，結晶がくずれにくい。石英だけが残留してできた砂は，「真砂（マサ）」とよばれる。

問3　谷で山崩れが起こると，谷底の堆積物も巻き込んだ土石流となる。土石流は，土砂や倒木を含んでおり，固体と液体を混合した流れだから，水の２倍ほどの平均密度を持ち，また流速も速い。この重さと速さが被害を生む。特に土石流の先頭には大きな岩塊を伴うことも多く，建造物を破壊することも多い。谷から平地に出るところでは，土石流が一気に流れ出すので被害も大きく，また，土砂が厚く堆積する被害も出る。

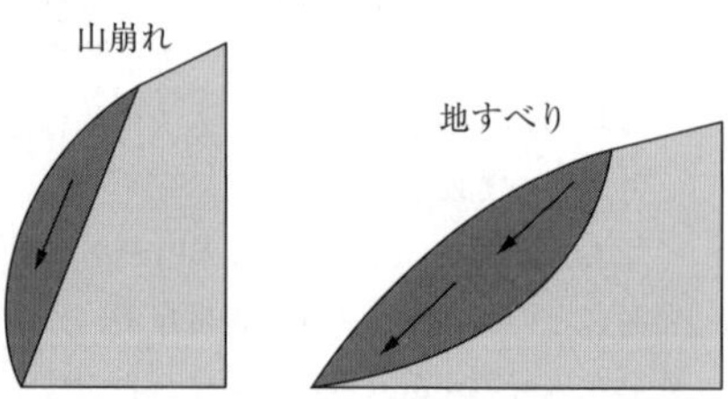

土石流によって谷を流下した岩塊や土砂は，谷の出口で川の傾斜が緩やかになると堆積する。これが河道を何度も変えながら繰り返してできる地形が扇状地である。扇状地を構成する土地は粗粒の礫が中心で透水性がよく，地下水位が深いため人間の居住地や水田などには向かないが，現在では果樹園などに利用されている。

なお，地すべりは，数時間～数日というゆっくりとした動きで緩い斜面が崩壊する現象である。地すべりでは，地盤が原型を残しながらまるごと滑る。

また，三角州は，泥などが河口に沈殿してできた島状や円弧状の地形である。

問4　表をみると，流速 v が2倍，3倍，…になると，運搬される礫の直径 d は4倍，9倍，…になっている。すなわち，運搬される礫の直径は流速の2乗に比例することが読み取れる。また，礫の体積は直径の3乗に比例する。よって，流速が2倍になると，運搬される礫の直径は $2^2 = 4$ 倍，体積は $4^3 = 64$ 倍にある。流速が3倍になると，運搬される礫の直径は $3^2 = 9$ 倍，体積は実に $9^3 = 729$ 倍となる。

このように，運搬される礫の体積は，流速の6乗に比例する。大雨のときに，通常では考えられないような巨大な岩塊が流されたり，家屋が流されたりすることがある。それは，流速と体積の間に問題の表のような関係があるからである。

問5　海底など水底の堆積物は，すき間に水を多く含んでおり，粒子どうしも接着されておらず，固結していない。しかし，長い年月が経つと，さらに上に堆積した堆積物からの圧力のため，粒子の隙間の水が絞り出される。このとき，水中に含まれていた SiO_2 や $CaCO_3$ などの成分が粒子の間に沈殿して，いわば粒子どうしの接着剤の役割を果たす。このようにして未固結の粒子どうしが固結して岩石（堆積岩）になる作用が，続成作用である。

問6　石灰岩は，生物的あるいは化学的作用で $CaCO_3$ が海底に沈殿し，固結してできた岩石である。生物岩としての石灰岩の材料は，サンゴや有孔虫の殻などが主であり，主に暖かく浅い海底で形成される。一方，チャートは，化学的作用もあるが，多くは生物的作用で放散虫やケイソウ等の SiO_2 が沈殿してできた岩石である。深海底で形成されることが多い。

各選択肢を検討する。

① 誤り。石灰岩は軟らかく割れやすい。チャートは硬く，昔は火打石（フリント）として使われた。

② 誤り。有孔虫の殻から石灰岩が，放散虫の殻からチャートができる。

③ 誤り。雨水は二酸化炭素が含まれて弱い酸性になっているため，石灰岩が溶解するなど化学的風化作用を受けて，鍾乳洞やカルスト地形ができる。

④ 正しい。いずれも，生物的要因だけでなく化学的要因によってもできる。

POINT【堆積岩】

・泥岩，砂岩，礫岩　　（泥岩がさらに圧密を受けると，頁岩，粘板岩）

$\frac{1}{256}$	$\frac{1}{16}$	2	〔mm〕
粘土	シルト	砂	礫
泥		砂	礫

・凝 灰 岩　…　火山灰などの火山砕屑物。

・石 灰 岩　…　化学的，生物的作用で $CaCO_3$ が沈殿。サンゴ，有孔虫。暖かい浅海。

・チャート　…　主に生物的作用で SiO_2 が沈殿。放散虫。深海底で形成。

19

A：2012 本○　B：2013 追○

問１　③　　問２　⑥　　問３　④　　問４　⑥

A

問１　問題の図は，ユルストロームダイヤグラムとよばれ，堆積物の粒径と，流水による侵食・運搬・堆積の各作用が，流速とどのように関連付けられるかを示したものである。

なお，粒径による砕屑物の分類は，2^{-4} mm（1/16 mm）以下が泥，2^{-4}～2 mm が砂，2 mm 以上が礫である。(☞ *18*)

設問では，平らに敷いた粒子を，水流を少しずつ大きくしていきながら動かすのだから，図を下から見ていき，曲線**A**を読み取ればよい。

粒径 1/32 mm の泥が動き出す流速は 64 cm/s 程度

粒径 1/8 mm の砂が動き出す流速は 32 cm/s 程度

粒径 4 mm の礫が動き出す流速は 128 cm/s 程度

よって，動き出す順序は，砂→泥→礫である。

このように，流速を大きくしていくとき，はじめに動き出すのは砂である。粒径が大きな礫を動かすのに，大きな流速が必要なのは，直感的に理解できよう。逆に，粒径が小さな泥を動かすにも，砂を動かすときより大きな流速が必要である。これは，水底に細かな泥の粒子が並んでいる場合，乱流によって水底から泥の粒子が飛び出しにくいためである。

問２　問題の図は２本の曲線**A**，**B**によって，３つの領域Ⅰ，Ⅱ，Ⅲに分割されている。領域Ⅰが最も流速が速く，領域Ⅲが最も流速の遅い部分に位置している。

曲線**A**より流速が大きいとき，水底に静止している粒子が動き出す。一方，曲線**B**よりも流速が小さいとき，動いている粒子が停止し，水底に堆積する。

このことから，それぞれの領域の意味は次の通りである。

Ⅰ：水底に堆積している粒子が流水によって動かされる領域（侵食＋運搬）

Ⅱ：すでに動いている粒子は引き続き運搬されるが，水底の粒子は動かない領域（運搬）

Ⅲ：流水中で移動していた粒子が動きを停止し水底に堆積する領域（堆積）

B

問３　川では水によって，また氷河では氷によって土地は侵食されていく。海水面が低下するときや，土地が隆起するときは，侵食力が増し，谷が刻まれて急峻な地形がつくられる。一方，海水面が上昇するときや，土地が沈降するときは，侵食力が弱まり，谷が砕屑物で埋められて平坦な地形がつくられる。

各選択肢を検討する。

① 誤り。氷河は少しずつ斜面を流下し，氷河によって侵食された地形をつくる。水による場合土地は下方に侵食されＶ字谷が形成されるのに対し，氷は形がある固体のため，土地は側方にも侵食されＵ字谷が形成される。その他，図のように，スプーンでえぐり取ったような形

のカールなど，さまざまな氷食地形がある。

② 誤り。扇状地は，河川が山地から平野や海岸に出る所，すなわち谷の出口で，運搬作用が急に弱まるため，河川が運んできた土砂が堆積してできる扇形の土地である。粒子の大きな砂や礫が多く堆積するために，すき間が大きく，水はけがよい。水田には使えない土地であり，果樹園には適している。

③ 誤り。日本の平野の多くは，河川が運搬してきた砕屑物が，河口付近や浅い海底に堆積してできている。このような運搬や堆積の作用には，土地の隆起や沈降，海水面の低下や上昇も深くかかわっている。すなわち，土地が沈降するか海水面が上昇している時期に浅海底に堆積した土砂が，その後の土地の隆起や海水面の低下によって，海水面よりも上に出現したものが平野である。このような平野の中には，現在も上流から土砂の供給が続いている場所もあるが，都市が形成され，人為的に改変されている場合も多い。

④ 正しい。河川の周辺には平坦な土地が形成される（下図A面）。その後，土地が隆起したり，海水面が低下したりすると，河川の侵食力が増し，さらに下に次の平坦な土地が形成される（下図B面）。このようにしてできる階段状の地形を河岸段丘とよぶが，一般に，段丘地形では標高の高い面の方が古い面といえる。

・土地が隆起した場合

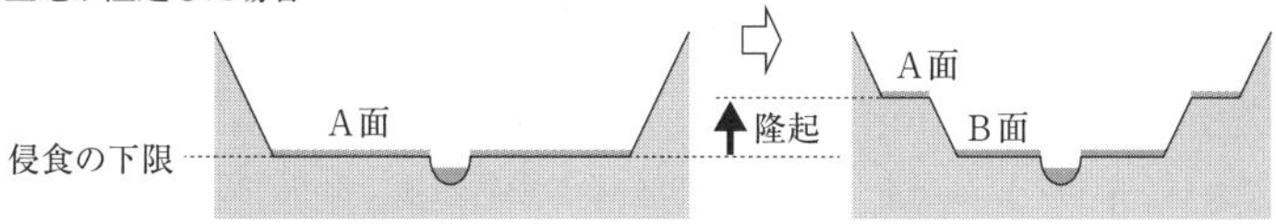

・海面（侵食の下限）が低下した場合

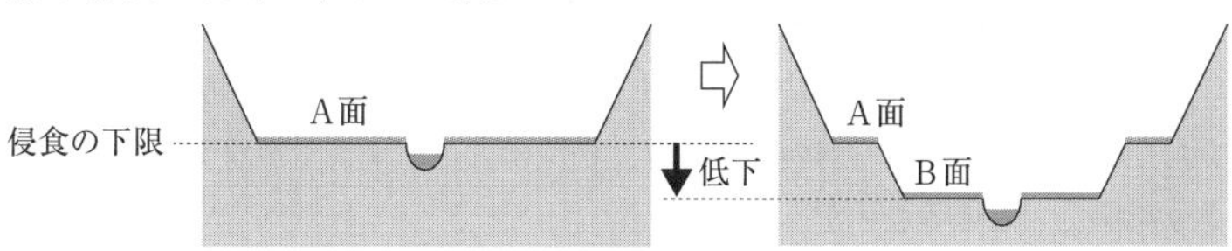

問4　山地Aから侵食作用によって取り除かれた岩石の体積が，1年あたり $4.2\times10^5\ \mathrm{m}^3$ である。これを山地Aの面積 $1.4\times10^8\ \mathrm{m}^2$ で割ると，取り除かれた岩石の厚さは 3.0×10^{-3} m となる。土地の隆起がないまま，岩石が侵食されていくなら，土地の標高は1年あたり 3.0×10^{-3} m 低下する。

ところが，山地A全域で平均した地表面の高さは，1年あたり 2.0×10^{-3} m 上昇している。これは，土地全体が，1年あたり 5.0×10^{-3} m 隆起していることを意味する。

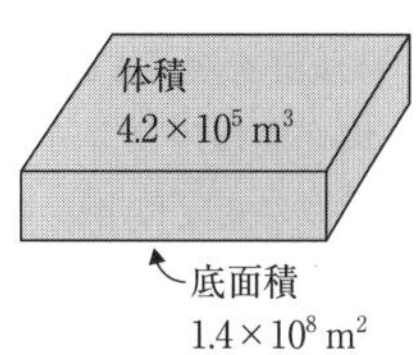

20

2013 本○

問1　④　　問2　①　　問3　①　　問4　②

問1　地層や岩体の時間的な前後関係を知るには，その構造どうしが交わっている部分を見て，切った・切られたの関係を調べていけばよい。切っている構造は新しく，切られている構造は古い。各選択肢を検討する。

① 誤り。玄武岩は400万年前に形成されている。それよりも古い9000万年前にできた花こう岩Aのマグマが，玄武岩に接触変成を加えることはありえない。

② 誤り。花こう岩Bは，花こう岩Aに切られている。よって，花こう岩Bが古く，花こう岩Aが新しい。花こう岩Aが形成されたのは9000万年前であり，これは中生代の末期(白亜紀)である。それよりも古い花こう岩Bが，新生代の古第三紀に形成されたはずがない。

③ 誤り。褶曲は，長期間の間に横から圧縮の力を受けて生じている。図を見ると，すでに褶曲している変成岩に，あとから花こう岩Aになるマグマが貫入している。もし仮に，花こう岩Aの貫入が褶曲の原因とするならば，激しく褶曲している変成岩とともに，花こう岩Bの岩体の形も大きく変形しているはずである。

④ 正しい。玄武岩が形成された400万年前は，新第三紀である。このときに玄武岩となるマグマは陸上に噴出しているのだから，その直下の変成岩や花こう岩Aは，当時陸上に露出していたはずである。

問2　aとbは，鉱物の結晶がすべて成長している等粒状組織であり，深成岩のスケッチである。そのうち，aは石英やカリ長石，黒雲母などを含む花こう岩であり，bは輝石やカンラン石を含む斑れい岩である。

一方，cとdは，粗粒の結晶である斑晶と，微結晶やガラスでできた石基からなる斑状組織であり，火山岩のスケッチである。そのうち，cは輝石やカンラン石を含む玄武岩である。dは，石英を含む流紋岩であり，石基の部分には，粘性の大きなマグマが固まったときにみられるしわのような構造（流理構造）がみられる。

問3　変成作用のうち，プレートの沈み込みに伴う大規模な熱や圧力によって起こる変成作用は，広域変成作用とよばれ，長さ1000 km を超える細長い変成帯に分布する。広域変成作用によってできた変成岩には，高温型の変成作用による片麻岩と，高圧型の変成作用による結晶片岩がある。右図が，変成作用の起こる場である。

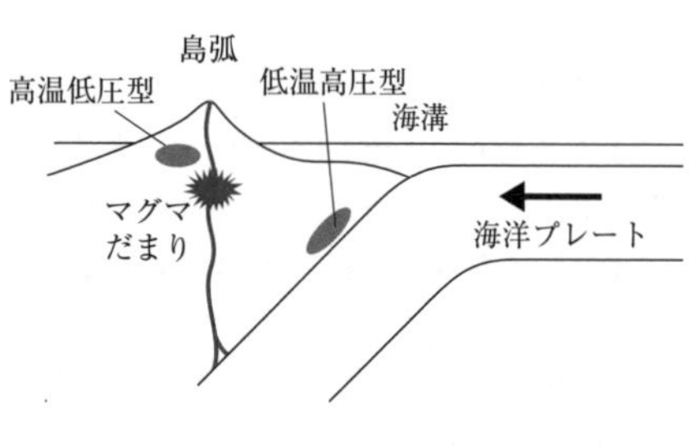

本問で問われている片麻岩は，高温の条件のもとで形成された変成岩である。鉱物の再結晶のため，無色鉱物の部分と有色鉱物の部分が，縞模様のように見えるのが特徴的である。

問4　造山帯はプレートが収束する境界に沿って分布する。

海洋のプレートが大陸のプレートに沈み込んでいる場では火山活動が活発で，島弧－海溝系や，陸弧－海溝系が形成されている。島弧と陸弧のちがいは，背後に縁海があるかどうかであり，日本列島は縁海として日本海がある島弧である。

一方，大陸プレートどうしが衝突する場では，激しい逆断層と褶曲による大山脈が形成されるが，火山はたいへん少ない。

このようにプレートが収束する2種類の場が，現在も活動的な造山帯である。また，造山運動とは，プレートの動きに伴って大陸地殻を形成するはたらき全てを総合的に指す語と理解される。以上をもとに，各選択肢を検討する。

① 誤り。アパラチア造山帯は，北アメリカ大陸の東部にある造山帯である。付近には，現在プレートが沈み込む境界はなく，進行中の造山帯ではない。古い時代の造山帯であり，最近は造山運動を受けておらず，侵食によってなだらかな山地となっている。なお，アパラチア造山帯が活動していたのは，スカンジナビア半島などと同時期の古生代の前半と考えられている（カレドニア造山運動)。

② 正しい。西太平洋地域の島弧－海溝系は，日本列島，フィリピン，インドネシアなどを指している。ここは，海洋のプレートが大陸のプレートに沈み込んでおり，地震や火山活動などが活発である。大陸地殻が形成される場，すなわち，現在活動的な造山帯といえる。

③ 誤り。アルプス造山帯は，ヨーロッパの南部に位置する。ユーラシアプレートとアフリカプレートという大陸プレート2枚の衝突で，新生代古第三紀ごろから形成された褶曲山脈である。火山はごく少ない。一方，アンデス造山帯は，南アメリカ大陸の太平洋側に位置し，大陸側の南アメリカプレートの下に，海洋側のナスカプレートが沈み込んでできた，新生代新第三紀の末期から形成された陸弧－海溝系である。火山も多く分布する。このように，成因は別々であり，大西洋の形成に伴う一続きの造山帯とはいえない。

④ 誤り。ヒマラヤ造山帯は，ユーラシアプレートに，インド･オーストラリアプレートに乗っているインド半島が衝突してできた，巨大な褶曲山脈である。標高数千mの土地から，海生生物の化石が発見されていることでも知られ，火山は極めて少ない。衝突は中生代の末に始まり，現在もなお造山運動は続いている。

POINT【変成岩】

・接触変成作用（マグマの熱によって周囲の地層をつくる岩石が変質する）

　泥質の岩石　→　ホルンフェルス　（緻密で硬い。）

　石 灰 岩　→　結晶質石灰岩　（粗粒の方解石。）

・広域変成作用（プレートの沈み込みに伴って，熱や圧力により岩石が変質する。）

　高温低圧型　…　片 麻 岩　（弱い片理。有色鉱物と無色鉱物の縞状の模様。）

　低温高圧型　…　結晶片岩　（著しい片理。藍晶石（らんしょう）やヒスイ輝石などを含む。）

21

A：2001 本◇　B：2003 追◇

問1 ③	問2 ①	問3 ②	問4 ⑥	問5 ①	問6 ②

A

問1　各選択肢を検討する。

① 正しい。斑状組織には，石基と斑晶がみられる。そのうち，斑晶の部分は，マグマだまりで早期に結晶となっていた部分である。この結晶が，マグマから分離しないまま，残りのマグマが地上や地下浅部で急冷された部分が石基である。

② 正しい。マグマ中でできた結晶の一部は，マグマよりも密度が大きいため，マグマだまりの底部に沈積する。この沈積部分も火成岩の一種である。マグマよりも密度が小さい結晶がマグマだまりの上部に浮かんだ場合も同様である。

③ 誤り。粘性の高いマグマ中では，できた結晶が移動しにくく，浮き沈みしにくい。そのため，マグマからは分離しにくい。

④ 正しい。マグマ中でできた鉱物の結晶は，マグマとは組成が異なる。例えば，玄武岩質マグマからカンラン石の結晶ができるが，その結晶の組成は，マグマに比べて，SiO_2 などに乏しいが，MgO，FeO などには富んでいる。残ったマグマの組成は，逆に SiO_2 などに富み，MgO，FeO などに乏しくなる。

問2　地層を構成する岩石が，熱や圧力によって変質し，別の岩石になることを変成作用という。変成作用のうち，地層にマグマが貫入することで，地層を構成する岩石が長い時間その熱にさらされ，岩石が変質することを接触変成作用（熱変成作用）という。例としては，泥質の岩石が，固くて緻密に変化したホルンフェルスや，石灰岩中の方解石の結晶の成長によってできた結晶質石灰岩（大理石）がある。

②の続成作用は，未固結の堆積物が，圧縮や接着によって固結した堆積岩になる過程である。③の化学的風化作用は，岩石中の成分が，雨水などに溶脱するなどして，岩石がぼろぼろに崩れることである。④の低温高圧型変成作用は，プレートの沈み込みによる広域変成作用のうち，地下深く 30 ～ 50 km でおこる作用で，結晶片岩ができる。

問3　選択肢の組み合わせのうち，①は玄武岩や斑れい岩などに，③と④は流紋岩や花こう岩など，いずれも火成岩に見出される（右図）。火成岩には見出されない組み合わせは②である。

斜長石のうち Na に富む成分のものは，広域変成作用のうち高圧の条件で，ヒスイ輝石と石英に分解される。ヒスイ輝石は，高圧の変成岩の中に特有にみられる鉱物で，純粋なものは白色だが，やや緑がかったものが宝石の翡翠(ひすい)として有名である。日本では新潟県の糸魚川市付近が有名である。

B

問4　マグマが地層中に貫入すると，地層を構成する岩石が熱によって変質する接触変成作用がおこることがある。接触変成作用によってできるホルンフェルスでは，圧力の影響が小さいため，鉱物の配列に方向性はない。

プレートの沈み込みによっておこる広域変成作用では，接触変成作用に比べて圧力の影響が大きい。そのため，岩石の組織には，鉱物が一定方向に配列する片理（片状構造）がみられる。

片麻岩にも弱い片理がみられるが，より高圧の条件でできた結晶片岩では，著しい片理が観察される。

問5　安山岩質マグマは，玄武岩質マグマに比べて，SiO_2の割合が大きく，温度が低いため，粘性が大きい。マグマに含まれる水蒸気を主とする揮発性成分（ガス成分）も多い。そのため，火山灰や軽石などの火山砕屑物を大量に噴出する爆発的な噴火をしばしば起こす。火山砕屑物のうち，噴煙柱を形成して上空高くまで巻き上げられたものは，風に乗って遠方へ運ばれることもある。よって，①が誤りである。なお，②のように溶岩台地や盾状火山ができるのは，粘性の小さい玄武岩質マグマの場合である。

問6　かんらん岩質の上部マントル物質が部分溶融してできる本源マグマは，玄武岩質マグマである。この玄武岩質マグマから鉱物の結晶ができて，マグマから分離していくと，マグマの性質が変化して，最終的に花こう岩質マグマができる。しかし，このように本源マグマを出発点にして生じたマグマはさほど大量ではない。一方，大陸地殻には，大量の花こう岩が存在している。よって，本源マグマ由来のもの以外にも，花こう岩質マグマが生成する過程がある。それが，正解の②である。

①　誤り。下の火成岩の分類のグラフからも想像がつくが，玄武岩質マグマから花こう岩質マグマができるまでには，いくつもの鉱物が結晶となって分離する必要がある。

②　正しい。大陸地殻の一部が，地下深部からの熱などの原因によって溶融し，花こう岩質マグマが生じる。これが，大量の花こう岩の由来と考えられている。

③　誤り。下の火成岩の分類のグラフを考える。玄武岩質マグマが閃緑岩を溶かし込むと，その中間的なマグマができ，花こう岩質マグマにはならない。

④　誤り。下の火成岩の分類のグラフを考える。玄武岩質マグマと安山岩質マグマが混合すると，その中間的なマグマができ，花こう岩質マグマにはならない。

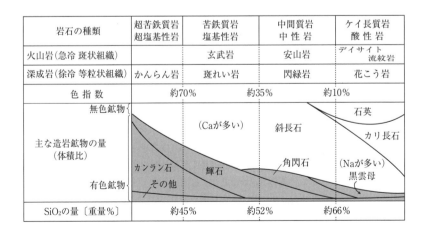

岩石の種類	超苦鉄質岩 超塩基性岩	苦鉄質岩 塩基性岩	中間質岩 中性岩	ケイ長質岩 酸性岩
火山岩（急冷 斑状組織）		玄武岩	安山岩	デイサイト 流紋岩
深成岩（徐冷 等粒状組織）	かんらん岩	斑れい岩	閃緑岩	花こう岩
色指数	約70%	約35%	約10%	

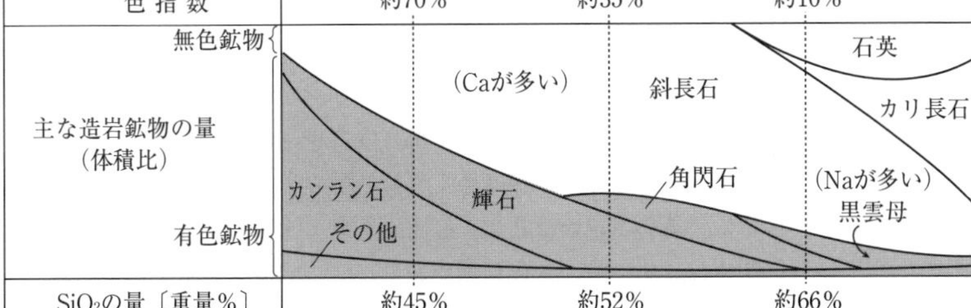

第3章　地質・地史

22

1993 追△

問1　①　　問2　ア　②　　イ　②　　問3　④

問1　河岸段丘は，河川の両側あるいは片側にみられる，河川と並行な階段状の地形である。段丘の形成過程では，河川の侵食作用，そして，土地の隆起あるいは海面の低下がおこっている。

河川の周辺には，河川による侵食や，河川の運んできた砕屑物の堆積によって，平坦な土地が形成される。その後，土地が隆起すると，河川はゴールである河口までの勾配が大きくなるため，下方侵食を始め，低い方に次の平坦な土地を形成しようとする。このようにして階段状の地形ができる。このように，1回の土地の隆起によって1段の段丘ができる。また，標高の高い位置にある段丘面ほど古い段丘面である（☞ ***19***）。

本問のように，2段の河岸段丘がある場合，少なくとも2回の土地の隆起がおこったと考えられる。

問2　問題文にある地域の変遷から，前半の地層が堆積し，海が浅くなったあと，陸地において土地の侵食が起こったことが分かる。さらに，海が深くなったあとで，後半の地層の堆積が起こっている。

以上のように，前半の地層の堆積と，後半の地層の堆積の間に，堆積の中断がおこっており，その間に，陸地での侵食がおこると，上下の地層の間に時間的な隔たりが生じる。この場合の上下の地層どうしの関係を不整合という。

本問の場合,「中生代と新生代の地層が分布する」とあるので，［ア］には中生代の地層を示す語句が入る。選択肢のうちでは②があてはまる。①や③は古生代，④は新生代の地層を示している。また，［イ］のあとにビカリアの化石があることより，新生代新第三紀に堆積した地層だと分かる。［イ］の前後に時代の隔たりがあるから，その間に不整合がある。前半の地層は褶曲を受けているから，傾斜不整合と分かる。

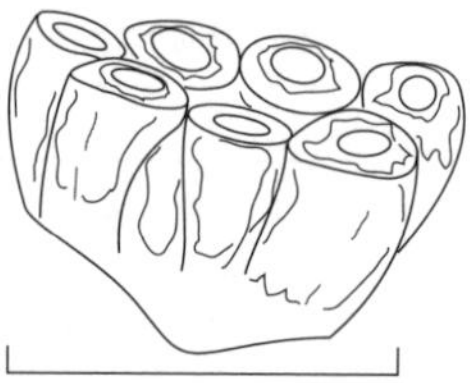

デスモスチルスの歯

なお，本問の問題文と選択肢で登場した化石については，次のとおりである。

フズリナ　　　　…古生代末期に生息した，炭酸カルシウムの殻を持つ原生動物の有孔虫。
アンモナイト　　…中生代に繁栄した軟体動物。現在のオウムガイと近縁。
フデイシ　　　　…古生代前期～中期，特にオルドビス紀の半索動物。枝分かれの形。
デスモスチルス…新生代新第三紀のほ乳類。海陸両生で，歯の形に特徴がある（上図）。
ビカリア　　　　…新生代新第三紀の軟体動物の巻貝。殻に特徴のある突起がある。

各時代の特徴については，あとの問題で解説する。

問3　海進とは海が陸地の方へ広がっていくことであり，つまり，海水面が上昇することである。逆に，海退とは海が陸から離れていくことであり，つまり，海水面が低下することである。

本問の図では，下から地層が5枚の区分に分かれている。堆積したときの海岸からの距離は，各層の海浜～浅海堆積物と沖合堆積物の境界に着目すれば，位置を確認しやすい。3枚目がもっとも陸側に堆積している。よって，下から順に1枚目から3枚目にかけては，海水面が上昇しているときに堆積した層とわかる。すなわち，図の右から左に向かって，海進がおこっている。また，下から順に3枚目から5枚目にかけては，海水面が低下しているときに堆積した層と分かる。すなわち，図の左から右に向かって，海退がおこっている。

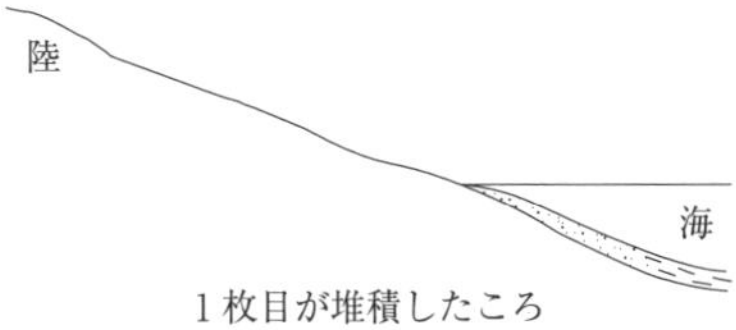

1枚目が堆積したころ

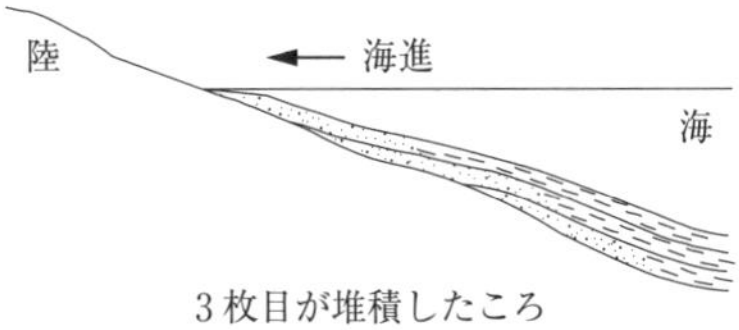

3枚目が堆積したころ

海進と海退の原因のうち，もっとも主なものは，地球の気候の変化である。新生代第四紀は，258万年前から現在までの時代である。この第四紀は，氷期と間氷期が繰り返した時代である。氷期になると，大陸の上に氷として水が固定されるので，海水面は低下する。一方，間氷期には大陸氷河が融解して海水が増え，海水面は上昇する。例えば，2万年前の最終氷期のころ，海水面は現在よりも約100 m も低下していた。

海岸段丘（神奈川県三浦市城ケ島）

POINT【海進・海退と堆積物】

・海進　…　海水面の上昇（氷期が終わったあとなど）
　　　　　1地点での粒径は，上位ほど細粒になる。
・海退　…　海水面の低下（氷期になる途中など）
　　　　　1地点での粒径は，上位ほど粗粒になる。

23

2007 本●

問1　④　　問2　⑦　　問3　⑥

問1　礫は，2 mm 以上の砕屑物である。河原の礫は，その河原よりも上流にあった岩石が風化や侵食の作用を受けて崩れ，流水のはたらきによってもたらされたものである。多くは角が削られて，丸みを帯びた形をしている。

X点で見つかっているR岩の礫が，X点より上流のY点では見つからないから，その間にQ岩とR岩の分布境界線がある。このうち，Fが境界線だとすると，Fの少し東側（右側）にはR岩があって，その礫がY点に達してしまう。右の図は，問題の地形図で，礫がY点に達する範囲を塗ったものであり，Fより東側まで広がっている。この図からみて，Fは境界線ではありえない。よって，境界線はEである。

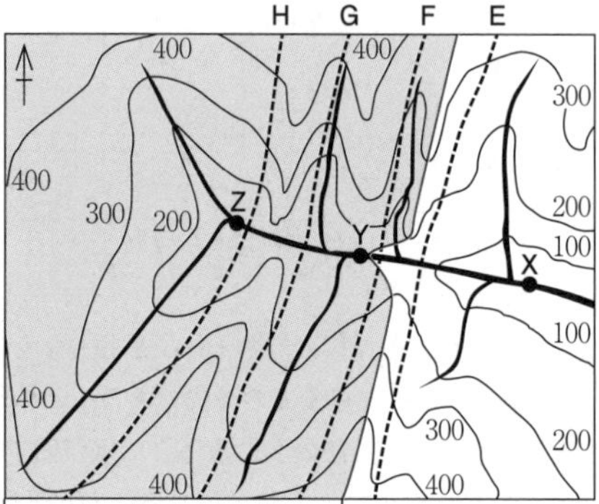

Y点に礫が転がる範囲

同様に，P岩とQ岩の分布境界線はYとZの間にあるが，Hが境界線だとすると，Hの少し東側にはQ岩があって，その礫がZ点に達してしまう。よって，境界線はGである。

問2　問題の図2の三つの岩石のうち，石灰岩は堆積岩（☞ ***18***）に，花こう岩と安山岩は火成岩に（☞ ***14***）分類される。

ア について

石灰岩は，海水中に溶け込んだ二酸化炭素がカルシウム成分と結びついて沈殿したり，生物の殻や骨格として使用されたりした$CaCO_3$が主成分である。釘でひっかくと傷がつくくらいやわらかい。また，方法dのように，うすい塩酸などの酸性の水溶液をかけると二酸化炭素を発生しながら溶ける。

イ について

火成岩は，マグマが冷え固まる速度によって組織が異なる。安山岩は，火成岩の中でも，マグマが急激に冷えてできた火山岩の1つであり，斑状組織をなしている。斑状組織は，粗粒の結晶である斑晶と，微結晶やガラス（非結晶）が埋め尽くした石基からなる。同様の組織を持つ火山岩に，流紋岩や玄武岩などがある。

一方，花こう岩は地下深部で長時間かけて冷却した深成岩の1つである。比較的大きな結晶で埋め尽くされた等粒状組織をなしている。同様の組織を持つ深成岩に，閃緑岩や斑れい岩などがある。

よって，方法aのように組織を観察することで区別できる。

なお，方法bは，磁鉄鉱など磁性のある鉱物が多く含まれる岩石なら判別できる。しかし，本問の岩石がどうなのかは分からない。また，方法cは，アルミニウムの酸化物を含む鉱物などが反応することもあるが，本問では該当しない。

問3　礫の密度の測定に関する問題である。物体を水に入れたときの浮力の大きさは，押しのけた水の重さに等しいというアルキメデスの原理を利用して，不定形の礫の体積を求める。

水だけの重さをはかった方法(2)の読みと，礫をつるしたときの方法(3)の読みとの差が，水が礫を押し上げた力，つまり，礫にかかる浮力の大きさである。また，水の密度は $1\ g/cm^3$ である。このことから，礫の体積が分かる。

問題の礫1で，方法(2)と方法(3)の差は130 g だから，礫1の体積は $130\ cm^3$ である。また，方法(1)から，質量は351 g である。密度は，次のようになる。

$$\frac{351\ g}{130\ cm^3} = 2.7\ g/cm^3$$

同様に，礫2の体積は $120\ cm^3$ で，質量は348 g である。密度は，次の通りであり，礫1の方が密度は低い。

$$\frac{348\ g}{120\ cm^3} = 2.9\ g/cm^3$$

ちなみに，礫1の $2.7\ g/cm^3$ は，花こう岩の密度にほぼ等しく，礫2の $2.9\ g/cm^3$ は，玄武岩の密度にほぼ等しい。

POINT【河川の作用による地形】

V 字 谷　…　山地を流れる川の下方侵食によって形成された深い谷
扇 状 地　…　谷の出口に，土石流などで運搬された砂礫が堆積してできた土地
三日月湖　…　蛇行した河川の一部が，新たな流路から取り残されてできた湖
三 角 州　…　河口に泥などが堆積してできた島状あるいは円弧状などの土地

POINT【地層どうしの関係】

①整合

大きな時間的隔たりをおかず，連続して堆積した。

②不整合

時間的な隔たり，堆積の中断を示す。
境界面は凹凸があり，基底礫が存在することもある。
下位の地層が陸化して侵食を受けたあと，上位の地層が堆積した。
上下の地層が平行なら平行不整合，そうでないときは傾斜不整合。

③断層

地層が切られ，変位することで，別々の2層が接したもの。
上盤側がずり下がれば正断層，ずり上がれば逆断層。
上下方向の変位がなければ横ずれ断層。

④貫入

地層に下からマグマが入ってきたもの。岩脈，岩床，底盤など。
底盤（バソリス）のときなど，周囲に接触変成を加えることがある。

24

2002 本◆

問1　③　　問2　②　　問3　④　　問4　②　　問5　④

問1　新生代第四紀は，258 万年前から現在までの時代である。この時代は，海水面の上昇や低下が繰り返し起こった時代である。例えば，およそ 2 万年前の最終氷期のころ，海水面は現在よりも約 100 m も低下していた。

この海水準変動のもっとも主な原因は，氷期と間氷期の繰り返しである。第四紀は，氷期と間氷期が繰り返した時代である。氷期になると，大陸の上に氷として水が固定されるので，海水の量が減少し，海水面は低下する。一方，間氷期には大陸氷河が融解して海水の量が増加し，海水面は上昇する。正解は ③ である。

① プレートの拡大速度が大きい時期は，火成活動が盛んになり，火山から大気中に放出される二酸化炭素量が増加する。そのため，気候は温暖化し，陸地の氷床は縮小する。このように，プレートの拡大速度の変化は，海水面の上下と無関係ではない。

実際に，中生代はプレートの拡大速度が現在よりも速かったため，全球的に温暖であり，変温動物である大型ハ虫類が繁栄できた。逆にプレートの拡大速度が小さい時代には，気候が寒冷化し，大陸氷河が発達して海水面が低下する傾向がある。

しかし，その変動は，本問のように第四紀の間に短期的に何度も変化するものではないので，本問の解答としては不適切である。

② 地球規模で気候が寒冷化すると，温度が下がることで海水が収縮する。その大きさは，現在の海洋の平均水深を考慮すると，海水 1℃あたり数十 cm 程度である。一方，第四紀を通じた海水準変動の幅は最大で 100 m 程度になる。このように，水の収縮は海水準変動に全く関係ないとはいえないものの，正解の ③ に比べれば，影響は微々たるものである。

④ 地球上の蒸発量が降水量を上回るということは，大気中に水が蓄積されるということを意味し，誤りである。全地球の合計で，1 年程度の平均をとれば，蒸発量と降水量は等しくなっており，大気の水収支は ±0 である。

問2　海岸付近の土地では，波による侵食作用によって，海水面直下に平坦な面が形成される。その後，土地が隆起するか，海水面が低下すると，平坦な面は海水面よりも高い位置に移る。これが海岸段丘である。正解は ② である（☞ **22**）。

① や ③ は，起こる場所が海岸ではないから不適切である。また，④ は，数万年前にこれほど大規模な地形の改変を人類がおこなっているとは考えにくく，不適切である。

問3　サンゴ礁は，サンゴが形成した地形である。サンゴは，イソギンチャクなどと同じ動物門である刺胞動物の一種で，海底に定着して生活する。成長が速く，群体をなすもので，のちにサンゴ礁を形成するものは，造礁サンゴとよばれる。サンゴは，炭酸カルシウム（アラレ石）からなる骨格を持つから，それがやがて石灰岩となる。

造礁サンゴが生育する環境には，水温が 25℃以上の暖かい海域で，太陽光が充分に差し込む 30 m 以内の浅い水深，泥などが混合しないきれいな海水，30‰を下回らない塩分などの条件が必要である。そのため，造礁サンゴの化石は，環境が分かる示相化石の代表的な例として取り上げられる。日本では，南西諸島や，伊豆諸島，小笠原諸島などに生育するが，本州でも房総半島あたりまでは小規模な造礁サンゴが存在する。

各選択肢を検討する。

① 正しい。サンゴ礁となる造礁サンゴは，暖かくきれいな浅海に生息する。

② 正しい。サンゴの骨格は主に炭酸カルシウム（アラレ石）からなる。これが堆積し変化して，同じ炭酸カルシウム（方解石）からなる石灰岩となる。

③ 正しい。海山は，プレートに乗って動くため，徐々に水深が深くなって，海山も海中に没していく。その上に造礁サンゴが生育し，堆積して，厚い石灰岩を形成する。

④ 誤り。サンゴ礁は，造礁サンゴの体の一部であった炭酸カルシウムを材料とする石灰岩からなる。陸上からもたらされた砂や泥のような砕屑物が堆積したものではない。

問４　図のＡ地点を含む標高 200 m に広がる平坦面は，かつて波によって侵食されてできた面であり，約 12 万 5 千年前に海水面の高さにあったと考えられる。本問では，当時の海水面の高さが現在と同じであると仮定している。よって，この一帯の土地は 12 万 5 千年間に，200 m 隆起したと考えてよい。その平均の隆起速度は，次の計算で求められる。

$$\frac{200 \times 10^3\ \mathrm{mm}}{125000\ 年} = 1.6\ \mathrm{mm}/年$$

ちなみに，12 万 5000 年前は，最終間氷期の時期である。その時期に海水面は高かったが，その後，2 万年前の最終氷期に現在よりも 100 m ほど海水面は低下した。現在は後氷期にあたり，最終間氷期と同程度の海面の高さとなっている。

また，問題のパプアニューギニアの海岸段丘について，本問で求めた 1.6 mm/年という隆起速度は，他の地域に比べても速い方である。また，図のように付近の海域でサンゴ礁の形成がさかんなため，サンゴ礁からなる段丘面として有名である。

問５　地層が堆積した当時の環境が分かる化石を示相化石という。本問では，浅い海底であるという環境が分かったのだから，正解は ④ である。

① は，淡水の湖沼や入り江などで，陸上植物の遺体から形成されるため，浅い海底であることは示さない。また，② は放射性元素の壊変の割合から年代を測定するものであるが，年代が分かっても，その地域の環境が分かるわけではない。③ は深成岩であり，放射性元素を使って年代を調べることはできるが，地層の堆積当時の環境を示すことはない。

POINT【示相化石】

・示相化石　…　地層が形成された当時の環境を示す

　　条件　①　限られた環境下にのみ生息すること。

　　　　　②　現在，同じ種類の生物が生息していること。

　　　　　③　生息していた場所で堆積していること。

　　例：造礁サンゴ（熱帯や亜熱帯の浅海域），シジミ（淡水や汽水）

25

2010本○

問1　③　　問2　④　　問3　③　　問4　①

問1　地層が堆積した時代を知ることができる化石を示準化石という。言い換えると，示準化石は，問2で解説する「地層の対比」に有効な化石である。

ある生物がよい示準化石となるには，その生物が極めて限られた時代にのみ生息しているのが都合がよい。短期間で絶滅した生物，あるいは，進化速度が速いため形態の変化が大きく，その系統がよく知られた生物などがそれにあたる。逆に，長い期間形態を変えていないものは，時代が特定できないため，示準化石として用いられない。例えば，本問の図で a の種の化石は，長期間にわたって産出する化石であり，示準化石として適当とはいえない。

また「地層の対比」のためには，地理的分布が広い生物がよい。例えば，海流によって運ばれる浮遊性有孔虫や，長距離を移動しうる大型哺乳類などは，よい示準化石である。また，各地の地層から産出するには，個体数の多いほうがよい。

問2　「地層の対比」とは，離れた場所の地層どうしの新旧関係を見極め，また，同時代のものだと決定していく作業である。本問で，「Y層に対比される地層」とは，Y層と同時代にできた地層という意味である。

地層の対比では，火山灰層や凝灰岩層のような鍵層を用いることが多い。それは，比較的短い期間に堆積し，特徴があってよく目立つ層だからである。一方，本問のように地層の対比に示準化石を用いる場合，時間的な精度は火山灰層などにどうしても劣る欠点もあるが，火山灰層よりも広く全地球的な対比ができる長所もある。そして，時間的精度についての欠点を少しでも補うのに，本問のように単独の示準化石ではなく，示準化石の組み合わせとして捉え，区分していく方法が有効である。

問題の図1をみると，乙地域Y層からは a，d，e，f の化石が産出する。このうち a は問1で解説したように示準化石としては不適当であるから，除外して考えてよい（除外しなくとも解答は同じことではある）。化石 d，e，f の組み合わせは，甲地域ではDの地層の化石の組み合わせと一致する。よって，Y層に対比される地層はD層である。

同様に考えると，図の乙地域Z層からは a の他に，e，g，h の化石が産出する。この組み合わせは，甲地域ではFの地層の化石の組み合わせと一致する。よって，Z層に対比される地層はF層である。

問3　問題の図の甲地域ではB層中に凝灰岩層が挟まっているが，乙地域には凝灰岩層がない。化石の組み合わせでは，B層はX層と対比されそうだが，そのX層に凝灰岩層は挟まっていないのである。

問2でも解説したように，凝灰岩層は各地に短期間に降った火山灰でできる。それが，片方の地域だけにみられる原因として考えられる可能性の一つは，両地域がたいへん離れた場所であったということである。確かに，火山灰は火山から千 km 程度までにみられるのが普通であるから，それ以上離れていれば，片方に凝灰岩層がないのも頷ける。しかし，本問では，「乙地域にも火山灰の降下があり，凝灰岩層が形成されていた」との記載があるので，この可能性は解答とはならない。

一度形成されていた地層が消滅するのは，その地層が侵食されてしまった場合である。X層の上には不整合面がある。不整合面は地層が主に陸域で侵食されたときに形成される。この不整合面が形成されたときに，凝灰岩層が侵食されたのかも知れないし，それ以前に侵食されたのかもしれない。いずれにせよ，地層がなくなるのは，侵食されたときであり，正解は③である。

他の選択肢を検討しておく。

① 褶曲をしても，地層は変形するだけで，地層そのものが消滅するわけではない。

② 続成作用とは，固結していない堆積物が，固結した堆積物になる過程を指す用語である。砂の集まりが砂岩になったり，火山灰が凝灰岩になったりするものである。地層が固結するだけであって，消滅するわけではない（☞ ***18***）。

④ 土地が沈降する，あるいは海水面が上昇すると，河川の侵食力は弱まるため，凝灰岩層が消滅した原因にはなり得ない。侵食作用が強まるのは，逆に土地が隆起する，あるいは海水面が低下する場合である。

問4　X層中のbにみられる紡錘虫（フズリナ）は，$CaCO_3$の殻をもつ有孔虫の一種で，古生代末期の石炭紀やペルム紀（二畳紀）を代表する示準化石である。

Z層中のhにみられる貨幣石（ヌンムリテス）も，同様に$CaCO_3$の殻をもつ有孔虫の一種で，新生代の古第三紀を代表する示準化石である。

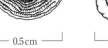

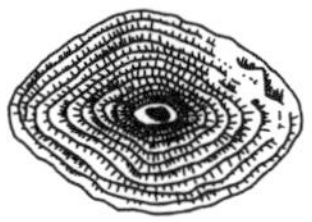

0.5cm

紡錘虫（フズリナ）

3cm

貨幣石（ヌンムリテス）

以上のような有孔虫のなかまは，海流にのって世界中の海に広く分布し，また，その殻の大きさや形態も，時代とともに変化している。その系統や時代はよく研究されているため，有孔虫はたいへんよい示準化石として使われている。

POINT【地層の対比と鍵層，示準化石】

・地層の対比　…　離れた場所の地層が，同時代の地層であることを決める作業。

火山灰層や凝灰岩層などの鍵層や，特徴ある示準化石をもとにする。

火山灰層　･･･　時間的精度は高い。日本列島程度の範囲で対比が可能。

示準化石　･･･　時間的精度は低い。全地球的な対比が可能。

・示準化石　…　地層が形成された時代を示す。

条件　①　種の生存期間が短いこと。（進化速度が速いこと）

②　広範囲に分布すること。

③　個体数が多いこと。

26

2001 追◇

問1　ア ②　イ ⑥　　問2 ③　　問3 ④　　問4 ③　　問5 ③

問1　最古の化石としては，35 億年前のバクテリアが見出されている。これは，フィラメント状の形をしており，生物の形をした最古の化石といえるが，それ以前にも，生物起源の有機物があったことを示すのではないかと推定される痕跡が見つかっている。また，光合成をおこなう植物として現在見つかっている最古の化石は，27 億年前のシアノバクテリア（ラン藻類）である。

20 ～ 15 億年前に，真核生物，多細胞生物が出現した。それでも，先カンブリア時代の動物は，殻や骨格などの硬組織をほとんど持たなかった。

5.4 億年前，硬組織を持つ動物が多種で大量に出現した。これが古生代のはじまりであり，カンブリア紀の大爆発とよばれている。その中には，アノマロカリスやオパビニアなどのバージェス動物群も含まれる。

問2　原始大気に大量に含まれていた二酸化炭素は，地球の歴史の多くの時間をかけて減少し続けている。その二酸化炭素の多くは，海水中に溶け込んだ。海水中には，岩石の風化によって海水に流れこんだカルシウムイオンがあり，二酸化炭素と結合して，炭酸カルシウム $CaCO_3$ として沈殿した。これが，現在の陸地に大量にある石灰岩の起源である。

問3　各選択肢を検討する。

① 誤り。ストロマトライト（コレニア）は，シアノバクテリアのはたらきでできた。浅い海でシアノバクテリアが光合成をおこない，$CaCO_3$ など石灰質の物質を含む粘液を出して，砂や泥などの砕屑物を固定していった。これにより，層状に積み重なったドーム状の構造体であるストロマトライトができた。27 億年前以降現在までの年代のものがみられる。サンゴも大量の石灰岩を形成するが，それは古生代に入ってからであり，ストロマトライトのような形にはならない。

② 誤り。海水の量は気候によって増減するが，生物の多様性は年代が新しくなるごとに増加している。

③ 誤り。石油は，有孔虫などの生物遺体が厚い地層に埋没したあと，微生物の作用や熱によって変質し，多孔質の地層中に貯留された，炭化水素を主とする液体である。酸素濃度の高い海域では，生物遺体はすぐに分解されてしまうため，酸素の少ない海域で形成されることが多い。また，現在知られている原油の形成年代は中生代以降であり，先カンブリア代のものはない。

④ 正しい。縞状鉄鉱層は，海水中にあった鉄イオンが，酸素と結びついてできた酸化鉄（赤鉄鉱）を含む地層である。赤鉄鉱の赤とチャートの白が交互に重なって，縞模様になった。ラン藻類などが光合成で酸素を放出したことにより，海水中の酸素濃度が少しずつ増加したために形成された。その形成時期は，地球表面が寒冷化した 22 億年前の「全球凍結」の直後から 20 億年前までが主である。

問4　各選択肢を検討する。

① 誤り。石灰岩の主成分は炭酸カルシウム（$CaCO_3$）である。石灰岩の成因は，海水中のカ

ルシウム分と二酸化炭素が結びついて化学的に沈殿した過程と，サンゴや有孔虫の遺骸が堆積した生物的な過程がある。一方，放散虫の主成分は二酸化ケイ素（SiO_2）であり，カイメンは硬組織を持たないため，あてはまらない。

② 誤り。チャートは二酸化ケイ素（SiO_2）を主成分とする堆積岩で，放散虫やケイソウの遺骸が堆積し，固結してできる。しかし，サンゴや有孔虫の一種のフズリナは，炭酸カルシウム（$CaCO_3$）からなるため，石灰岩を形成することはあっても，チャートにはならない。三葉虫も殻を持つ節足動物だが，SiO_2 を主成分としていない。

③ 正しい。石炭は，植物の遺体がすみやかに埋没して変化してできたものである。世界の大きな炭田は，古生代石炭紀のシダ植物を起源としている。ただし，日本でかつて採掘されていた石炭は古第三紀の植物である。一方，石油は，有孔虫などのプランクトンをはじめとする生物遺体が起源である。

④ 誤り。砂岩は砂が集まって固結したものである。砂は粒径が 1/16 mm ～ 2 mm の砕屑物である。その多くは石英粒子である。その起源は，花こう岩など石英を含む岩石が風化したとき，化学的風化を受けにくい石英が，砂の大きさに残留したものである。貝や有孔虫の殻は $CaCO_3$ であり，石英の組成の SiO_2 とは異なる。$CaCO_3$ は弱い酸性の雨水に溶解するなど化学的風化作用を受けやすいため，砂の粒子になりにくい。

問5　各選択肢を検討する。

① 正しい。先カンブリア代は，現在よりも大気中の二酸化炭素濃度が高かったため，温室効果によって，大半は温暖な時代であった。ただし，22 億年前と 7 ～ 6 億年前の 2 度，地球表面が低緯度まで寒冷な状態になる「全球凍結」がおこった。

② 正しい。古生代末期の石炭紀やペルム期には，気候が寒冷化した時期がある（ゴンドワナ氷河時代）。この時代の末期には，超大陸パンゲアが出現し，生物史上最大の絶滅が起こっている。この時代に起こったできごとの因果関係は未だ研究中であるが，大気中の二酸化炭素が石炭として固定されたために濃度が下がったことや，大規模な火成活動が起こったことなどが原因として挙げられている。

③ 誤り。中生代は変温動物である恐竜が繁栄した時代であることからも想像できるように，全体を通じて概ね温暖な時代であった。中生代は，初期に存在した超大陸パンゲアが分裂し，現在の各大陸になるように分裂し移動した時期である。プレート運動の速さは現在の 2 倍以上の時期もあったと推定され，火成活動も活発で，大気中の二酸化炭素濃度も高かった。そのため，温室効果によって気候も温暖であった。

④ 正しい。新生代第四紀は，258 万年前から現在までの時代であり，海水面の高さが最大で 100 m ほども上下した時代である。その原因は，第四紀を通じて，氷期と間氷期が何度も繰り返されたことにある。氷期になると，大陸の上に氷として水が固定されるので，海水量が減り海水面は低下する。一方，間氷期には大陸氷河が融解して海水量が増え，海水面は上昇する。

27

2002 追◇

問1　②　　問2　①　　問3　④　　問4　③　　問5　②　　問6　①

問1　先カンブリア時代は，生物の化石に乏しい時代だが，古生代は生物化石の豊富な時代である。その原因の一つは，問題文にあるように，カンブリア紀に多種多様な生物が出現したからであり，カンブリア紀の大爆発とよばれる。各選択肢を検討する。

① 誤り。エディアカラ動物群は，先カンブリア時代末期の，骨格や殻のような硬組織を持たない化石群である。発見されたオーストラリアの地名から命名された。硬組織を持たないことは，化石として残りにくいことを示し，先カンブリア時代の化石が少ない原因の一つである。

一方，本問のようなカンブリア紀の動物群として有名なのは，バージェス動物群や澄江（チェンジャン）動物群である。バージェス動物群は，はじめにカナダのバージェス頁岩から発見され，その後，世界のいくつかの場所から見出されている。澄江動物群は中国南部で見出された。いずれも，古生代カンブリア紀の海生無セキツイ動物の化石群である。

② 正しい。カンブリア紀の動物には，被食・捕食の関係が生まれ，身体を守る殻や，運動性を高める骨格など硬組織が発達した。節足動物をはじめ，現在の動物門のほとんどは，この時代に出現していた。

③ 誤り。この時代には，植物も増加しているため，海水中や大気中の酸素量は増加した。その一部は，大気上層にオゾン（O_3）層を形成し，地表に到達する紫外線量を減少させ，のちの生物の陸上進出の一因となった。

④ 誤り。セキツイ動物の魚類の出現はカンブリア紀であるが，セキツイ動物の両生類が陸上進出したのはデボン紀のイクチオステガなどである。

問2　現在の大陸の形から，過去の大陸の配置を再現するとき，まずは海岸線の形が似ていることが材料になる。しかし，もっと明確な根拠となるのは，大陸ごとの地層や化石，地質構造の連続性，氷河の流向の連続性など，地質学的な証拠が重要となる。これらは，20 世紀初頭にウェゲナーが大陸移動説を唱えたときの根拠となったものである。

20 世紀半ば以降には，古地磁気学による地球物理学的証拠が見出されている。その 1 つが，地磁気異常の縞模様である。地球の磁場は過去に何度も反転しているため，岩石中に残された形成当時の磁場も，現在と同じ向きのものと逆向きのものがある。その分布を調べることで，海洋底の形成年代や移動の様子が分かる。

誤りは ① である。大陸の標高は，隆起や沈降などによって変化する。例えばヒマラヤ山脈の隆起が始まったのは新生代に入ってからである。そのため，現在の標高分布や平均標高と過去のそれらは似ても似つかないものである。ゆえに，大陸配置の推定の根拠にはならない。

問3　陸上の植物界の大きな流れは，まず，シダ植物が古生代シルル紀に陸上進出を果たした。裸子植物は古生代末に出現し，中生代に繁栄した。被子植物は中生代末に出現し，新生代になって現在まで繁栄している。

問4　パンゲアは，古生代末～中生代初頭にかけて，すべての大陸が集合してできた大きな大陸であり，20 世紀初頭に大陸移動説を唱えたウェゲナーにより，ギリシャ語の「すべての陸地」を意味する語として命名された。低緯度や中緯度の海に近い地域には森林が発達したが，内陸部はあまりに海から遠いため，乾燥した気候であったと想定される。また，石炭の形成で大気中の二酸化炭素量の減少に伴い，気温は低下していた。南部の高緯度は極域に達し，氷河が発達した（ゴンドワナ氷河期）。海洋は，パンゲアと反対側の広大な海洋とともに，問題の図1のパンゲアの陸地に囲まれた赤道域の内湾のようなテーチス海（テチス海）がある。

問5　古生代ペルム紀(二畳紀)末の大絶滅は，三葉虫やフズリナをはじめ多くの動物が絶滅した，地球の生物史のうちで最大の絶滅である。約2.45億年前に起こったこの絶滅の時期が，古生代と中生代の境界（P/T境界）である。

この絶滅の原因については，いまなお活発な議論がなされている。大規模な火成活動とする説が有力であり，それにともなう気候の変動や大気の組成の変化（とくに酸素の減少）が原因ではないかといわれている。

この大絶滅で，②の三葉虫など古生代型の生物の大半が絶滅した。他の選択肢は，①のトリゴニアは中生代の二枚貝，④のデスモスチルスは新生代のホ乳類であり，古生代末に絶滅した生物には当たらない。また，③のカブトガニは，古生代から現在までほとんど形態を変えていない「生きた化石（遺存種）」であり，現存するものは，佐賀県伊万里市などで天然記念物の指定をされている。

問6　中生代と新生代の境界（K/Pg境界）にも大絶滅が起こっている。その原因として，直径10 kmにおよぶ隕石が，現在のメキシコのユカタン半島付近に衝突したとする考えが確実視されている。その際に巻き上げた砕屑物が成層圏に達して太陽放射を遮断し，気候変動がおこって，大型ハ虫類である恐竜をはじめ，アンモナイトなど多くの生物が絶滅した。

なお，この大絶滅より前に，超大陸パンゲアは分裂して，すでに移動をしていた。ジュラ紀ごろまでに，北側のローラシア大陸，南側のゴンドワナ大陸に分かれた。その後，中生代から新生代にわたって，北側のローラシア大陸は，北アメリカ大陸と，ユーラシア大陸になる。南側のゴンドワナ大陸がさらに分裂したものが，現在の南アメリカ大陸，アフリカ大陸，アラビア半島，オーストラリア大陸，南極大陸，そしてインド半島などである。

誤りは①である。初期のホ乳類は中生代の前半に既に出現していた。中生代のホ乳類は現在のネズミ程度の小型であったが，中生代末の大絶滅で恐竜がいなくなったため，生活空間を広げ，新生代に入ってから大型化し繁栄した。

POINT【地質時代区分】

地質時代（相対年代）	先カンブリア時代	古生代						中生代			新生代						
											第三紀					第四紀	
											古第三紀			新第三紀			
		カンブリア紀	オルドビス紀	シルル紀	デボン紀	石炭紀	ペルム(二畳)紀	トリアス(三畳)紀	ジュラ紀	白亜紀	暁新世	始新世	漸新世	中新世	鮮新世	更新世	完新世
絶対年代		54	44	28	57	60	48	51	55	79	10	22	11	18	2.7		
（単位100万年）		542	488	444	416	359	299	251	200	145	66	56	34	23	5.3	2.6	0.01
動物		海生無脊椎動物			魚類		両生類	巨大な爬虫類			哺乳類						
植物		バクテリア・藻類			シダ植物			裸子植物			被子植物						

28

1987 本△

問1　②　　問2　①　　問3　③　　問4　②

問1　露頭とは，地層や岩石が地表に露出している場所である。ただし，上流から運ばれてきた河原の礫や，上から落ちてきた斜面下の転石などは，露頭といわない。あくまでその場所にあるべき地層や岩石が見えている場所が露頭である。

地層において，下位のものほど古いという原則を，地層累重の法則といい，地質学の根本的な法則である。

本設問では，A層で下に見えている順に積もったという解釈をしている。確認すべきは，下に見えている層が本当に下位の層かということである。

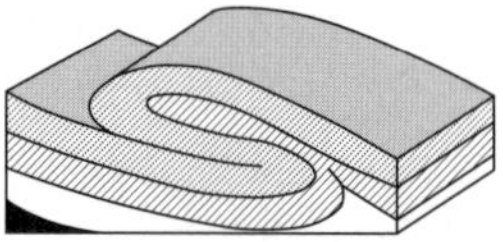

右図のような激しい褶曲を，横臥褶曲あるいは横ぶせ褶曲というが，このような褶曲では，下位の古い地層が，部分的に上にくることがある。これを地層の逆転という。再調査としては，問題の露頭で，地層の逆転が起こっていないことを示さなければならない。

地層の真の上位，下位を決める手がかりとしては，堆積構造など（☞ ***31***）の観察が代表的である。級化層理は，いったん堆積していた地層が，海底地すべりなどによって混濁流となり，再堆積してできたタービダイトでしばしばみられる。一枚の層の中で，粒径の大きい方が下位である。斜交葉理は，流れのある水底で砂などが堆積するときに整列してできる模様で，切られたラミナよりも切ったラミナのほうが上位である。

断層の落差，地層の向きなどを測定しても，上位，下位は決まらない。

問2　A層の泥岩からはアンモナイトが出現している。アンモナイトは，古生代中期に出現し，中生代を通じて繁栄した軟体動物である。これがジュラ紀のものだと限定できるかである。

アンモナイトのからだは，時代が進むにつれて大型化する。うずまき状の殻の内部は，いくつかの部屋に分かれており，その部屋の隔壁が殻と接する線が縫合線である。縫合線は，時代が進むにつれて複雑になっていく。末期の白亜紀には，殻の巻き方自体が異常なものが現れる。このように，アンモナイトの形態は各時代ごとに異なるので，詳しく観察することで，どの紀のものか判断できる。

なお，^{14}C（放射性炭素）法は，地質学や考古学でよく使われる年代測定法だが（☞ ***31***），現在から数万年程度しか測定できない。また，中生代の地層は充分に固結しているものが多く，地層の硬さから年代を区別するのはふつう無理である。

問3　カエデは，被子植物に属する樹木であり，もちろん陸域に生息している。一方，地層の多くは海底で堆積するが，陸地の淡水域で堆積した地層も決して少なくはない。確認すべきは，カエデがこの場所に生息していたかどうかである。

カエデなど，堆積当時の環境を示す化石を示相化石という。示相化石でしばしば問題になるのが，その生物は本当にここに生息していたのか（現地性）である。いくら環境を示す化石でも，遠方から運ばれてきて堆積したのでは，その場所の環境を示さない。直立した樹幹は，確かにそこで生息していたと確信できる。流木が直立する確率は極めて稀だからである。

なお，現在の層中に塩類があったとしても，当時の塩類が残存したものとは限らない。あとに地下水などでもたらされた可能性も高い。また，問題のB層より上に不整合面があっても，後の時代に陸地だったことを示すに過ぎない。

問4　当時の環境を知る示相化石は，大型化石に限らない。顕微鏡サイズの化石でもすぐれた示相化石は多い。本問では，花粉化石から植物の種類が分かり，当時の気候を知ることができる。

鉱物粒子の種類や，石器の岩石の種類は，当時の気候を示さない。

POINT【先カンブリア時代の変遷】

冥王代　…　40億年前以前

微惑星の衝突により地球が誕生。

マグマオーシャン　(マントルと核の分離) →　冷却して陸地と海洋が誕生。

原始大気は，CO_2を大量に含む。

生物が存在しなかった時代。

始生代（太古代）　…　40億年前～25億年前

35億年前のバクテリアの化石　…　生物の形をしている最古の化石

27億年前のシアノバクテリア（ラン藻類）の化石

…　光合成をする生物として見つかっている最古の化石

シアノバクテリア（ラン藻類）の光合成

酸素が発生。酸素濃度が少しずつ増加。

ストロマトライトの形成。

原生代　…　25億年前～5.4億年前

22億年前ごろに，全球凍結。

海水中の酸素濃度の増加 → 海水中の鉄と化合して大規模な縞状鉄鉱層

(赤鉄鉱Fe_2O_3とチャートSiO_2の互層)

鉄の酸化は約20億年前に完了。その後，酸素が急速な増加。

(光合成の効率のよい緑藻類の出現。)

真核生物，多細胞生物が出現。酸素もさらに増加した。

二酸化炭素量の減少　=　石灰岩$CaCO_3$として海底に固定。

化学的な作用　…　二酸化炭素が海洋に溶け込み，カルシウム分と化合。

生物的な作用　…　$CaCO_3$を体の一部に使う生物が出現し，遺骸が堆積した。

7～6億年前ごろに，全球凍結。

エディアカラ動物群　(6億年前)

先カンブリア時代末。からだが大きく，骨格，殻は持たない。

29

2000 本◇

問1　⑥　　問2　③　　問3　②　　問4　④　　問5　③

問1　地層に長期間にわたって水平方向に圧縮の力がはたらくと，地層が変形して曲がった状態になる。これが褶曲である。右図のように，上に凸の場合を背斜，下に凸の場合を向斜とよぶ。問題の図では，A～D層は下に凸の向きに曲がっているから向斜である。

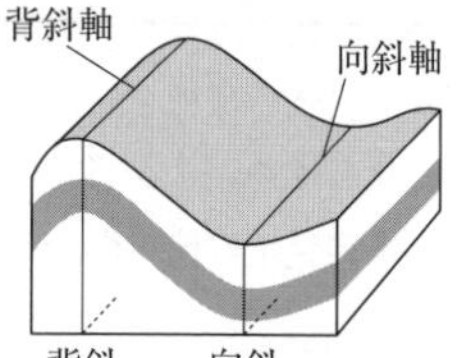

また，地層が切断され変位したものが断層である。断層の両側から引っ張りの力が加わり，断層面の上側にある上盤側がずり下がっている断層を正断層という。逆に，断層の両側から圧縮の力が加わり，断層面の上側にある上盤側がずり上がっている断層を逆断層という。

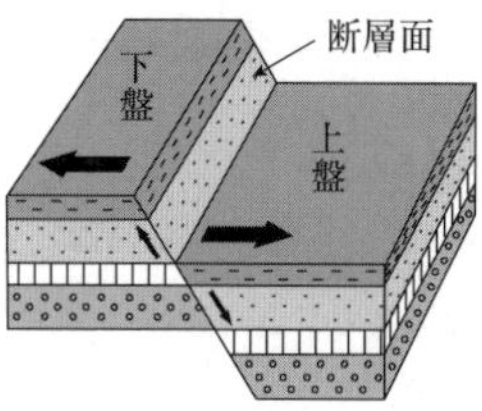

正断層

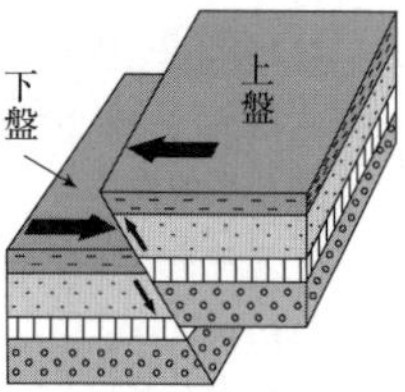

逆断層

問題の図では，断層の上盤側に片麻岩があるが，問題文にあるように，この片麻岩はこの地域で最も古い時代にできた岩石である。つまり，断層が動くことによって，最も古く下位にあったはずの片麻岩がずり上がったことが分かる。よって，この断層は逆断層である。

問2　B層，C層，D層の各層では，時代を示す化石が見つかっている。

B層　…　フズリナ（紡錘虫）　…　古生代石炭紀～ペルム紀の有孔虫。
C層　…　トリゴニア（三角貝）　…　中生代ジュラ紀～白亜紀の二枚貝
D層　…　ヌンムリテス（貨幣石）　…　新生代古第三紀の有孔虫

古い順にB層→C層→D層だから，地層の逆転は起こっていない。だから，A層はB層よりも古い。以上より，中生代に堆積したのは，C層のみである。

問3　不整合は，下位の地層と上位の地層の間に，堆積の中断があり，時間的な隔たりがある関係を指す。本問では，B層とC層の間に不整合がある。これは，古生代にB層が海底で堆積したあと，一度この地域は陸地となり，侵食を受けた。その後，再び海底となり，中生代にC層が海底に堆積した。各選択肢を検討する。

① 正しい。不整合面もA層～D層のすべてと同様に曲がっている。つまり，褶曲が起こったのはD層が堆積した後の新生代である。

② 誤り。問2で解説したように，A層はB層よりも古い。B層の堆積後に不整合面が形成されているのだから，不整合面はA層が堆積する以前に形成されたわけではない。

③ 正しい。図で，花こう岩によって不整合面は途切れている。これは，花こう岩となるマグマが不整合面も含めてA層～D層に貫入したためである。

④ 正しい。問4でも解説するように，玄武岩が最も新しい。

⑤ 正しい。問4でも解説するように，断層は花こう岩の形成後に動いている。

問4　図にあらわれた各現象の前後は，それぞれの切った／切られたの関係を観察することで決定できる。本問では次の通りである。

不整合→花こう岩　…　不整合面が花こう岩体によって途切れている。
D層→花こう岩　…　D層に花こう岩体が食い込んでいる。
花こう岩→断層　…　断層が花こう岩体を切っている
断層→玄武岩　…　玄武岩が断層面を貫いている。

これと，玄武岩の年代が500万年ということを考えると，地史は次の順である。

片麻岩 → A層 → B層 → 不整合 → C層 → D層 → 花こう岩 → 断層 → 玄武岩
（古生代）（中生代）（古第三紀）（新第三紀）

以上より，断層の形成時期は，古第三紀から新第三紀のいずれかの時期と分かる。

問5　褶曲や逆断層が多く，複雑な地質構造が形成されるのは，造山運動が活発な造山帯であり，それは，日本列島のようなプレートの収束境界である。正解は③である。現在，造山運動という語は，プレートの収束境界で起こる，大陸地殻を形成する様々なはたらきを総合的に指す語として使われている。

① 深海底（大洋底）は，海洋プレートの内部であり，地殻変動は少ない。大規模な地殻変動は，プレートの境界でおこなわれる。

② 断層破砕帯は，断層運動によって岩石や地盤が崩れ，すき間ができたり，強度が失われたりした部分である。複雑な地質構造が発達する地域の全体を指す語ではない。

④ 沖積低地は，河川の下流域に陸からの砕屑物が堆積した地層からなる，標高の低い（海岸に近い）低地である。浅海底の堆積物からなる海岸平野を含むこともある。年代はごく新しい第四紀末期であり，褶曲や断層は少ない。

POINT【古生代の変遷（5.4億年前～2.5億年前）】

カンブリア紀～オルドビス紀

カンブリア紀の大爆発。バージェス動物群，澄江（チェンジャン）動物群。
多種多様な海生無セキツイ動物の繁栄（三葉虫，筆石など）。
セキツイ動物（魚類）の出現。
酸素の増加　→　上空でのオゾン層の形成。

シルル紀～デボン紀

植物の陸上進出（クックソニアなど，シルル紀）
セキツイ動物の陸上進出（イクチオステガなど，デボン紀）

石炭紀～ペルム紀（二畳紀）

フズリナ（紡錘虫，$CaCO_3$の殻を持つ有孔虫の一種）の繁栄
シダ植物の大森林（ロボク，リンボク，フウインボク）　→　石炭の形成
古生代末　…　超大陸パンゲアの形成，地球史上最大の絶滅

30

2007 本○

問1　③　　問2　④　　問3　①

問1　地層に含まれる示準化石によって，地層のできた時代（相対年代）を知ることができる。

A層のマンモスゾウ（セキツイ動物ホ乳類）は，新生代第四紀の示準化石である。人類と時代が重なっている。寒冷な気候でも生息できるように，からだが長い毛でおおわれているものもある。日本では，シベリアなど寒冷地のマンモスゾウがよく知られているが，それ以外にも世界各地に生息していた。

B層のビカリヤ（軟体動物）は，新生代新第三紀の示準化石である。殻に特徴のある突起をもつ巻貝であり，マングローブのような水温の高い汽水域に生息していた。

D層のクサリサンゴやウミユリ（いずれも腔腸動物）は，古生代の示準化石である。クサリサンゴ（ハリシテス，右図）は，筒状の体壁の中に床板とよばれる仕切り板がある床板サンゴの一種で，オルドビス紀～シルル紀に生息した最も原始的なサンゴである。ウミユリは，植物ではなく，棘皮動物（ウニ，ヒトデなどと同じ門）の一種である。外形は，茎のような部分と，冠状の部分からなり，古生代の中期～後期の石灰岩にしばしばみられ，ほとんどが古生代に絶滅している。

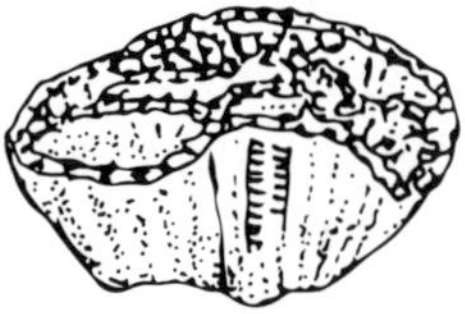

クサリサンゴ

E層のイノセラムス，トリゴニア（いずれも軟体動物），クビナガリュウ（セキツイ動物ハ虫類）は，いずれも中生代の示準化石である。イノセラムスやトリゴニア（三角貝）は，ジュラ紀～白亜紀に生息した数cm程度の二枚貝のなかまである。また，同じ頃，クビナガリュウなどの大型ハ虫類（恐竜）が繁栄した。

問2　ある地層中に花こう岩の礫を含むということは，その地層が堆積した当時，すでに地表に花こう岩体が存在していて，侵食されその一部が礫になっていたということである。つまり，花こう岩の形成より後に堆積した地層にのみ，花こう岩の礫が含まれる可能性がある。そこで，花こう岩のできた時期を限定する。

D層の石灰岩の一部が接触変成を受けて結晶質石灰岩になっている。接触変成とは，貫入したマグマの熱によって周囲の地層を構成する岩石が変質する現象をいう。石灰岩が接触変成を受けると，石灰岩を構成する鉱物である方解石の結晶が成長して粗粒になる。これが結晶質石灰岩である（☞ 20）。このことから，花こう岩が形成されたのはD層の堆積（古生代）よりも後である。

また，問題の図1の奥の方をみると，D層および花こう岩の上に，E層が不整合に乗っている。これは，D層および花こう岩が侵食されていることから判断できる。このことから，花こう岩が形成されたのはE層の堆積（中生代）よりも前である。

A層，B層，C層は，いずれも花こう岩の上に乗っており，より新しい時代の地層である。このことは，問1でみたA層やB層の時代が，E層より新しいことからも分かる。

これらのことから，花こう岩よりも新しいA層，B層，C層，E層には，花こう岩の礫が含まれる可能性がある。しかし，花こう岩の形成前に堆積していたD層には，その可能性はない。

問３　問題の図２の写真は，１枚の地層の中に層理面とは平行でない模様がみられる堆積構造を示している。この堆積構造は，斜交葉理（クロスラミナ）とよばれる。

斜交葉理は，砂質の浅い水底でゆるやかな一方向の水流のもとで堆積したときにできるものである。層理面に斜交する細かい筋状の模様は，水の向きや速さがわずかに変化をするような状況で形成された。古いラミナは新しいラミナに切られているので，ラミナどうしの関係から上下判定ができる。また，１つ１つの模様（ラミナ）は当時の水流の向きを反映している。問題の図２の写真は南に面した露頭だから，右側が東で左側が西である。模様が右上から左下に向かっているから，水流の向きは東から西であったと考えられる。

POINT【中生代の変遷（2.5 億年前～ 6500 万年前）】

トリアス（三畳）紀

超大陸パンゲアの分裂。モノチスなどの化石。

ジュラ紀～白亜紀

温暖な時代。大型ハ虫類（恐竜）の繁栄。　→　翼竜，魚竜などへ多様化

シソチョウ　…　羽毛，歯，爪　（ハ虫類と鳥類の中間種）。

アンモナイト，トリゴニア（三角貝）などの化石。

中生代末の大絶滅　…　原因は大きな隕石の衝突と，その後の気候変動。

POINT【新生代の変遷（6500 万年前～現在）】

古第三紀

ホ乳類，被子植物の繁栄。日本の石炭の形成。

貨幣石（ヌンムリテス）などの化石。

新第三紀

インドがユーラシア大陸に衝突。日本列島が大陸から分離。

デスモスチルス（水陸両生のほ乳類），ビカリア（巻貝のなかま）などの化石。

末期に人類の出現（猿人）。

第四紀（258 万年前～現在）

人類の時代（原人→旧人→新人）。現在の人類は，ホモ・サピエンスの単一種。

氷期と間氷期の繰り返し　…　海水面の低下と上昇

現在目に見える地形のほとんどは，第四紀に形成されたもの。

31

2008 追○

問１　②　　問２　④　　問３　②　　問４　③

問１　問題のＢ地点には，水底で生活する小動物の巣穴の化石がみられる。問題の図２の巣穴には砂が詰まっており，砂管（サンドパイプ）ともよばれる。巣穴は水底から泥の中に向かって伸びるので，入り口側のアの側が上位，巣穴の伸びるイの側が下位である。

問題のＣ地点では，１枚の地層の中で，粒径の大きな部分から小さな部分へ変化していく様子がみられる。これは，級化層理（級化成層）とよばれる。一般に，流水のはたらきによってできた地層は，粒径のふるい分け（分級，淘汰）が進んでいるため，１枚の地層の中では粒径がそろっているのがふつうである。しかし，級化層理では，下位の粗粒から上位の細粒までが単層中に観察される。このような構造が形成される代表例としては，混濁流堆積物（タービダイト）がある。もともと海底に分級して堆積していた砕屑物が，海底地すべりなどの原因で混濁流となり，より深い海底に再堆積する場合である。細粒のエの側が上位，粗粒のウの側が下位である。

問２　地層の対比とは，離れた場所にある地層どうしが同時代に形成されたことを決定する作業である。地層の対比に有効な層を鍵層といい，比較的短い期間に堆積し，特徴があってよく目立つという条件を備えた層が選ばれる。ふつうは，火山灰層や凝灰岩層のことを指す。

火山灰は，堆積の場の環境とは無関係にほぼ同時に降り積もり，その範囲は数百 km から千 km におよぶこともある。また，色や手触りなどが他の層と容易に区別できる場合が多い。凝灰岩層どうしでも，噴出した火山が異なると火山灰の組成が違う。同一の火山であっても，いつの噴火かによって組成が異なるのがふつうである。そのため，火山灰層，もしくはそれが固まった凝灰岩層は，鍵層として最もよく用いられる。正解は④である。他の選択肢の地層は，類似した層がいくつもあり，１つの時期に特定するのが難しい。

問３　過去の岩石や化石が何年前のものか，具体的に数値で計測する方法として，放射性元素の壊変を用いたものがある。放射性元素は，一定の割合で壊変して安定な元素に変わるため，残存する放射性元素の数と，変化によってできた安定元素の数を，質量分析などの方法で計測すれば，年代が求められる。

本問では，第四紀の化石によく用いられる，質量数 14 の放射性炭素（^{14}C）を使った年代測定である。^{14}C の数は，5700 年で半分になる。このように，放射性元素の数が半分になる時間を半減期という。８分の１の数になるには，半減期の３倍の時間が必要である。よって，求める年代は，5700 年の３倍で 17100 年である。

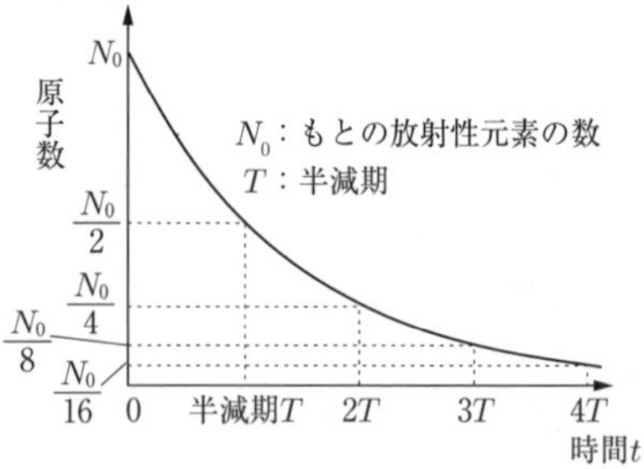

$$\left(\frac{1}{2}\right)^3 = \frac{1}{8}\ \text{より，}$$

$$5700 \times 3 = 17100\text{〔年〕}$$

問４　化石とは，かつて生物が生息していたことを証拠づける痕跡のすべてをいう。そのため，古生物の遺体の一部だけでなく，足跡，糞，巣穴なども立派な化石である。一方，非生物の痕跡は化石ではない。

各選択肢を検討する。

① 正しい。造礁サンゴは，温暖で浅くきれいな海洋でしか生息できないため，造礁サンゴの化石は地層の形成当時の環境を示す代表的な示相化石である（☞ ***24***）。

② 正しい。三葉虫やフズリナは，地層の堆積した時期が古生代だということを示す代表的な示準化石である。

③ 誤り。先カンブリア時代，約10億年前には多細胞生物が出現している。

④ 正しい。動物の足跡など，かつて生物が存在した証拠となるものはすべて化石とされる。特に，生物の遺体そのものでない場合は，生痕化石とよばれる。

POINT【堆積構造など】

単層（1枚の層）の中にみられる構造。地層の上下関係の判定に用いられる。

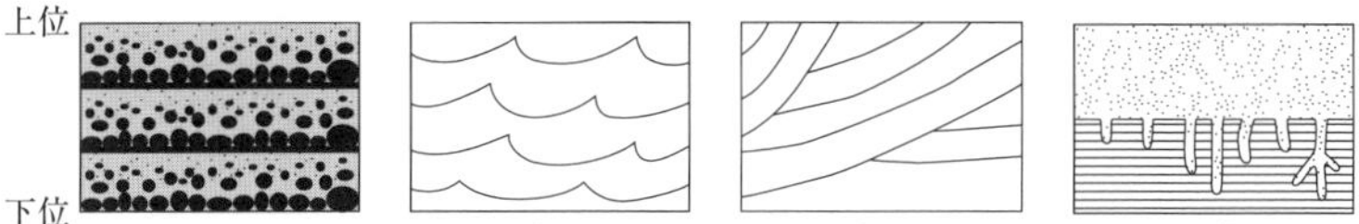

級化層理　漣痕　斜交葉理　砂管

・級化層理（グレーディング）
　混濁流堆積物（タービダイド）などにみられる。
　単層において，粒径の小さい方が上位，粒径の大きい方が下位。

・漣痕（リップルマーク）
　波打ち際などのような往復した水流によって，堆積した層の面上にできる。
　とがっている方が上である。

・斜交葉理（斜交層理，クロスラミナ）
　一方向の水流のある堆積の場で，流れの向きや強さがあると形成される。
　切っているラミナのある方が上位，切られているラミナのある方が下位。

・砂管（サンドパイプ）
　水底で生活する生物の巣穴の跡に，砂が入り込んでできた構造。
　砂管の出入り口が上位。伸びる向きが下位。

・底痕（ソールマーク），流痕
　水流が水底の堆積物の表面を削り，凹んだところを次の層が埋めたもの。

・捕獲岩（ゼノリス）
　下位の層の一部が削られてできた礫が，上位の層に取り込まれたもの。

32

1996 追△

問1　③　　問2　③　　問3　②　　問4　③

問1　三日月湖は，蛇行していた川が，洪水などを原因として流路が短絡したとき，旧河道の一部が取り残されて湖になったものであり，河跡湖ともいう。現在の日本では，農地化や都市化のために三日月湖の多くは消滅しているが，地形図などからかつて三日月湖であったことが分かる場所もある。北海道には比較的多く残存しており，石狩川や天塩川などの周辺にみられる。正解は③である。

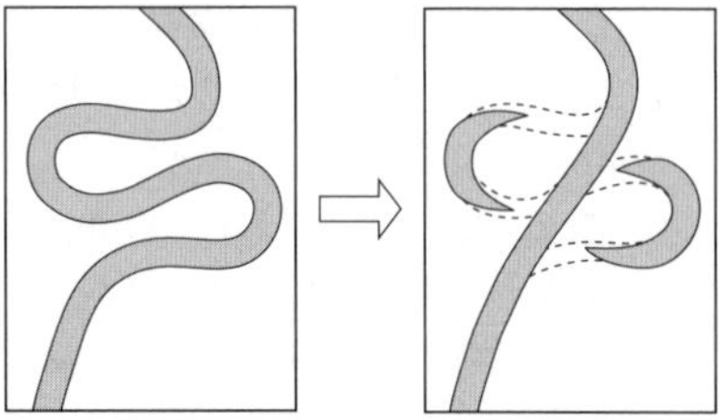

① ドリーネは，石灰岩でできた地域が雨水によって侵食を受けた窪地であり，水がたまって湖になることもある。ただ，水はすぐに地下に流れ込むため，大雨のときなど湖は一時的に出現することも多い。

② 断層が動くことで地面に高低差が生じ，窪地となったところに水がたまって湖となったものが断層湖である。日本では，琵琶湖や諏訪湖などの例がある。

④ 沿岸流が砂を運搬，堆積することで，砂州ができ，入り江が海と隔てられて湖となったものが潟湖（海跡湖）である。日本では，サロマ湖や八郎潟などの例がある。

これらの他に，湖の成因には，火山活動によるもの（火口湖，カルデラ湖），氷河の侵食によるもの（氷河湖）などがある。

問2　離れた場所の地層どうしの新旧関係を調査し，また，互いに同時代の地層であると決定づけていく作業は，「地層の対比」とよばれる。例えば，「X層はY層に対比される。」という文の意味は，「何らかの証拠があって，X層とY層が同じ時代にできたと判明している」ということである。「対比」という語は，日常では，並べ合わせて比べるという意味に使われることが多い。しかし，地質学の用語としての「対比」は，上記のような意味で，年代について使われる。だから，「古生代の石灰岩と新生代の石灰岩を対比する」という使い方はしない。

地層を対比する際の材料としては，火山灰層や凝灰岩層のような鍵層，そして，示準化石がある。火山灰層や凝灰岩層は，短期間にある程度の広がりを持った地域に堆積するためである。また，色，粒形，手触りなど，層相に特徴があって目立つ層だということも鍵層に使いやすい理由の一つである。示準化石も使われるが，他の大陸との対比など，考えうる地理的な範囲は広がるものの，時間的な精度は火山灰層や凝灰岩層に劣る（☞ **25**）。

他の選択肢の語（測定，探査，鑑定）は，地質学でもよく使われるが，いずれも日常で一般的に使われる場合の意味と同じであり，地質学に特有というわけではない。

問3　図で，3枚の火山灰層 AK，AT，AS は鍵層として，3か所の湖の同時性を捉える目盛りとして使うことができる。また，4種類の植物群は，示相化石として当時の環境を知る役割を果たす。3か所の柱状図では，いずれも下位が古く上位が新しいので，時代順にみていくには，図を下から上へ向かってみていけばよい。各選択肢を検討する。

① 正しい。A湖の柱状図を下から上へ見る。「冷温帯性～亜寒帯性」→「暖温帯性～冷温帯性」→「暖温帯性」の順に植物群が移り変わっており，しだいに暖かくなっている。

② 誤り。植物群から見る限り，B湖の柱状図では，AK火山灰の直下あたりで「暖温帯性」の植物群が見出されており，最も暖かったことが分かる。これは，6000年前より少し前である。25000年前に形成されたAT層の付近を見ると，冷温帯性くらいの環境であった。

③ 正しい。同じ時代の植物群を見ればよい。3か所の湖の標高は同じだから，環境のちがいは緯度のちがいを反映していると考えられる。3か所の湖の堆積物に共通してみられる火山灰層はAKだから，AKの近くの植物群を見るのがよい。AKの直下をみると，Aは「暖温帯性～冷温帯性」，Bは「暖温帯性」，Cは「冷温帯性～亜寒帯性」である。さらに，Cでは「亜寒帯性」や「冷温帯性～亜寒帯性」の植物群が何度もあらわれており，最も高緯度といえる。

④ 正しい。Cの柱状図では，「亜寒帯性」の植物群が，他の植物群の間に繰り返し現れている。よって，「亜寒帯」から「暖温帯～冷温帯」の気候が繰り返されているとみてよい。

問4　6000年前に堆積した火山灰がAKなので，AKより上位の地層の厚さをみれば，平均堆積量が分かる。設問では，平均堆積量の最も小さい湖を選ぶので，3か所の湖の堆積物で，AKより上位の地層が最も薄いのはB湖である。B湖のAKより上位の地層の厚さは5mほどである。平均堆積量は，次の計算で求められる。

$$\frac{5\,\mathrm{m}}{6000\,年} = 8 \times 10^{-4}\,\mathrm{m/年} = 0.8\,\mathrm{mm/年}$$

ちなみに，問題の3枚の火山灰層は，設問のための架空のものであろうが，モデルになったのではないかと思われる代表的な火山灰層が実在する。いずれも，九州で各カルデラを形成した大規模な火山活動によって飛散した火山灰であり，東北や北海道まで堆積しているこれらの火山灰層は，日本中で鍵層として使われている。

AK＝アカホヤ火山灰・喜界（きかい）カルデラ。喜界カルデラは，鹿児島県の薩摩半島の南方にあるカルデラで，現在の薩摩硫黄島付近である。7300年前の活動で噴出した火山灰は，日本中でみられ，アカホヤとよばれる。

AT＝姶良丹沢（あいらたんざわ）火山灰。姶良カルデラは，現在の鹿児島県の錦江（きんこう）湾にあったカルデラで，現在の桜島が南端にあたる。25000年ほど前の噴火による軽石層が神奈川県の丹沢山地で見つかって研究されたことから丹沢のTが入る。このときの火砕流が「シラス」である。

AS＝阿蘇カルデラ。熊本県の阿蘇山で，90000年前にカルデラを形成したときの火砕流に伴って噴き上げられた火山灰である。

33

1990 追△

問1　①　　問2　③　　問3　②　　問4　①

問1　海洋プレートは，海洋地殻の全部とマントルの最上部を指し，海底を形作っている。中央海嶺で生まれて移動し，海溝に沈み込む。海洋プレートには，下から玄武岩質のマグマが噴出する。海底に噴出した玄武岩質マグマの一部は，急冷して枕状溶岩となる（☞ **巻頭資料**）。

プレートの表面の海底には，堆積物が上から降り積もる。陸地から離れた深海底には，陸から供給される砂や礫は届かない。そのため，深海底に堆積するのは，主に放散虫などの遺骸である。放散虫は SiO_2 を主成分とする殻を持つプランクトンである。その殻が，珪質の軟泥として深海底に1000年間に数mmという極めてゆっくりとした速度で堆積する。その後は，問2で解説するように固結して，堆積岩のチャートとなる。

他の選択肢の三葉虫（古生代），アンモナイト（中生代），貨幣石（新生代）ともに，深海底の堆積物に化石が含まれることはほとんどない。貨幣石は，有孔虫の一種で $CaCO_3$ の殻をもつが，温暖な浅海でできる石灰岩などの地層に産出する。

問2　軟泥とは，堆積物のすき間に水を多く含み，固結していない堆積物である。これが，圧力によって固結し，堆積岩となる過程を続成作用という。

砂や泥などの砕屑物からなる堆積物では，さらに上に乗った堆積物の重みによって，すき間の水がしぼり出される（圧密作用，コンソリデーション）。さらに，すき間に SiO_2 や $CaCO_3$ が沈殿し，粒子どうしが結びつく（膠結(こうけつ)作用，セメンテーション）。これによって，固結した堆積岩となる（☞ ***18***）。

深海底の珪質の軟泥の場合，放散虫の殻を作っていた SiO_2 は非結晶の状態に近いが，年月をかけ圧力と再結晶によって，徐々に石英の結晶が成長し，最終的には硬いチャートとなる。図2によれば，6500万年以上の時間が経っているⓑの部分は硬いチャートになっている。一方，6500万年より新しい新生代のⓐは未固結である。

他の選択肢は，いずれも地層や岩石の変化を示すものであるが，設問の内容には当てはまらない。各用語は，他の項目を参照していただきたい（①☞ ***20***，②☞ ***18***，④☞ ***19***）。

問3　プレートは，中央海嶺で形成され，海溝に向かって移動している。そのため，海洋底の年代は，問題の図1の3か所のボーリング地点のうち，左側の●印の海洋底が古く，東側右側の●印の海洋底が新しい。すなわち弧状列島（島弧）に近いほど，古い海洋底である。

古い年代の海洋底でボーリング調査をすれば，最下部の地層の年代は古く，堆積物も厚い。よって，図2では，弧状列島に近い順に，A－C－Bである。

問題の柱状図は，深海底の模式的な地質を示している。深海底では下から噴き出した玄武岩，上から堆積したチャートが形成される。時間の経過に伴ってチャートは厚くなる。プレートの移動に伴って陸地に近づくと，陸源の砂などの堆積物や，陸地の火山からもたらされた火山灰などが降り積もる。混濁流堆積物（タービダイト）が堆積することもある。

このようにしてできた，「玄武岩＋チャート＋陸源の砕屑物」のセットは，プレートが沈み込むとき弧状列島（島弧）側に押し付けられた。これが付加体である（右図）。

日本列島の基本的なつくりは付加体である。付加体には，付加したときの多くの褶曲や逆断層がみられる。中国・四国地方の地質を大きく眺めると，日本海側に近い山陰地方に古い地層が，太平洋側に近い高知県に新しい地層が分布する傾向がある。これは，古くから付加体が少しずつ加わっていくことで，現在の日本列島の土地が形成されていったことを示している。

問4　柱状図に表された内容は，**問3**の解説を参照のこと。各選択肢を検討する。

①　誤り。安山岩質火山灰は，弧状列島（島弧）の火山からもたらされたものである。これは，弧状列島に近い**A**地点の柱状図だけにみられることから分かる。また，中央海嶺や深海底での火山活動ならば，玄武岩質マグマによるものなので，安山岩質の火山灰にはならない。

②　正しい。軟泥は，**A**，**B**，**C**のどの柱状図でも同じ230 mほどの厚さであり，その堆積した時間も6500万年である。同じ年数で同じ厚さだから，堆積速度は，**A**，**B**，**C**のどの柱状図でもほぼ一定といえる。具体的には，その堆積速度は次のように求められる。

$$\frac{230\ \mathrm{m}}{6500\text{万年}} = \frac{230 \times 10^3\ \mathrm{mm}}{6500 \times 10^4\ \text{年}} = 0.003\ \mathrm{mm}/\text{年}$$

1年で3 μm，1000年で3 mmである。**問1**でも解説したように，放散虫などを起源とする珪質の軟泥の堆積速度は，たいへんゆっくりとしたものである。

③　正しい。図2で，基盤の年代が古い順は**A－C－B**であり，海底堆積物の厚さが厚い順も**A－C－B**である。基盤が古いと，その後に堆積物が堆積する年数も長い。堆積速度が一定ならば，厚さと年数は比例するため，古い基盤ほど堆積物は厚い。

④　正しい。固化した軟泥は，6500万年前以前の地層である。これは，**問2**でみたように，軟泥が固結するのに，6500万年程度の時間がかかったためである。

ところで，6500万年前といえば，中生代と新生代の境界である。巨大隕石が地球に衝突し，全球的に気候が変動し，恐竜をはじめさまざまな生物が絶滅した時期である。固化した軟泥は，それ以前の地層だから，中生代の最後の紀である白亜紀の地層である。本問の図の地点**A**の基盤が1.4億年前であるが，これがほぼ白亜紀の初めの年代（ジュラ紀と白亜紀の境界の年代）である。

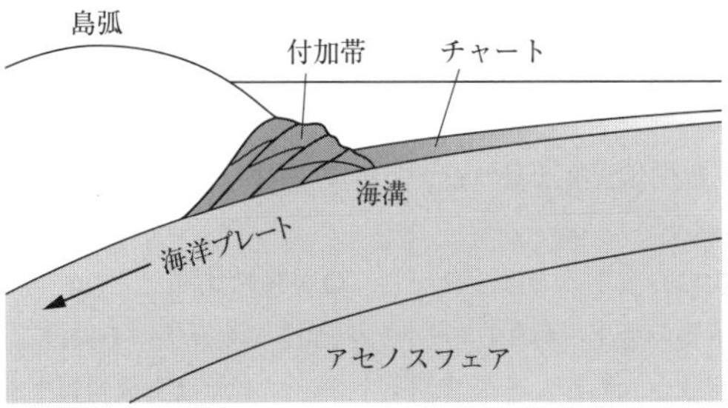

34

1989 本△

問1　a：④　b：②　　問2　P：③　Q：④　　問3　③　　問4　①　　問5　②

問1　図1のaは3か所にある。最も下にある傾いたaは，地下深部でできた深成岩を含む岩体と先カンブリア時代の境界にある。次のaは，先カンブリア時代の傾いた地層と，水平に見えるカンブリア紀の地層の境界にある。その上のaは，カンブリア紀の地層と石炭紀の地層の境界にある。いずれも，時代に隔たりのある地層どうしの境界であり，不整合である。

不整合は，下位の地層と上位の地層の間に，堆積の中断があり，時間的な隔たりがある関係のことである。一度地域が陸地となり，侵食を受けたことを示す。下の2つのaのように上下の地層が斜交している場合は傾斜不整合（斜交不整合），上のaのように平行なら平行不整合という。

図2のbは，この地域の地層を3つのブロックに分けているように見える。しかし，3つのブロックに含まれる地層は同じである。各層が褶曲をして変形しているので，注意深く追いかけながら見ていくと，左のブロックより中央のブロックが1000 m 近く持ち上がっており，中央のブロックより右のブロックが数百 m 持ち上がっている。これは，地層を切断して変位させている断層である。

問2　Pは古生代末期のペルム紀（二畳紀）の地層である。Qは新生代新第三紀の地層である。選択肢の各化石については，次のとおりである。

① カヘイ石（貨幣石，ヌンムリテス）は，新生代古第三紀の有孔虫である。$CaCO_3$ の殻を持ち，直径数 mm から 10cm 程度の円盤状の形をしている。

② トリゴニア（三角貝）は，中生代の主にジュラ紀～白亜紀の二枚貝である。

③ フズリナ（紡錘虫）は，古生代石炭紀～ペルム紀の有孔虫である。$CaCO_3$ の殻を持つ。進化速度が速く，初期のものは1 mm 程度，末期の物は1 cm を越えるものもある。

└ 2cm ┘
トリゴニア

└ 3cm ┘
ビカリア

④ ビカリアは，新生代新第三紀の巻貝である。温暖な汽水域に生息しており，特徴的な突起のある殻をもつ。

以上から，時代に合致するのは，Pが③，Qが④である。

問3　大洋底の堆積物の直下，海洋プレートの表面をつくっているのは玄武岩である。海洋プレートは中央海嶺で形成されるが，そこで湧き上がるマグマは玄武岩質マグマである。また，海洋底で噴出するマグマも玄武岩質であり，しばしば枕状溶岩を形成する（☞ **巻頭資料**）。

なお，花こう岩は地下深部で形成されており，大陸地殻を形成する。また，安山岩質マグマの活動は島弧や陸弧で特徴的にみられる。かんらん岩は上部マントルを形成しているが，かんらん岩からできる本源マグマは玄武岩質マグマである。

問4　安定大陸は，先カンブリア時代のような古い時代に造山運動を受けて成長した大陸地殻である。当時は，隆起あるいは火山によって，標高の高い山地だった場所もある。やがて，造山運動が終わり地殻変動がなくなると，侵食を受ける一方となり，なだらかな地形の盾状地となる。地下の地質には，先カンブリア時代を含め，各時代の地層が残されている。

島弧は，プレートが沈み込む海溝に並行した島である。島弧は背後に縁海（日本列島の背後の日本海）が開いているために島となっているが，背後に縁海のない陸弧（アンデス山脈など）も類似した地質である。プレートが沈み込むと，プレートが深さ約 100 km に達した辺りでマグマが発生し，その直上に主として安山岩質マグマによる火山が形成される。また，プレートによって土地に圧縮の力がかかるので，激しい褶曲や逆断層が生じ，土地が変形して山地が生まれる。地震も多い。そのため，問題の図 2 のように複雑な地質となることが多い。

大洋底の地質は，火山などがない限り，広い海洋プレートの上ではどこも問題の図 3 に似た構造になる。基盤が枕状溶岩を含む玄武岩である。その上に，放散虫の遺骸などからなる珪質の軟泥が，1000 年間に数 mm という極めてゆっくりとした速度で堆積する。軟泥のうち，時代が古い下層は固結してチャートとなっている（☞ ***33***）。

各選択肢を検討する。

① 正しい。島弧では，安山岩質マグマなどの火山活動が活発である。選択肢の中性の火山岩は安山岩，酸性の火山岩は流紋岩であり，それらのマグマは火山砕屑物の多い噴火をする。火山砕屑物も島弧の各地の地層でみられる。また，プレートの沈み込み帯に位置する島弧では，造山運動が活発で，褶曲や逆断層が数多く見られる。

② 誤り。島弧の周辺では，陸地が受けた風化作用，侵食作用によって生じた砕屑物が大量に堆積している。選択肢の文は，放散虫のようなプランクトンの遺骸が多く，陸から離れた大洋底の堆積物についての文である。

③ 誤り。島弧では，造山運動によって，地層が激しく変形を受けている。

問5　問題のＸ層，Ｙ層は，南北方向に傾いていない。東に傾いているので，東西方向の断面図を描く。Ｙ層の下面と上面は，水平に 1000 m 離れているので，位置関係は右の図のようになる。図から，Ｙ層の厚さは，次の計算で求められる。

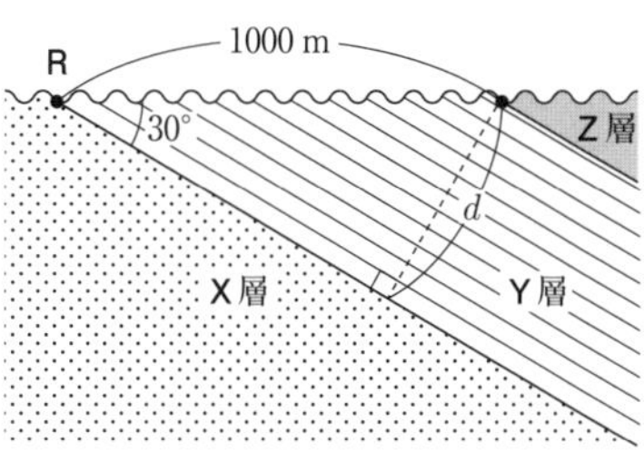

$$d = 1000 \times \sin 30^\circ$$

$$= 1000 \times \frac{1}{2} = 500〔\mathrm{m}〕$$

第4章　大気・海洋

35

A：2002 追◇　**B**：2010 本○

問1　②　　問2　④　　問3　③　　問4　③　　問5　②

A

問1　地球の大気の鉛直構造は，右下の **POINT** のように，温度分布によって，地面に近い方から対流圏，成層圏，中間圏，熱圏というように，層状に区分されている。

地表に接する層が対流圏である。対流圏の上限を圏界面というが，その高さは，高温の赤道では 16 km 程度，低温の極では 8 km 程度と差がある。

対流圏は，水平方向，鉛直方向ともに活発な大気の運動があり，風が吹き雲ができ雨が降るような我々が日々体験する大気現象が起こる場である。大気は地表から放射される赤外線で温まるが，上昇すると断熱膨張して温度が下がる。そのため，上空にいくほど気温は低い。

成層圏は，高度約 50 km までである。ここにはオゾン層が存在し，太陽放射のうちの紫外線を，酸素分子やオゾン分子が吸収して昇温する。オゾン層とはいってもオゾンは微量である(10^{-3}%程度)。上空ほど温度が高く，対流圏のような雲や雨はない。

中間圏は，高度約 80 km までである。中間圏には熱源がなく，上空ほど温度が低い。大気の組成は対流圏，成層圏，中間圏の間でほぼ一定である。

さらに上空は熱圏であり，なめらかに宇宙空間に続いているため，上端がどこか特定することは難しい。気体の原子は電離した状態になっており，何枚かの電離層を形成する。気圧がたいへん低く，密度のきわめて小さい気体分子が，紫外線や X 線を吸収して，高温となっている。星間空間から飛び込んできたチリなどが発光する流星がみられるほか，磁力線に沿って高緯度上空に入ってきた荷電粒子が高層大気の窒素や酸素などの原子に衝突して発光するオーロラがみられる。

問2　大気圧とは，観測する場よりも上にある大気の重さによる圧力である。だから，上空にいくほど大気圧は小さくなる。問題文にあるように，大気圧は高度 16 km につき約 10 分の 1 になる。それより上は，次のように順次求められる。

地　　表　…　1 気圧（約 1000 hPa）

高度 16 km　…　$\frac{1}{10}$ 気圧（約 100 hPa）

高度 32 km　…　$\frac{1}{10}\times\frac{1}{10}=\frac{1}{100}$ 気圧（約 10 hPa）

高度 48 km　…　$\frac{1}{10}\times\frac{1}{10}\times\frac{1}{10}=\frac{1}{1000}$ 気圧（約 1 hPa）

問3　地球大気の組成は，窒素 N_2 が 78.1 %，酸素 O_2 が 20.9 %，アルゴン Ar が 0.9 %，二酸化炭素 CO_2 が 0.04 %，その他微量成分である。問1で解説した通り，大気の組成は中間圏までがほぼ一定で，その上端は約 80 km である。

B

問4　大気の層構造は問1で，大気の組成は問3で解説した。問3で挙げた大気の組成は，水蒸気を除いた割合である。対流圏の大気には，水蒸気 H_2O が0～4％程度含まれているが，変動が激しいので，ふつうは順位に含めない。水蒸気，水，氷の状態変化に伴う潜熱は，大気の運動と密接な関係がある（☞ ***37***，***41***）。

成層圏のオゾン層は，20 世紀後半に人間が放出したフロンガスによって急速に減少し，問題視されている。フロンガスは，塩素を含んだ化合物であるが，不燃性で無臭，また，人体にも無害なため，かつては，エアコンや冷蔵庫などの冷媒，スプレー缶，精密機器の洗浄剤などに広く使われてきた。このフロンガスが成層圏に達すると，太陽の紫外線によって塩素原子が放出され，この塩素原子がオゾン分子を破壊することが判明し，現在ではフロンの使用は規制されている。なお，フロンには強い温室効果もあるが，二酸化炭素に比べて量は少ないので，気候変動に与える影響は今のところ大きくはない。

問5　各層の特徴については，問1の解説を参照してほしい。各選択肢を検討する。

① 正しい。偏西風の強い部分をジェット気流という。いずれも対流圏でみられる。
② 誤り。オーロラがみられるのは熱圏で，高度は 100 ～ 500 km 程度である。
③ 正しい。中間圏には，成層圏や熱圏のような熱源がなく，上空ほど温度が低い。
④ 正しい。熱圏の気体の原子は，紫外線などを吸収して電離し，プラズマの状態にある。

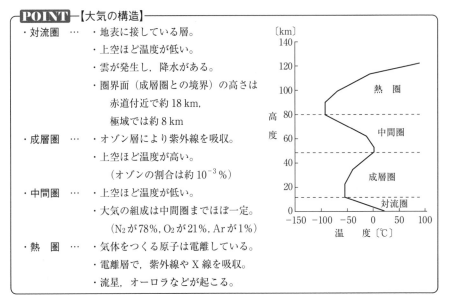

POINT【大気の構造】

・対流圏　…　・地表に接している層。
　　　　　　・上空ほど温度が低い。
　　　　　　・雲が発生し，降水がある。
　　　　　　・圏界面（成層圏との境界）の高さは
　　　　　　　赤道付近で約 18 km，
　　　　　　　極域では約 8 km

・成層圏　…　・オゾン層により紫外線を吸収。
　　　　　　・上空ほど温度が高い。
　　　　　　　（オゾンの割合は約 10^{-3} ％）

・中間圏　…　・上空ほど温度が低い。
　　　　　　・大気の組成は中間圏までほぼ一定。
　　　　　　　（N_2 が 78％，O_2 が 21％，Ar が 1％）

・熱　圏　…　・気体をつくる原子は電離している。
　　　　　　・電離層で，紫外線や X 線を吸収。
　　　　　　・流星，オーロラなどが起こる。

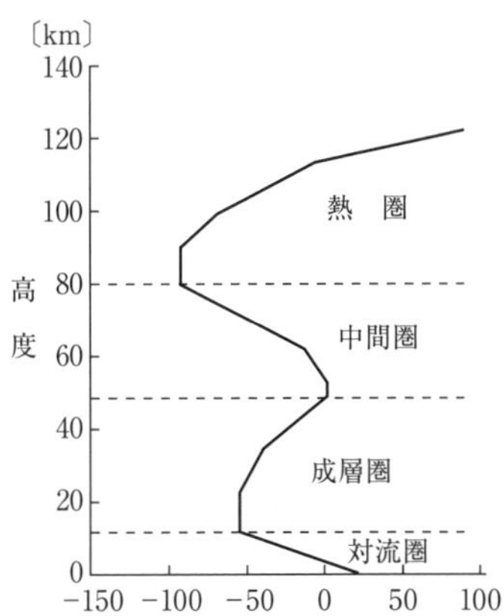

36

A：2013 追●　B：2012 追○

問1 ②	問2 ④	問3 ②	問4 ③	問5 ④

A

問1　太陽放射によって地球に入ってくるエネルギーと地球から宇宙へ出て行くエネルギーは等しく，地球表面では全体として熱的につり合いが成立している。また，地球の大気圏，地表とも，ある程度の年月を平均すれば，入ってくる熱量と出ていく熱量はつり合っている。この基本的な考え方にもとづいて，各部分の熱量のつり合いを考える。次の式で，左辺が各領域に入ってくるエネルギー，右辺が各領域から出ていくエネルギーである。

大気圏外について　$8 + 23 + \boxed{イ} + 12 = 100$

大気圏について　$\boxed{ア} + 102 + 30 = \boxed{イ} + 95$

地表について　$49 + 95 = 102 + 12 + 30$

これらの式から，$\boxed{ア} = 20$，$\boxed{イ} = 57$ と分かる。

以上をもとに，熱のゆくえを確認する。

太陽からの放射 100 のうち，8 + 23 の 31 は，大気や地表に吸収されず，宇宙空間に反射されるエネルギーである。この割合を地球の反射能（アルベド）とよび，本問の数値では，アルベドは 0.31（31%）である。また，地表による吸収は，太陽放射の約半分の 49，残った 20 が大気や雲に吸収される分である。

地表が赤外線の形で放射しているエネルギーは，大気に向かって 102 と，宇宙空間に向かって 12 の，合計 114 である。地表は太陽放射から 49 のエネルギーを吸収したが，それを上回る 114 の放射をしている。これが可能なのは，大気から地表に向かって，95 ものエネルギーが放射されているからである。地表と大気は，互いに赤外線を吸収，放射しあって，温度を高く保ち，放射エネルギー量を大きくしているが，これが温室効果である。

地表から大気に移動する熱は，放射だけではない。熱が直接に伝導したり，水の状態変化に伴う潜熱によったりして，30 のエネルギーが大気に移っている。

大気の立場でみると，太陽放射から 20，地表からの放射で 102，放射以外で 30 の，合計 152 のエネルギーの収入がある。これを，地面への放射 95 と，宇宙への放射 57 で支出して，エネルギー収支をつりあわせている。

B

問2　太陽放射にはさまざまな波長の光が混ざっている。その中でも，最も強い波長帯は 0.5 μm 付近の可視光線であり，次いで長波長の赤外線，短波長の紫外線である。

これらの太陽放射が地球に入射する。地球に入射するエネルギーと，地球が出すエネルギーは，全体としてつり合っている。しかし，緯度別にみると，赤道付近では地球放射は太陽放射よりも小さく，高緯度では地球放射は太陽放射よりも大きい。その不均衡を解消するために，大気や海洋による熱輸送がある。

問3　各選択肢を検討する。（☞ ***39***，***40***）

① 誤り。ハドレー循環は，貿易風を含む鉛直方向の循環である。ハドレー（イギリス）が提唱したのは，選択肢の文の通り，赤道から極までを考えていたようであるが，実態は赤道か

ら南北緯度20°～30°あたりまでの循環である。

② 正しい。偏西風は，西から東に向かって中緯度～高緯度を一周しながら，南北に蛇行して，周囲に高気圧や低気圧を形成し，また，低緯度から高緯度へ熱を輸送している。

③ 誤り。転向力（コリオリの力）とは，地球の自転に伴って，赤道以外の地球上で動くすべての物体にはたらいているようにみえる力である。低緯度に向かって吹く貿易風も，真南や真北に向かっておらず，転向力の影響を受けて東寄りになっている。

④ 誤り。岩石は海水に比べて比熱が小さい。つまり，岩石は熱しやすく冷めやすい性質をもつ。夏の大陸は海洋に比べて温度が高く，上昇気流の起きやすい低気圧となる。そのため，海洋から大陸に向かって季節風が吹く。

問4　詳しくは，問1の解説を参照してほしい。各選択肢を検討する。

① 誤り。大気中の水蒸気は赤外線を吸収する温室効果ガスである。地球の温室効果の多くは，水蒸気によって起こっている。

② 誤り。太陽放射のうち，地球の表面や大気に吸収されずに反射される割合は約30％である。残り約70％は，大気または地表に吸収され，最終的には赤外線として宇宙空間に放射される。

③ 正しい。地表が放射する赤外線のうち，一部は宇宙空間に放射されるが（問1の図の12），大半は大気中の水蒸気や二酸化炭素など温室効果ガスが吸収する（問1の図の102）。

④ 誤り。大気のうち，熱圏の電離層や，成層圏のオゾン層は，紫外線を吸収して温度が上がっている。

問5　各選択肢を検討する。（☞ ***35***）

① 誤り。成層圏にはオゾン層があり，太陽放射のうちの紫外線を吸収する。そのため，上空ほど気温が高くなっている。

② 誤り。オゾン層があるのは成層圏である。

③ 誤り。圏界面（対流圏界面）は，対流圏と成層圏の境界であり，高度10 km程度で航空機が飛ぶ高度である。一方，電離層があるのは熱圏で，高度80 km以上である。

④ 正しい。大気の組成は，中間圏の上端の高度80 kmあたりまでほぼ一定である。

POINT【太陽放射と地球放射】

・可視光線　…　波長0.38～0.78 μm
　可視光線より波長の長い方が赤外線，
　　　　　　波長の短い方が紫外線。
・太陽放射は，可視光線で最大強度である。
　（波長約0.5 μmがピーク）
・地球放射は，ほとんど赤外線である。
　（波長約10 μmがピーク）

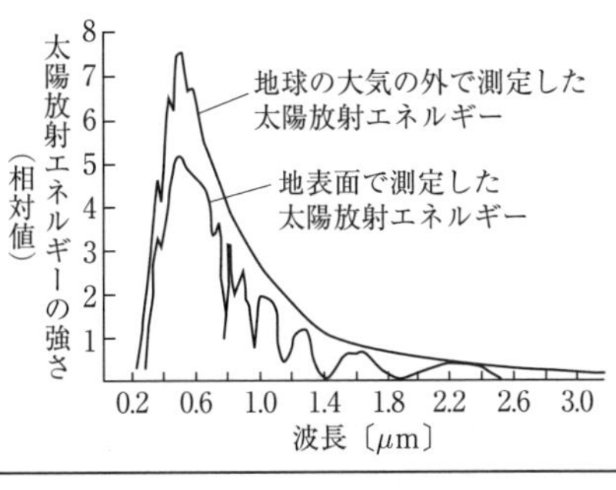

37

A：2002 追◆　B：2006 本○

問1　②　　問2　④　　問3　①　　問4　②　　問5　②

A

問1　下の表は，地球表面上の水の存在量と割合の一例である。地球表面にある水のうち，97％以上は海水である。残り3％未満が陸水であるが，その半分以上が氷床（大陸氷）や氷河（山岳氷河）であり，次いで地下水である。その他の水は，全体からみるとわずかである。大気中の水の量は，地球表面にある水の10万分の1，すなわち，0.001％に過ぎない。ただし，大気中の水はおよそ10日に1回の速度で循環している。つねに新しい水が循環していることで，人類はそれを利用することができる。

		存在している水の量〔km^3〕	地球上の水に占める割合
海水		1.35×10^9	97.2％
陸水	氷床・氷河	2.4×10^7	1.75％
	地下水	1.0×10^7	0.73％
	湖沼水	2.2×10^5	0.02％
	河川水	1.2×10^3	0.0001％
大気中の水		1.3×10^4	0.001％
生物体内の水		1.0×10^3	0.0001％

問2　地球上の水の循環では，問題文の「年間を通じた」のように，ある程度長い時間をとれば，大気，海洋など各部分における収支がつりあっている。

例えば大気では，地表から蒸発した水蒸気の量と，地表に降る水の量は等しい。つまり，大気での水の収支は±0である。よって，①，②は，ともに誤りである。

また，海洋では，蒸発によって出ていく水の量に対し，海洋に降ってくる降水量と，陸の河川から入ってくる水の量の合計がつりあっており，海洋での水の収支は±0である。このことから，海洋で蒸発した水の一部は，大気中で海域から陸域へ移動していることも分かる。よって，③は誤りで，④が正しい。

問3　湿度（相対湿度）は，飽和水蒸気量に対して，実際には何％の水蒸気が含まれているかを示した数値である。気温が上昇すると，大気中に含むことができる水蒸気の限度量，つまり飽和水蒸気量は増加する。だから，気温が上昇すると，湿度が一定であったとしても，大気中に実際に含まれる水蒸気の量は増加する。

水蒸気は，二酸化炭素などとともに温室効果を持つ気体である。温室効果は，大気中の水蒸気などが，地表が放射する赤外線を吸収し，宇宙空間とともに地表に向けても赤外線を再放射することで，地表の温度を高く保つはたらきである。大気中の水蒸気の量が増加すると，温室効果が強まるために，地球の気候の温暖化はさらに促進されると考えられる。

以上は，本文の趣旨に沿った考えであり，上記の内容で正解となる。しかし，大気中の水蒸気量と温暖化の関係は，実際にはもっと複雑である。多くの要素をどのように組み合わせ，どのような予測を出すかは，モデルの立て方しだいで結果がずいぶん変わってくる。

B

問4 地球上の水循環では，海洋，大気などの各部分で，1年間の出入りの量が等しく，収支の平衡がとれている。

海洋においては，降水による流入が年間398兆トン，蒸発による流出が年間434兆トンであり，その差36兆トンは，陸地に降った降水のうちから河川水などとして流入してくる。

同様に，陸地においては，降水による流入が年間107兆トン，蒸発による流出が年間71兆トンであり，その差36兆トンは，河川水などとして海洋に流出する。

このように，海洋と陸地の間では年間36兆トンの水がやり取りされており，海洋上の大気から陸上の大気に輸送される量も，同じく36兆トンである。

問5 地球上の水循環は，地球上の熱の輸送と大きなかかわりがある。一つは，温度の高い海水が海流（暖流）として動くことによる熱輸送である。もう一つは，水と水蒸気の状態変化に伴う熱の輸送（潜熱輸送）である。

① 正しい。海水は膨大な質量があり，また比熱が大きいため，質量と比熱の積である熱容量がたいへん大きい。言い換えると，熱しにくく冷めにくい性質である。だから，海水が熱を蓄積したり放出したりすることで，気温の変化がたいへん小さくなっている。

② 誤り。地表が放射する赤外線は，大気中の水蒸気 H_2O や二酸化炭素 CO_2 のような温室効果気体に大半がとらえられ，宇宙空間に直接放射される割合はごく少ない（☞ ***36***）。赤外線を吸収して昇温した大気は，宇宙空間と地表の両方に向かって赤外線を放射している。

③ 正しい。地球の大気の中で，最も温室効果の大きい気体は水蒸気 H_2O である。二酸化炭素 CO_2 や他の温室効果気体よりも，大気中の分圧（体積）がずっと大きいためである。大気中の水蒸気が増加すると，温室効果は増大する。

④ 正しい。雪氷のように白い表面を持つ陸地は，太陽光の反射率が高い。太陽放射のうち，地表や大気に吸収されずに反射・散乱される割合を反射率（反射能，アルベド）というが，気候が寒冷化して雪氷の面積が増加すると，反射率は大きくなる。

POINT【地球上の水】

・海洋の面積は，地球の表面積の約71%を占める。
　海水の量は，地球表面の水の量の約97%を占める。
・陸水のうち約3分の2は大陸氷。他に，湖沼水，地下水，河川水など
・平均滞留時間…貯留されている量の水が1回入れ替わるのにかかる平均時間。
　海洋水は約3500年，湖沼水は約10年，河川は10～20日，大気中の水は約9日。

38

問1　②	問2　④	問3　③	問4　③	問5　④	問6　④
問7　②					

問1　大気中の水蒸気は，雲や雨のような現象を生じながら，潜熱によって地球上の熱輸送に深くかかわっている。各選択肢を検討する。

① 誤り。地球上の大気中の水の総質量は，地球全体の水の約 0.001 %に過ぎない。一方，地球上の氷河の総質量は，地球全体の水の約 3% ある陸水の半分以上を占める（☞ ***37***）。

② 正しい。海水面 1 m^2 あたりの蒸発量は，陸地の表面のそれより多い。さらに，海は陸より広い。海面から蒸発した水の一部は，陸域に移動して雨や雪となる。

③ 誤り。凝結が起こるときは，大気中の塩類粒子などを凝結核として水滴ができる。凝結核の少ない大気中では，水蒸気圧が飽和水蒸気圧を上回っても，すみやかに水滴にならず，水蒸気の姿のままであり続ける過飽和の状態がある。

④ 誤り。大気中の水蒸気が凝結して水滴になるとき，周囲の大気に潜熱を放出する。

問2　大気 1 m^3 中に含むことのできる水蒸気の量には限度があり，その限度を飽和水蒸気量〔g/m^3〕や飽和水蒸気圧〔hPa〕であらわす。限度を超えた水蒸気は，凝結して水滴になったり，昇華して氷晶になったりする。

気温が高ければ，飽和水蒸気圧は大きくなる。逆に気温が下がれば，飽和水蒸気圧は小さくなる。そのため，温度が高かったときに飽和していなかった空気でも，温度が下がればやがて飽和し，水滴が生じる。空気を冷却していったとき，水滴ができ始める温度が露点である。

問3　実際の空気中では，いつも限度いっぱいまで水蒸気が含まれているわけではない。限度よりも少ない水蒸気量しか含まれていないことがふつうである。相対湿度，あるいは単に湿度とは，飽和水蒸気量（圧）に対する，実際の水蒸気量（圧）の割合である。

$$相対湿度〔\%〕= \frac{実際の水蒸気圧〔hPa〕}{その温度での飽和水蒸気圧〔hPa〕} \times 100$$

本問では 24 ℃の空気があり，その飽和水蒸気量は 21.9 g/m^3 であるが，この空気に実際に含まれる水蒸気量はそれよりも少ない。18 ℃で水滴ができ始めたのだから，18 ℃が露点であり，このとき空気の湿度は 100 %になっている。空気に含まれる水蒸気量は，18 ℃の飽和水蒸気量の 15.2 g/m^3 である。

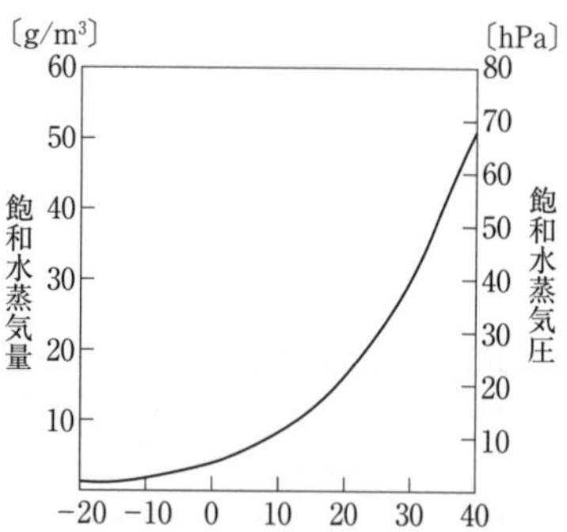

よって，相対湿度は次の計算で求められる。飽和水蒸気圧を使っても，同様である。

$$\frac{15.2\ g/m^3}{21.9\ g/m^3} \times 100 = 69〔\%〕$$

$$\frac{20.6\ hPa}{29.8\ hPa} \times 100 = 69〔\%〕$$

問4　気温30℃のときの飽和水蒸気圧は42.4 hPaである。相対湿度が75％ということは，問題の空気に実際に含まれる水蒸気の量が，飽和水蒸気圧の75％ということである。

$$42.4 \times \frac{75}{100} = 31.8 \text{〔hPa〕}$$

一方，標高0 mでの大気圧は，その日その時で異なるものの，平均的にはおよそ1気圧すなわち1013 hPa前後の値となる。そのうち，31.8 hPaを水蒸気が占めていると考えると，その圧力の割合は，次のようにおよそ3%となる。これは，体積の割合と等しい。

$$\frac{31.8}{1013} = 0.03 = \text{約}3\,\%$$

ふつう，大気の組成は，窒素N_2が78.1％，酸素O_2が20.9％，アルゴンArが0.9％，二酸化炭素CO_2が0.04％というようにあらわされるが，これは，時刻によって変動の激しい水蒸気を除外した乾燥大気で考えた場合である。本問の空気では，水蒸気は約3％含まれている。水蒸気は最大で4％程度含まれることがあり，この割合は3位のアルゴンよりも多い。

問5　上昇気流が生じると，上空ほど気圧が低いので空気塊は膨張する。空気塊と周りの大気の間では，短い時間の間（およそ1日以内）では熱のやりとりを行わない。熱の供給を受けずに気体が膨張する変化を断熱膨張というが，上昇気流の空気塊の変化もほぼ断熱膨張とみなせ，空気塊の温度は下がる。そして露点に達すると，水蒸気の一部は凝結して水滴になったり，昇華して氷晶になったりする。これが雲である。

問6　細かな水滴や氷晶が上空に浮かんだ状態にあるものが雲である。雲粒の直径は0.01 mm程度であり，この大きさでは地面まで落ちてくることはない。地面まで降ってくる雨粒の直径は1～2 mm程度である。そこで，雨粒を直径1 mmとすると，雲粒0.01 mmに比べ，直径で10^2倍，体積にするとその3乗で10^6倍である。雨は，雲粒が100万個程度集まってできる水滴が降ってきたもの，あるいは氷晶が融けて降ってきたものである。

問7　雲は10種に分類されているが，「巻」の文字が使われる3種の雲は，いずれも上層の雲であり，「高」の文字が使われる2種の雲よりも高い位置にある。問題の巻層雲は，対流圏のうちでも上層にできる雲である。一方，積雲は低い位置にできる雲である。（☞ ***42***）

また，オゾン層は成層圏にある。オーロラは熱圏でみられる現象である。（☞ ***35***）

POINT【大気中の水蒸気】

- 飽和水蒸気圧 … ある温度の空気中に含むことのできる最大限度の水蒸気圧。温度が高いほど，飽和水蒸気圧は大きい。
- 露　　　点 … 空気を冷却していくとき，初めに水滴ができる温度（湿度100％）。露点での飽和水蒸気圧＝実際に含まれる水蒸気圧
- 相 対 湿 度 … 飽和水蒸気圧に対して，実際の空気が含んでいる水蒸気圧の割合

$$\text{相対湿度〔\%〕} = \frac{\text{実際の水蒸気圧〔hPa〕}}{\text{その温度での飽和水蒸気圧〔hPa〕}} \times 100$$

39

1999 本◇

問1　②　　問2　③　　問3　④

問1　太陽放射は，可視光線を主とし，赤外線や紫外線などさまざまな電磁波が混ざった放射である。一方，太陽放射を受けて暖まった地球の大気や地表は，宇宙空間に向かって赤外線を放射している。そして，地球は全体として，入ってくる太陽放射のエネルギーと，出て行く地球放射のエネルギーがつりあっており，収支の合計は±0である。

ところが，問題の図からも分かるように，緯度別に考えるとエネルギー収支はつりあっていない。緯度にして30〜40°を境にして，低緯度では入ってくる太陽放射エネルギーが過剰であり，高緯度では不足である。原因は，赤道に近いほど太陽の高度が高く，受ける太陽放射エネルギーが大きいためである。入ってくる太陽放射エネルギーは，低緯度と高緯度でかなりの差がある。その分布は，問題の図の形のように，緯度を ϕ としたとき $\cos\phi$ のグラフに近い。

一方，地球放射エネルギーのグラフも，確かに赤道が大きく両極に近づくほど小さいが，太陽放射エネルギーほどの差はない。それは，低緯度で余った熱量が，高緯度へ輸送されているからである。その輸送の形態は，大気によるもの，海水によるもの，潜熱によるものの3通りがあり，問2で解説する。

低緯度から高緯度の熱輸送だから，北半球では北に向かって熱が輸送され，南半球では南に向かって熱が輸送される。問1の選択肢のグラフは，問題文のとおり，南から北への熱輸送量を正，北から南への熱輸送量を負としているので，北半球では正，南半球では負になるはずである。①と④は，北半球も南半球も正になっており誤りである。

また，太陽放射と地球放射の収支が逆転するのは緯度30〜40°であり，ここを通過する熱輸送量が最も多い。よって，正解は②である。

問2　地球上では，太陽放射と地球放射の差を埋めるように，低緯度から高緯度への熱輸送がおこっていることは，問1で解説した通りである。その輸送の形態は，次の3通りがある。

(1)　大気によるもの（☞ ***40***）…　赤道付近は太陽放射を多く受け取り，上昇気流が卓越し，降水量の多い赤道低圧帯（熱帯収束帯）となる。上昇した空気は，上空を南北の両半球に向かって流れ，緯度20〜30°付近で下降してくる。下降気流の卓越する亜熱帯高圧帯は，雲ができにくいので，降水量が少なく乾燥気候となる。下降してきた空気の一部は，地表を赤道に向かって流れ貿易風となる。このように，低緯度から中緯度にかけては，貿易風を含む鉛直方向の循環（ハドレー循環）があり，中緯度まで熱が輸送される。

亜熱帯高圧帯よりも高緯度方面は，南北方向の温度の差が大きく，偏西風が南北に蛇行しながら高緯度へ熱を運んでいる。偏西風は，上空でも地上でもおよそ西から東へ向かうが，周囲に渦を作りながら南北へ蛇行し，その所々に低気圧，高気圧が生まれる。この偏西風の蛇行によって，中緯度から高緯度へ熱が輸送される。

(2)　海水によるもの（☞ ***50***）…　赤道付近で太陽放射を多く受け取り暖まった海水は，貿易風に吹かれて海洋の西側へ向かって流れる。そのあと，低緯度から高緯度へ向かう向きに暖流として流れていく。中緯度まで流れた暖流は，偏西風の影響で海洋の東側へ向かって流れ，そのあと，高緯度から低緯度へ寒流として流れる。このように大洋を一周する亜熱帯環流の動きによって，赤道付近から中緯度に熱が輸送されている。海水による熱輸送は，中緯度までの範囲で多く，それより高緯度ではあまり盛んでない。

(3)　潜熱によるもの（☞ 41）…　水と水蒸気の状態変化に伴って，水が吸収したり放出したりする熱が潜熱である。水が水蒸気になるときには熱を吸収する（気化熱）。水蒸気が水になるときには熱を放出する（凝結熱）。

海水面や陸地の表面から水が蒸発するとき，水は熱を吸収していく。その水蒸気が他の場所へ移動し，水蒸気が凝結して水になるとき，水蒸気は周囲の大気に熱を放出する。このようにして，熱が輸送される。

水の蒸発が盛んなのは，緯度 20 ～ 30° 付近の亜熱帯高圧帯である。ここで蒸発した水が，中緯度や高緯度方面と，赤道方面の両方へ輸送される。そのため，下のグラフのように，潜熱輸送は赤道付近だけ他の熱輸送と逆向きの熱輸送が存在する。

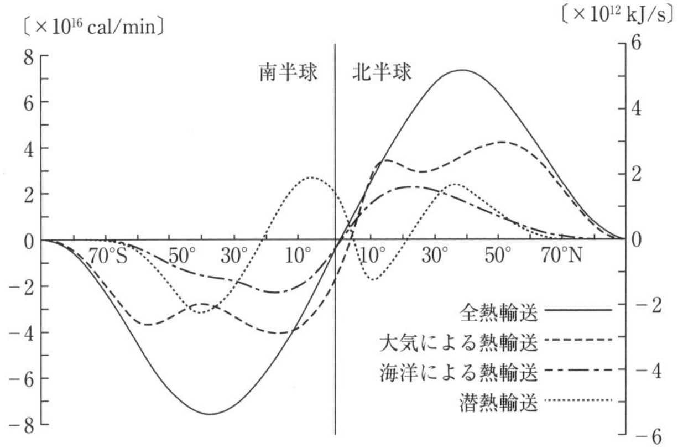

各選択肢を検討する。

①　誤り。上記のとおり，大気の熱輸送は高緯度まで及んでおり，重要である。

②　誤り。津波は常時起こっている現象ではなく，熱輸送量はほとんどゼロである。

③　正しい。上記のとおり，海洋の熱輸送は，特に低緯度～中緯度で重要である。

④　誤り。地殻を通ってくる地球内部の熱は，太陽放射に比べて 4 ～ 5 桁小さい。

問3　太陽放射エネルギーが赤道で大きく極で小さいのは，地球が丸いためであり，熱輸送があろうがなかろうが変わらない。しかし，熱輸送がなくなると，地球の各緯度ごとに，熱の収支が ±0 にならなければならない。だから，問題の図で地球放射が太陽放射に合わせるようになる。つまり，地球放射が太陽放射のように緯度による差が大きくなる。地球放射の大きさは表面温度によって決まるから，緯度による温度差が大きくなる。よって，低緯度の温度は今よりも上がり，高緯度の温度は今よりも下がる。

現在の地球表面で，温度の高いところは 50℃程度，低いところは −90℃程度であり，その差は 140℃程度に収まっている。一方，大気や海洋がなく熱輸送のない水星や月は，本問の条件に近い天体であり，温度差は数百度になっている。

40

A：2018 追★　B：2017 追★

問1 ④　問2 ⑥　問3 ④　問4 ①　問5 ①

A

問1　地球の大気現象や海洋現象のエネルギー源である太陽放射に関する問題である。

ア について

太陽放射は，さまざまな波長の電磁波（光）が混ざっている。その中でも，強度が最も大きいのは，波長が 0.5 μm 程度の可視光線である（☞ **36**）。

イ について

地球全体の総量としては，入ってくる太陽放射エネルギーと，宇宙空間へ出て行く地球放射エネルギーはつりあっており，総量での収支は ± 0 である。

しかし，緯度ごとにみると，低緯度ではエネルギーが過剰であり，高緯度では不足している。これを補うために，大気や海洋によるエネルギー輸送が起こる（☞ **39**）。

問2　地球に入射する太陽放射の強さは太陽定数とよばれる。太陽定数は，地球大気の影響を受けない地球大気の上端で，面積 1 m^2 あたり 1 秒間に垂直に入射するエネルギーの値で表し，その値は 1.37 kW/m^2 である。

なお，エネルギーの単位〔J〕に対し，〔W〕は 1 秒あたりのエネルギーを表し，〔W〕=〔J/s〕である。

このうち 31％は，反射や散乱によって宇宙に戻されるので，地球が吸収するエネルギーは 69％である。

地球に入射するエネルギーの総量は，太陽定数に地球の断面積 πR^2 を掛けたものである。総エネルギーを地球の全表面で平均するには，表面積 $4\pi R^2$ で割ればよい。

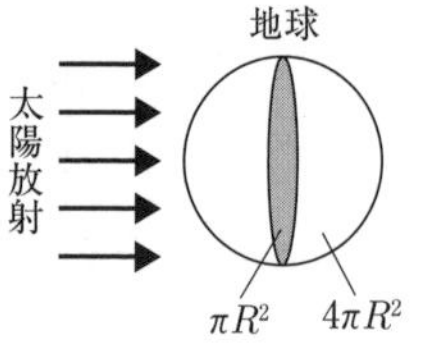

以上から，地球の単位表面積が吸収する太陽放射エネルギーは次のようになる。

$$1.37\ \mathrm{kW/m^2} \times \frac{69}{100} \times \frac{\pi R^2}{4\pi R^2} = 0.69 \times 1.37 \times \frac{1}{4}〔\mathrm{kW/m^2}〕 = 0.24\ \mathrm{kW/m^2}$$

地球全体として，吸収される太陽放射と，宇宙へ放出される地球放射はつりあっているから，それらの平均値どうしも等しい。よって，地球放射量の式も上の式と同じになる。

問3　問1でみたように，地球は低緯度から高緯度へエネルギーの輸送が起こっている。その主な手段は，大気，水蒸気の潜熱，海洋の三つである。各選択肢を検討する。

① 誤り。ハドレー循環は，赤道付近での上昇気流と，亜熱帯高圧帯での下降気流からなる鉛直方向の対流である。問4で解説する。

② 誤り。海洋の深層循環は，結氷の起こる高緯度の海域で生じる（☞ **52**）。亜熱帯や熱帯のような，高温で軽い表面海水が海底まで沈み込むことはない。

③ 誤り。貿易風は，ハドレー循環において，亜熱帯から熱帯に向かって地表を吹く風である。北半球は北東貿易風，南半球では南東貿易風である。極東風とは異なる。

④ 正しい。海洋の大循環として，亜熱帯環流がある（☞ **50**）。北太平洋では，北赤道海流，黒潮，北太平洋海流，カリフォルニア海流が，時計回りの環流をなしている。

B

問4　赤道付近は地表温度が高く，上昇気流が卓越する低圧帯である。雲が形成しやすく，降水量が多い。対流圏の上端まで上昇した空気は，南北両半球に分かれ，緯度20°〜30°あたりで下降気流となる。ここが亜熱帯高圧帯であり，降水量が少なく砂漠が広がる。地表に達した空気の一部は，北半球では北東貿易風，南半球では南東貿易風となって，赤道低圧帯へ戻る。

この循環は，上下方向（鉛直方向）の対流であり，ハドレー循環とよばれる。

各選択肢を検討する。

① 正しい。赤道域は，温度が高く，上昇気流が卓越する低圧帯である。

② 誤り。北極域や南極域の下降気流は，低緯度〜中緯度のハドレー循環の一部ではない。

③ 誤り。ハドレー循環をはじめ，本問で扱っている大気の大循環のすべてが，対流圏のみの現象であり，成層圏には循環していない。

④ 誤り。ジェット気流は，問5で解説する偏西風のうち，特に強い束状の部分を指す語である。下降気流でなければ，ハドレー循環の一部でもない。

問5　中緯度や高緯度では，地球を周回するように偏西風が吹く。鉛直循環であるハドレー循環とちがい，偏西風は上空でも地表でも，蛇行しながら西から東へ吹く，水平方向の波動（ロスビー循環）である。

偏西風は南北の温度差の大きいところを吹いている。暖気と寒気が接するところでは，前線を伴った①温帯低気圧が発生しやすい（☞ ***42***）。

なお，②熱帯低気圧の一つである台風（☞ ***46***）や，赤道太平洋で発生する④エルニーニョ現象（☞ ***51***）は，ともに偏西風帯の気候に影響を及ぼすものの，発生源は貿易風帯である。また，③太陽風（☞ ***57***）は太陽のコロナから噴き出す荷電粒子の流れであり，地球の大気現象ではない。

POINT【大気の大循環】

(1)　赤道〜緯度30°付近

＝　貿易風，鉛直循環（ハドレー循環）。

・赤道付近　…　上昇気流の赤道低圧帯。

・北半球では北東から，南半球では南東から赤道に向かう貿易風。

・北緯20°〜30°付近

…　下降気流の亜熱帯高圧帯。

(2)　中緯度

＝　偏西風，水平循環（ロスビー循環）。

・周囲に渦を作りながら蛇行。

・特に風速の速い部分はジェット気流。

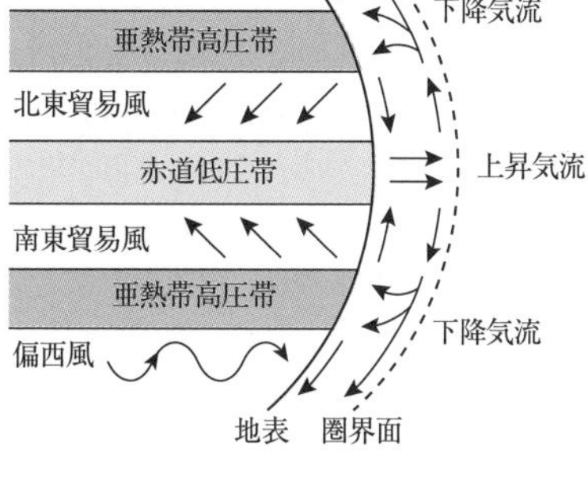

41

1995 本△

問1 ② 問2 ② 問3 ③ 問4 ③

問1 水が水蒸気の姿になり，空気とともに移動することで熱エネルギーを輸送するのが潜熱輸送である。海水面や陸地の表面で水が水蒸気になるとき，水分子は熱を吸収する（気化熱）。この段階では，空気の温度は上がらない。吸収した熱は，状態変化に使われるだけで，温度上昇に使われないからである。空気の動きとともに移動した先で，水蒸気が水になるときに熱を放出する（凝結熱）。この熱は，まわりの空気に与えられ，はじめて空気の温度が上昇する。

つまり，熱を失って温度が下がった海水面や地表面と，熱を得て温度が上がった空気とは，場所が違う。その2か所の間は，熱を水蒸気という形に潜ませて輸送しているので，途中の温度は変化していない。これが潜熱輸送である。

① 熱伝導は，物体の中を熱が通過していくことである。接している2つの物の間で熱が伝わることも伝導であり，例えば砂漠のような場所で，高温の地表から赤外線の放射ではなく，熱が直接に大気に移ることも伝導である。

③ 長波放射とは，波長の長い電磁波による放射のことである。気象を考えるうえで長波放射といえば，可視光線よりも波長の長い赤外線による放射を指すのがふつうである。太陽放射の一部は赤外線である。一方，地面や大気，海水面など地球放射のほとんどすべてが赤外線による放射，すなわち，長波放射である。

④ 短波放射とは，波長の短い電磁波による放射のことである。気象を考えるうえで短波放射といえば，赤外線よりも波長の短い可視光線による放射を指すのがふつうであるが，さらに波長の短い紫外線による放射を含めることもある。太陽放射で最も強度が強いのが可視光線なので，短波放射は太陽放射を主に考えてよい。

問2 各選択肢を検討する。

① 正しい。水は氷点（凝固点）以下の温度になると氷になるはずだが，実際は氷点下の気温でも−40℃程度までは，水滴のままで存在するものがあり，過冷却水滴とよばれる。空気中に核になる粒子がないときなどに多くみられる。ふつう，0℃以下の雲の中では，氷晶と過冷却水滴が共存しており，やがて過冷却水滴は蒸発し，氷晶が成長して，雪の結晶が成長していく。

② 誤り。上昇気流の空気塊は，上空に行くほど気圧が低くなり膨張するため，温度が低下する。その低下の割合は高さ100mにつき1.0℃である。ところが，空気塊の中で水蒸気が凝結し雲ができているときは，潜熱が放出されて空気塊を温めるため，温度の下がり方は鈍くなり，0.5℃/100m程度しか下がらない。つまり温度の下がり方は小さくなる。

③ 正しい。温暖前線は，前線面の傾きが小さく，それぞれの高さに応じた雲が並んでいく。前線から遠いところには，巻雲などの対流圏上層の雲が出現することが多い。（☞ **42**）

④ 正しい。寒冷前線は，前線面の傾きが大きいため，鉛直方向に発達する積乱雲が発達し，短時間に強い雨が降ることが多い。

⑤ 正しい。高気圧の中心付近は下降気流が生じており，地表では空気が外へ噴き出している。雲はできにくく晴天となりやすい。一方，低気圧の中心付近では，周囲から空気が吹き込ん

で，上昇気流を生じ，雲ができやすい。

問３　右図は，地球の緯度別の年間あたり降水量 P，および，地表からの蒸発量 E の分布を示したものである。この分布の傾向は，地球大気の大循環によって決まる。

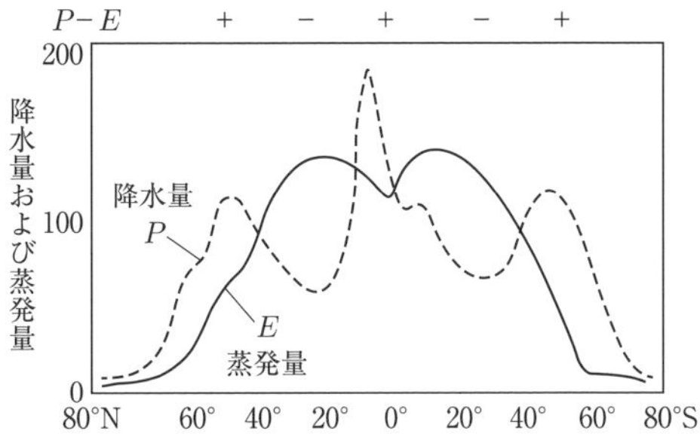

赤道付近は上昇気流が卓越する低圧帯で，降水量 P が多く，蒸発量 E を上回る。そのため，$P-E$ は＋になる。一方，下降気流が卓越する亜熱帯高圧帯（緯度 20 ～ 30°）では，降水量 P が少なく，蒸発量 E を下回るので，$P-E$ は－になる。中緯度では，温帯低気圧による降水があるため，再び $P-E$ は＋になる。このようすを正しく表したのは，選択肢のうちでは ③ である。

問４　問題文にあるように，地球の水の量の全体が 1.5×10^{24} g，その 0.001％が大気中の水だから，その量は次の通りである。

$$1.5 \times 10^{24} \times \frac{0.001}{100} = 1.5 \times 10^{19}\ \mathrm{g}$$

水 1 g はほぼ 1 $\mathrm{cm^3}$ であるから，1.5×10^{19} g の水は体積にすると $1.5 \times 10^{19}\ \mathrm{cm^3}$ である。

この体積の水のすべてが，地球の表面積の $5 \times 10^{18}\ \mathrm{cm^2}$ に平均して降るとしたとき，その平均の降水量を求めるには，底面積が $5 \times 10^{18}\ \mathrm{cm^2}$ で体積が $1.5 \times 10^{19}\ \mathrm{cm^3}$ の直方体の厚さを求めればよい。

$$\frac{1.5 \times 10^{19}\ \mathrm{cm^3}}{5 \times 10^{18}\ \mathrm{cm^2}} = 3\ \mathrm{cm}$$

降水量はふつう mm であらわすので，30 mm となる。

POINT【潜熱】

・潜熱　…　水と水蒸気の状態変化によって出入りする熱量

水	→	水蒸気	のとき	潜熱を吸収　（水 1 g あたり約 2500 J）
水蒸気	→	水	のとき	潜熱を放出　（　　　〃　　　）

・潜熱輸送　…　地表で水が蒸発して水蒸気になるときに，熱を奪う。
水蒸気が移動した先で，水蒸気が凝結して水になるとき，熱を放出して周囲の大気を温める。
（温度が下がった場所と，温度が上がった場所が，離れている。）

42

A：2001 本◇　B：2004 追◆

問1　④　　問2　②　　問3　③　　問4　③　　問5　④　　問6　④

A

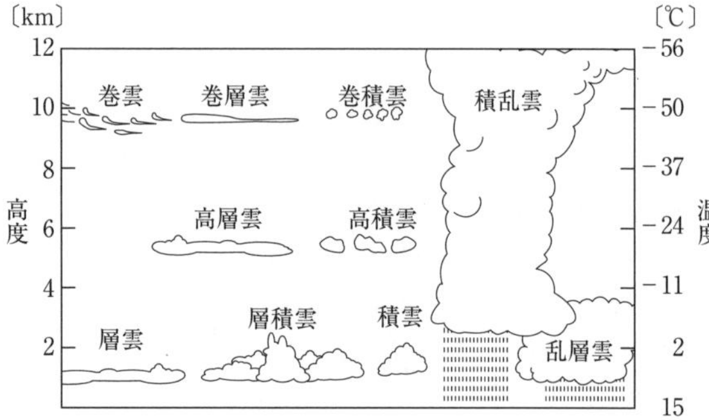

問1　雲は，10 種雲形に分類されている。その特徴は，使われている漢字におよそあらわれている。

「巻」の文字がつく 3 種の雲は，対流圏の上層の雲である。「高」の文字がつく 2 種の雲は，対流圏の中層の雲である。

「積」は鉛直方向に延びる雲，あるいは，塊状の雲である。「層」は水平方向に広がる雲である。

さらに，「乱」は本格的に雨を降らせる雲である。

問2　寒気と暖気のように，性質の異なる空気どうしがぶつかり合うと，前線を生じる。一般に温帯低気圧は前線を伴う。台風のような熱帯低気圧は，まわりすべてが暖気でありぶつかり合うことがないので，前線は伴わない。

寒冷前線 ▼▼▼▼ は，前線面の傾斜が急で（1/100 程度），寒気が暖気を押し上げて進み，鉛直方向に積乱雲が発達する。狭い範囲に強いにわか雨（短時間の雨）を降らせ，雷を伴う場合もある。通過前は南寄りの風で暖かく，通過後は北寄りあるいは西寄りの風で急激に気温が下がる。移動速度は温暖前線よりも速く，追いつくと閉塞前線 ●▲●▲ ができて，やがて，低気圧は衰え，消滅する。

温暖前線 ●●●● は，前線面の傾斜が緩く（1/200 程度），暖気が寒気にはい上がるように進み，水平方向に乱層雲が発達する。幅 100 ～ 200 km の広い範囲に，長時間，穏やかな雨を降らせる。通過後は暖気におおわれるため，風は南よりに変わり，気温が上がる。

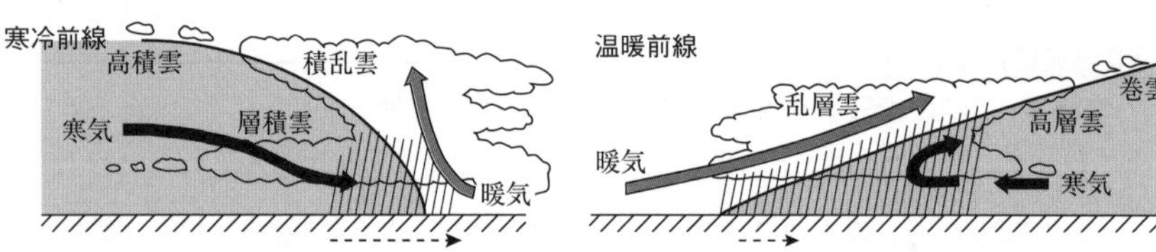

問3　赤道付近は，太陽の放射エネルギーが強く，温度が高いため，上昇気流が卓越する赤道低圧帯（熱帯収束帯）である。上昇した空気は，南北両半球に空気が吹き出す。その空気は，地球の自転の影響ではたらく転向力によって，徐々に向きを変えられ，緯度 20° ～ 30° あたりで下降気流となる。下降気流の卓越する亜熱帯高圧帯からは，赤道に向かって，北半球では北東から南西に，南半球では南東から北西に，それぞれ貿易風が吹き込む。（☞ ***40***）

B

問4　冬の天気図の典型的な形は「西高東低」である。冬の終わりの時期，立春（2月4日）を過ぎると，小型の高気圧と温帯低気圧が交互に，西から東へ進むようになるが，これは春の天気図の形である。特に，低気圧が日本海を発達しながら進んでいく場合，その低気圧に向かって南から暖かい強風が吹き荒れることがある。立春を過ぎて最初に吹く南からの強風は「春一番」とよばれる。強風によってけが人が出たり交通機関が乱れたりするなど，生活にも影響が出るほか，積雪のある地域では暖かい風によって雪の一部が融け，雪崩や洪水を引き起こすこともある。また，発達した低気圧がオホーツク海の方に抜けると，天気図は西高東低の形となることもあり，この場合は春一番の直後に厳冬に戻る。

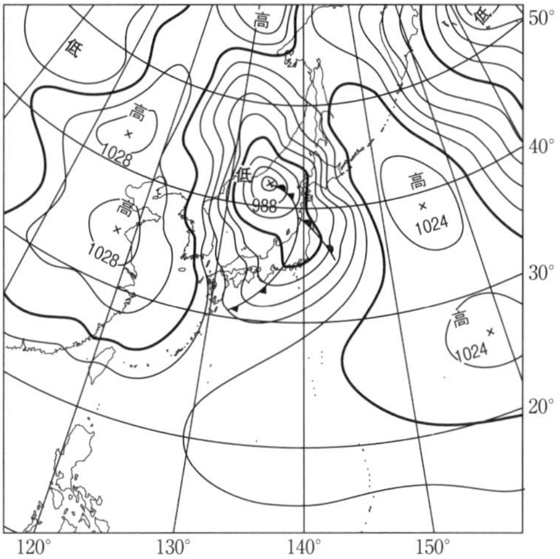

右図は，2007年2月14日，本州に春一番が吹いた日の天気図である。この日，青森県の八甲田山麓では，雪崩によって人命が失われる事故が発生した。

なお，選択肢にある本州南岸を発達中の低気圧が通過した場合には，関東地方南部など太平洋側に雪が降ることがある。（☞ ***44***）

問5　温帯低気圧からのびる2種類の前線のうち，通過後に気温が下がるのは寒冷前線である。寒冷前線の通過前後では，暖かい南寄りの風が，一転して冷たい北寄りあるいは西寄りの風に変わる。また，寒冷前線周辺では，積乱雲が発達するため，強い風や竜巻，落雷などが伴うことも多い。

問6　風が山を越える場合，風上側に比べて風下側で，温度が高く湿度が低くなる。この現象は，フェーン現象とよばれる。もともとは，ヨーロッパのアルプスの山麓で吹く局地風のFöhn（ドイツ語）であるが，現在では気象用語として広く使われている。風下側では乾燥した空気によって，大火事などが起こりやすくなる。

フェーン現象の原因は，風上側の温度の下がり方と，風下側の温度の上がり方の差である。風上側では上昇気流が雲をつくりながら斜面をのぼるため，潜熱の放出によって気温の下がり方がにぶい。一方，雨を降らせたあとの風下側では水蒸気が少なく気温の上がり方が激しい。

なお，ヒートアイランドとは，都市化によって都心が郊外に比べ気温が高い現象をいう。

43

2007 本●

問1　④　　問2　⑤　　問3　③

問1　日本の春や秋には，大陸の長江（揚子江）付近の高気圧から分離した小型で楕円形の移動性高気圧と，前線を伴った温帯低気圧が，偏西風に流されて西から東へ交互に通過していく。そのため，日本の天気は周期的に変わりやすい。本問は，温帯低気圧の移動速度を天気図から求める問題である。

天気図の a で，北緯 30°，東経 130° 付近にある温帯低気圧は，天気図の b で，北緯 40°，東経 150° 付近に移動している。この 2 日間で動いた距離は，北向きに緯度で 10°，東向きに経度で 20° 程度である。1 日あたりでは，北向きに 5°，東向きに 10° 程度である。

問題文にあるように，経度 1 度に対応する距離は約 100 km である。だから，問題の天気図の 1 目盛である経度 10° に対応する距離はおよそ 1000 km である。

よって，問題の温帯低気圧が 1 日あたりに動いた直線距離は，1000 km 強と読みとれる。ここで，1 日 = 10 万秒として計算すると，低気圧の速さは，およそ次のように求められる。

$$\frac{1000 \times 10^3 \text{ m}}{10\text{万秒}} = 10 \text{ m/s}$$

ちなみに，10 m/s は，3600 をかけて時速に直すと，36000 m/h = 36 km/h である。春や秋に日本付近を移動する温帯低気圧や高気圧の速度は，およそ 30 ～ 60 km/h 程度になることが多く，およそ一般道を走る乗用車程度である。

問2　地表の 2 地点間に風が吹くのは，その 2 地点間に気圧の差（気圧傾度）があるためである。一般に，気圧差が大きいほど風速は大きい。天気図では，等圧線の間隔が狭いほど，気圧傾度が大きいために，地上での風速は速いと推定できる。

問3　各選択肢を検討する。

① 正しい。1 か月の日数は 30 日前後だから，その 6 割は 18 日程度である。気圧が 1040 hPa 以上であった日数が 18 日を上回っているのは 1 月だけである。

② 正しい。1 か月の日数の 7 割は 21 日程度である。気圧が 1020 hPa 以上 1040 hPa 以下の日数は，問題の図 3 の○の日数から●の日数を引けばよい。引いた日数は，3 月や 10 月では，21 日を超えている。

③ 誤り。気圧が 1040 hPa 以上の日がない月は 4 月～ 9 月である。そのうち，4 月，5 月，9 月には，気圧が 1020 hPa 以上の日がある。

④ 正しい。1 か月の日数の 4 割は 12 日程度である。気圧が 1020 hPa 以上の日数が 12 日を超えているのは，1 月～ 4 月，および，9 月～ 12 月の，合計 8 か月ある。

なお，本問で取り上げられている，図 2 で影を付けた領域は，冬季に低温で重く乾燥した性質をもつ気団（シベリア気団）が発達する領域である。

44

2002 本◆

問1　④　　問2　①　　問3　②

問1　日本の冬の典型的な気圧配置は，「西高東低」型とよばれ，大陸にシベリア高気圧，太平洋あるいはオホーツク海に発達した低気圧が位置する。このときの地上天気図では，日本列島には南北方向に等圧線が込み合う。

シベリア高気圧は，寒冷な空気からなる高気圧であり，気圧は1040 hPaを超えることも多い。シベリア高気圧から吹き出す北西の季節風は，－30℃といった低温で乾燥している。ところが，日本海には黒潮から分かれた暖流の対馬海流が流れていて，表面水温は真冬でも10℃程度はある。大陸からの寒気は，日本海を流れる対馬海流から，多量の水分が供給される。日本海には風の吹く方向に連なる積雲の列，いわゆる筋状の雲が現れる。日本列島では，水分を含んだ風が脊梁山地にあたり，上昇気流となって積乱雲をつくる。

そのため，「西高東低」の気圧配置の日の日本列島の天気は，日本海側では大雪になることが多く，太平洋側ではおおむね乾燥した晴天となる。

問2　関東地方南部は，冬型の気圧配置の場合は乾燥した晴天となり，雪は降らない。関東地方南部など，太平洋側で雪が降るときの天気図のパターンは，「西高東低」とは異なっており，どちらかといえば春の天気図に近い。

それは，本州の南岸を発達中の低気圧が通過した場合である。本州南岸の八丈島と父島の間を低気圧が通った場合（南岸低気圧），関東地方南部の地面付近には北からの冷たい風が入り，温暖前線に沿っては南から湿った風が入る。地表付近の気温が低いと，太平洋側では雨ではなく雪になる。移動する低気圧による雪だから，春の天気図に似ており，その原因は冬の季節風ではなく，春の偏西風である。このように，東京で降る雪は，春を告げる「なごり雪」となることが多い。ただし，南岸低気圧の通過後は，西高東低型となって冬がぶり返すことも多い。

問3　各選択肢を検討する。

① 誤り。暖冬年でも，雪の多い地域では1日に数十 cm 積もる降雪はある。

② 正しい。首都圏など雪の少ない地域は，街の設備も人の意識も，雪への備えができていないので，ほんの数 cm の積雪でけが人が出たり，交通がマヒしたりして，生活が混乱する。このようすは，雪の多い地域に住む人には考えられない弱さである。

③ 誤り。冬の日本海側の豪雪は，問1で解説したように，季節風と対馬海流が原因である。現在の日本海が陸地に変わったと仮定すると，対馬海流はなくなるので，乾燥した季節風に水分が供給されず，日本の降雪量は，現在よりも激減する。

④ 誤り。「春一番」は，立春を過ぎて初めて吹く暖かい南風である。積雪のある山地では，雪の一部が融け，雪崩が起こったり，雪解け水による水害が起こったりする。(☞ ***42***)

45

A：1999 本◆　B：1998 本◆

問1　②	問2　①	問3　②	問4　②	問5　②	問6　①
問7　④					

A

問1　中緯度に位置する日本列島は，南北方向に気温差が大きく，また，大陸と海洋の境目に位置することから，性質の異なるいくつかの気団（高気圧）が発達する。

・シベリア気団，シベリア高気圧（寒冷・乾燥）

・オホーツク海気団，オホーツク海高気圧（寒冷・湿潤）

・小笠原気団，北太平洋高気圧（温暖・湿潤）

この3つが代表的である。なお，

・長江（揚子江）気団，移動性高気圧（温暖・乾燥）

を加えて4つと考えることもある。

梅雨の時期には，オホーツク海高気圧と北太平洋高気圧の2つの気団の勢力がほぼつりあっており，大気どうしが混じり合わずに衝突し停滞前線 がができる。そのため，北海道以外ではおよそ1か月にわたって，雨や曇りの天気が続く。

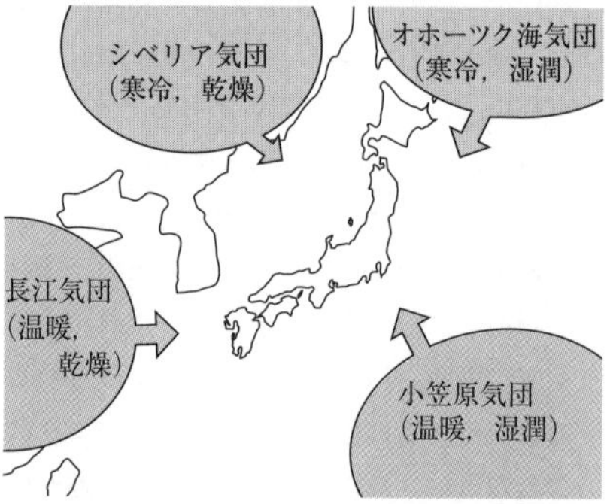

停滞前線は，暖気と寒気の勢力が均衡しているときに見られる前線であり，特に6～7月の梅雨の時期は梅雨前線，9月の秋霖(しゅうりん)の時期には秋雨前線とよばれる。

本問で，梅雨の天気図は，停滞前線が横たわっている②である。①は西高東低型の冬の天気図，③は台風のある夏～秋の天気図，④は移動性高気圧におおわれた春または秋の天気図である。

問2　梅雨前線の北側には，低温で海洋性の気団，すなわち，寒冷で湿潤なオホーツク海高気圧がある。また，南側には，高温で海洋性の気団，すなわち，温暖で湿潤な北太平洋高気圧がある。これらの勢力が均衡して，梅雨前線を形成する。

西日本は，梅雨のはじめから，ほとんど北太平洋高気圧の勢力下にあるので，ムシムシした高温で湿度の高い日が続く。一方，東日本では，日によってオホーツク海高気圧の勢力下であったり北太平洋高気圧の勢力下であったりするため，気温の変動が激しい。また，北海道は停滞前線の勢力が及ばず，明瞭な梅雨がない。

梅雨の末期には，北太平洋高気圧の勢力が強まって，停滞前線を北へ追いやるため，梅雨が明ける。しかし，冷夏の年など，梅雨明けがはっきりしないときもある。

問3　梅雨の時期は，大雨に起因する河川の増水，氾濫，洪水などが発生する。また，土砂崩れなどの斜面災害も多い。各選択肢を検討する。

①　正しい。晴天の日が少ないため，日照不足となりやすい。また，東北地方から関東地方にかけての太平洋岸では，オホーツク海気団から吹く北東の風によって，気温が上がらないこ

ともある。これらの影響で農作物の生育が悪くなることがある。

② 誤り。フェーン現象は山を越えてきた風下側の空気が，風上側に比べて温度が高く湿度が下がる現象である。よって，フェーン現象の影響はふつう風下側でみられる。梅雨の時期の太平洋側は，海からの風が吹くことが多いため，風下側になることが少ない。また，湿度が高く雨の多い季節には，甚大な火災は起こりにくい。

③ 正しい。山地や傾斜地に大量の降雨があると，土地が大量の水を含んだり，地表を流れる水による地表の侵食がおこったりする。その結果斜面が崩落し，土石流や山崩れが発生することがある。

④ 正しい。雨が続くと，山地から流れ出る水量が増加し，河川の水位が上昇し，堤防を越えたり，堤防が決壊したりして，平野部の河川も氾濫することがある。

B

問4　冷害は，本来は気温が上がるべき夏季に気温が上がらないことに起因した，農作物の生育が悪くなるなどの被害である。また，海には海霧が発生しやすくなり，船舶の安全が保たれず，漁業への影響も少なくない。なお，太平洋側が冷害のとき，フェーン現象によって日本海側は高温の晴天になりやすい。

問5　夏季の東北地方の太平洋側では，梅雨の時期からオホーツク海高気圧から吹き出す冷たい北東の風が強く，梅雨明けがはっきりしないまま8月になっても気温が上がらないことがある。この風が「やませ（山背）」である。

なお，①の海陸風は，海と陸の温まりやすさや冷めやすさの差のため，昼間は海風が，夜間は陸風が吹く現象である。③のエルニーニョは，ペルー沖の海水温が平年より高い現象であり，このときは日本全体が冷夏になる傾向がある（☞ ***51***）。④のジェット気流は，偏西風の中でも特に風速の強い部分である（☞ ***40***）。

問6　夏に日本をおおうのは，北太平洋高気圧である。南東から高温の風が日本に吹きつける。この勢力が強いと，晴天が続き，温度が高い状態が維持され，降水量不足や干ばつをもたらす。ダムに蓄えた水が減少すると，水道用水の取水制限など生活や産業にも影響が及ぶ。

問7　フェーン現象は，山を越えた空気の温度が上がり，湿度が下がる現象である。風上側で雲ができるときは，潜熱の放出によって気温の下がり方がにぶいが，雨を降らせたあとの風下側では気温の上がり方が激しいためにおこる。各選択肢を検討する。

① 誤り。山脈が高いと，風上側の温度の下がり方と，風上側の温度の上がり方の差が大きくなり，風下側の昇温がより大きく，より湿度が下がる。

② 誤り。フェーン現象の原因は，摩擦ではない。摩擦で気温はほとんど上がらない。

③ 誤り。放出した潜熱は，他の場所で水が蒸発することで吸収してきた熱なので，地球全体としては，熱エネルギーの合計は変わっていない。

④ 正しい。フェーン現象の原因は，水蒸気が水に変わるときの潜熱といえる。よって，山脈の風上側で水蒸気が水になり，雲ができ，降水があるときに起こりやすい。

46

A：2000 本◆　B：2005 追◆

問1　①　　問2　①　　問3　②　　問4　②　　問5　③

A

問1　熱帯低気圧のうち，最大風速が 17.2 m/s 以上（風力 8 以上）になったものを台風とよぶ。南北両半球で，緯度 5 ～ 20°，海面の水温が 26.5℃以上で発生する。メキシコ湾やカリブ海ではハリケーン，インド洋ではサイクロンと呼ばれているが，いずれも類似した現象である。

台風は，暖かい海上で水が水蒸気となるときに潜熱を吸収する。中緯度まで移動してくると，水蒸気が水に変わるときに潜熱を放出し猛威を振るう。このように，台風の主なエネルギーは潜熱であり，低緯度から中緯度へ向かってエネルギーを運ぶ地球大気のシステムの１つといえる。各選択肢を検討する。

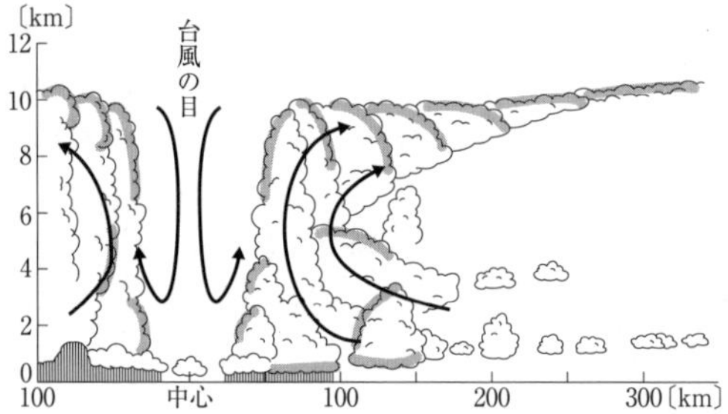

① 正しい。日本に接近する台風は，ほとんどが夏～秋である。

② 誤り。海水面の温度が高い時期に発生するので，北半球では 7 ～ 10 月に発生する台風の数が多い。

③ 誤り。熱帯海域では，台風は東寄りの風に乗って，太平洋高気圧の外側をまわるように，台風は東から西に進むことが多い。

④ 誤り。温帯地方では，台風は偏西風の影響を受けるため，太平洋高気圧の外側をまわるように，西から東へ進むことが多い。右図は，各月の代表的な台風の経路を示したものである。

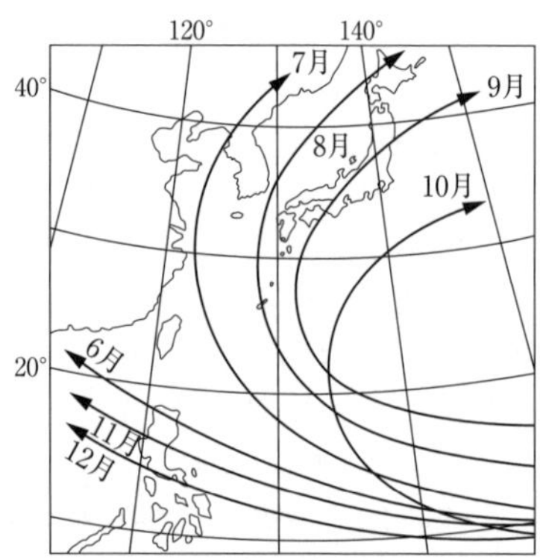

問2　台風は北半球の低気圧の一種であり，台風中心に対して上から見て反時計回り（左回り）に風が吹き込む。本問の場合，右図のアのように，東風→南風→西風のように，風向が時計回りに変化する。本問と逆に，観測地よりも東側を通過するとき（右図のイ），東風→北風→西風のように，風向が反時計回りに変化する。

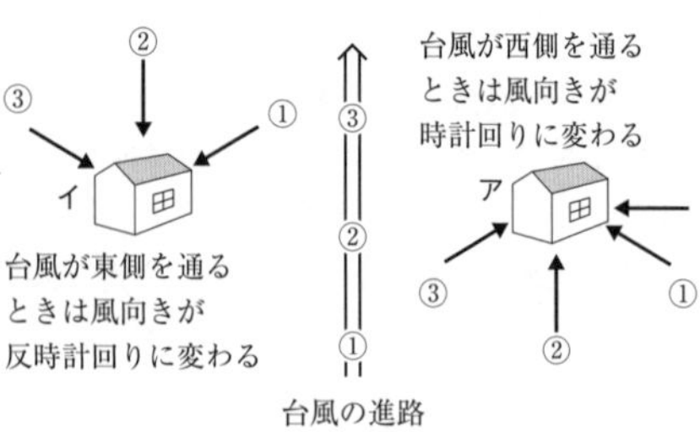

B

問3　台風では，外側から吹き込んだ空気が上昇気流となり，鉛直方向に発達した積乱雲を形成する。特に強い台風では，中心に到達する前に上昇し，中心部は積乱雲の壁に囲まれた雲のない「台風の目」ができることもある。

なお，台風を含め熱帯低気圧は，温帯低気圧のような前線をつくらない。温帯低気圧では暖気と寒気の境界に前線が生じるが，熱帯低気圧は周囲全てが暖気なので，寒気との境界がないためである。また，乱層雲は水平に広がる雲で，台風の付近ではみられない。

問4　台風は，上から見て反時計回り（左回り）に風が吹き込む。そのため，台風の東側では南風が，台風の西側では北風が吹く。そのため，本問のように南側に開いた湾があった場合，南から風が吹く場合に海水の吹き寄せによって，海水面が上昇する。本問の図では，台風が②の経路を進む場合，海水面の上昇が大きくなる。

なお，台風は気圧が低いため，そのぶんの圧力を水圧で補うように，海水面が高くなる。およそ1 hPa 気圧が下がると，1 cm 水位が上がる。これも高潮の主な原因である。高潮と満潮が重なると，陸域にも海水が浸入し，大きな災害を起こすことがある。1959年の伊勢湾台風では，名古屋市とその周辺で大きな被害が発生した。

また，台風の進行方向を向いて右側は，台風の移動速度と風の速さが足し算され，地表では，たいへん大きな風速となる。そのため，台風の進行方向右側は風速が大きく，さまざまな災害が起こりやすいため，危険半円と呼ばれている。

問5　気象衛星の画像のうち，可視画像と赤外画像は，組み合わせて考えることで，雲の様子を立体的に捉えることができる。可視画像は，ヒトの目で見えるのと同じような画像であり，厚い雲ほど白く写る。夜間は撮影できない。一方，赤外画像は，赤外線の弱いところ，つまり，温度の低いところが白く写るので，より高層の雲ほど白く写る。夜間でも撮影できる。

本問では，可視画像で白い部分が台風の西側に広がっているが，赤外画像では台風の西側に広がっていない。つまり，台風の西側には，赤外画像に写るような高層の雲はなく，可視画像にはっきり写っているのは低い雲と分かる。つまり，低い雲が西側に広がっている。

POINT【日本の四季の天気】

冬 …　大陸性の寒気団であるシベリア高気圧が発達し，西高東低の気圧配置となる。北西の季節風を受け，日本海側では雪，太平洋側では乾燥した晴天となる。

春 …　長江（揚子江）付近の高気圧の一部が離れて，小型で楕円形の移動性高気圧となって日本を西から東へ移動する。天気は晴れと雨が繰り返される。

梅雨…　6月には，湿潤な寒気のオホーツク海高気圧と，湿潤な暖気の北太平洋高気圧（小笠原高気圧）の勢力が均衡し，その境界にできる停滞前線のために雨が続く。

夏 …　北太平洋高気圧が張り出して日本をおおい，湿潤で暑い日が続く。

秋 …　9月ごろは停滞前線が生じ，秋雨（秋霖）となる。台風の襲来も多い。10月になると，天気は春同様の周期的な変化となる。

47

2011 本●

問1 ④　問2 ⑥　問3 a ②　b ③

問1　自然の雨は，大気中の二酸化炭素が少量溶け込んでいるため，ごく弱い酸性である。大気中の二酸化炭素濃度は現在の1気圧のもとで約0.04％であるが，地球誕生後の原始大気には，100気圧程度の二酸化炭素が含まれていたと推定されている。この大量の二酸化炭素の多くは，やがて海洋に溶け込み，カルシウム分と結びついて石灰岩として固定された。

近年，強い酸性を示す雨が問題になっている。酸性雨は人為的な大気汚染が原因である。石油や石炭などの化石燃料を燃焼させたとき，それらに含まれる硫黄分も酸化し，二酸化硫黄 SO_2 などの硫黄酸化物 SO_x が放出される。また，自動車のエンジン内部のような高温高圧の場では，大気中の窒素と酸素が結びついて窒素酸化物 NO_x となる。これらが大気中で反応を起こし，硫酸や硝酸などの雨となって降ってくるのが酸性雨である。酸性雨によって，森林が枯死したり，湖沼の生物が死滅したりという影響が出ている。

問2　各選択肢を検討する。

Ⅰ　誤り。オゾン濃度は，道路からの距離（図1）にも，自動車の通過台数（図2）にも影響していない。

Ⅱ　誤り。オゾン O_3 が二酸化窒素 NO_2 からできているとは，図1からも図2からも読めない。

Ⅲ　誤り。図2をみると，自動車の通過台数が増加しても，オゾン濃度は必ずしも増加していない。

Ⅳ　正しい。図2をみると，自動車の通過台数が増加すると，それにしたがって二酸化窒素濃度は増加している。

Ⅴ　誤り。図1，図2ともに，二酸化窒素濃度とオゾン濃度には，相関関係はほとんどない。

Ⅵ　正しい。図1をみると，道路からの距離が小さいほど，二酸化窒素濃度は高い。

以上のように，ⅣとⅥが正しい文である。このような結果となる原因は，二酸化窒素は問1で解説したように，エンジン内での窒素の酸化によって生じるため，道路からの距離や自動車の通過台数との相関は強い。一方，地表付近のオゾンは，高電圧の電気機器，モーターなどから発生するため，自動車との相関関係は強くないためと考えられる。

問3 a　日本のような中緯度には偏西風が吹いている。偏西風はその周囲に渦を作りながら南北へ蛇行する。偏西風の中で特に風速の速い部分はジェット気流とよばれており，その風速は100 m/s にも及ぶ。日本の気象は，偏西風の影響を強く受けている。また，問題の会話文にあるように，近年，大陸の大気汚染物質が日本に運ばれてきたのが観測されている。

一方，貿易風は緯度20°～30°付近の中緯度高圧帯から赤道低圧帯に向かって，北半球では北東から，南半球では南東から吹く風である。(☞ ***40***)

大気の鉛直構造は，地表に接する対流圏，その上に順に成層圏，中間圏，熱圏というように区分されている。われわれが身近に体験する気象は，対流圏で起こっている。対流圏と成層圏の境界は圏界面と呼ばれ，その高度は，赤道で16 km 程度，極で8 km 程度である。

対流圏の上は，約50 km までが成層圏である。オゾン層はここに存在している。オゾン層では，太陽放射のうちの紫外線を酸素分子やオゾン分子が吸収しており，上空ほど気温は高い。オゾン層が紫外線を吸収することで，地表に届く紫外線量は大変少なく，それゆえ陸上で生物が生活できる。なお，オゾン層とはいってもオゾンは微量であり，大気の主な組成は対流圏と変わらない。(☞ ***35***)

オゾン層の形成時期には諸説あるが，概ね古生代の初期～中期あたりとされている。植物の光合成によって大気中の遊離酸素が増加すると，その一部が上空でオゾン層を形成した。生物の陸上進出は古生代の半ばであるが，この時期にはオゾン層によって地表に届く紫外線が少なくなったのもその頃と考えられる。

問３ｂ　オゾン層については，前問ａの解説も参照して欲しい。各選択肢を検討する。

① 正しい。フロンは，冷蔵庫やエアコンの冷媒やスプレー缶などに使われる気体で，塩素原子を含む分子からなる。人体に無害で引火性もないことから，20 世紀には広く大量に使用されていた。しかし，オゾン層の破壊の原因物質だと判明すると，国際的には 1980 年代から条約によって製造や輸出入が規制され，また，国内でも法律が整備された。

② 正しい。オゾン層は，地表で植物の光合成によって放出された酸素 O_2 の濃度が増加し，その一部が変化してオゾン O_3 となることで形成された。オゾン層が現在のようにでき上がったのは，古生代の初期あるいは中期と推定されている。

③ 誤り。オゾンは，酸素分子に紫外線が当たることによって形成される。紫外線は，可視光線よりも波長が短い電磁波である。酸素分子 O_2 に紫外線があたると，酸素原子 O に分かれ，さらに酸素分子 O_2 と結びついてオゾン O_3 となる。なお，赤外線は可視光線よりも波長が長い電磁波であり，水蒸気や二酸化炭素によって吸収される。

④ 正しい。オゾンの濃度が極端に低い部分をオゾンホールと呼んでいる。特に，9 月～10 月ごろ南極上空でよく出現する事例が知られている。

⑤ 正しい。オゾン層は，太陽からの紫外線を吸収することで，地表に紫外線が届くのを防いでいる。

POINT【大気の環境問題】

・フロンガス（冷媒として使用）

　→　オゾン層のオゾンの減少，オゾンホールの形成

・二酸化炭素（化石燃料の大量消費）

　→　過剰な温室効果，平均気温の上昇

・硫黄酸化物 SO_x（石油の燃焼），窒素酸化物 NO_x（エンジン）

　→　酸性雨

48

A：2010 追○　B：1997 本◇

問1　③	問2　①	問3　③	問4　③	問5　④

A

問1　塩分とは，海水 1 kg に含まれる塩類の総量を g 単位で測ったもので，単位は〔g/kg〕あるいは，千分率の〔‰〕（パーミル）である。海洋の表面塩分の平均は 35 ‰ほどである。

赤道付近は受ける太陽放射エネルギーが大きく，上昇気流が卓越する低圧帯である。問題の図 1 からも分かるように，降水量が周囲よりもたいへん多く，水の蒸発量は少ない。

上昇した空気は，南北両半球に向かって吹き，両半球とも緯度 20 ～ 30° 付近で下降気流となる。そのため，緯度 20 ～ 30° 付近は，下降気流が卓越する亜熱帯高圧帯となる。問題の図 1 を見ても，降水量が少なく，水の蒸発量が多い。

下降した空気は，地表近くを赤道に向かって吹く。この風が，北半球では北東貿易風，南半球では南東貿易風となって，赤道低圧帯（熱帯収束帯）に集まり，再び上昇気流となる。

問2　赤道付近では，問 1 で見たように降水量が多く，水の蒸発量が少ないため，海水は薄まり，塩分は小さくなる。一方，緯度 20 ～ 30° 付近では，降水量が少なく，水の蒸発量が多いため，海水は濃くなり，塩分は大きくなる。

これを示したグラフは ① である。赤道付近のやや北半球寄りで，「降水量－蒸発量」の差が最も大きいので，塩分の極小となる。その両側に塩分の極大かつ最大がある。

B

問3　海面から深さ数百 m までの表層の海水は，降水や蒸発，陸水の流入，日射による加熱，海流，波，潮汐，大気との相互作用など，変化に富んだ海水である。一方，深さ数百 m よりも深層は，変化に乏しい膨大な低温の海水からなり，その様子は表層の海水とはまったく異なる。この膨大な深層の海水は，高緯度で沈降した海水である。

これら表層と深層の境界となる部分が水温躍層（主水温躍層）である。本問の図 2 の上側では，海水面の温度が 25℃だが，深さ 200 m ～ 800 m にかけて水温が急速に低下していく。深さ 800 m よりも深い海水は，およそ 2℃で一定である。以上から，深さ 200 m までが表層（表層混合層），深さ 200 m ～ 800 m にかけてが水温躍層，800 m 以深が深層というように区分できる。

問4　本問の図 2 の下側では，塩分が極小になるのは 5℃である。これを図 2 の上側に当てはめると深さ 800 m 付近である。つまり，深さ 800 m あたりに塩分の極小があり，それより浅い部分も深い部分も，塩分は高い。

問5　深さ 800 m 付近で塩分が極小になることを，問 4 で読み取った。深さ 800 m とは，問 3 でみた水温躍層の下端あたりの深さである。

低塩分の海水は，陸地から淡水が流入する海域や，降水量がたいへん大きな海域などでみられる。本問のような水温躍層の下端にある低塩分の海水は，高緯度で海氷が融解してできた水である。海氷には塩類がほとんど含まれていないため，海氷が融解した海水の塩分は小さいが，温度が低いために重く，表層の下に沈み込んでいく。そのため，水温躍層の下端に沿うように流れていく。各選択肢を検討する。

① 誤り。激しく混合があれば，水温や塩分はほぼ一様となり，極小はできない。
② 誤り。結氷のとき塩類は氷から排除されるので，取り残された海水の塩分は大きくなる。
③ 誤り。降水を上まわる量の激しい蒸発があれば，海水は濃くなり，塩分は大きくなる。
④ 正しい。蒸発を上まわる量の降水，海氷の融解，いずれも塩分を小さくする要因である。

POINT【塩分の分布】

・塩分　…　海水 1 kg に含まれる塩類の総量
〔g/kg〕あるいは〔‰〕（パーミル）
海洋の表面海水の平均は 35 ‰程度
・赤道低圧帯　　…　塩分が極小（降水量＞蒸発量）
・中緯度高圧帯　…　塩分が極大（降水量＜蒸発量）
・塩分が大きくなる要因
　・海への降水量よりも蒸発量が多い場合。
　・結氷により，海水に塩類が取り残される場合。
・塩分が小さくなる要因
　・海への降水量よりも蒸発量が少ない場合。
　・海氷が融解して，塩分の小さい水が混ざる場合。
　・陸から大量の淡水が流入する場合。

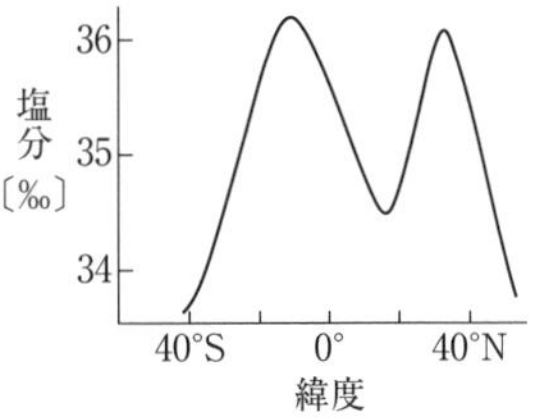

POINT【海水の塩類の組成】

「海水 1kg に含まれる質量 g」は，海域によって数値が上下する。
「塩類全体に対する質量%」は，塩類のうちの割合であり，どの海域でもほとんど同じ。

塩類	海水 1 kg に含まれる質量 g	塩類全体に対する質量%
塩化ナトリウム $NaCl$	27.3	77.9
塩化マグネシウム $MgCl_2$	3.4	9.6
硫酸マグネシウム $MgSO_4$	2.1	6.1
硫酸カルシウム $CaSO_4$	1.4	4.0
塩化カリウム KCl	0.7	2.1
	海域で異なる	ほぼ一定である

塩類の組成を，塩類全体に対するイオン組成の質量比で表すと，次の通り。

イオン	Cl^-	Na^+	SO_4^{2-}	Mg^{2+}	Ca^{2+}	K^+	HCO_3^-
質量比〔%〕	55.04	30.61	7.68	3.69	1.16	1.10	0.41

49

A：1989 追△　B：2009 本○

問1 ②　問2 ③　問3 ④・⑤　問4 ④　問5 ③

A

問1 地球の海洋の平均水深は4000 m 程度である。この海水は，大きく表層と深層に分けられ，その移り変わる部分が水温躍層（主水温躍層）である。海洋の深さ数百 m にある水温躍層よりも深い海水の温度は2℃程度であり，海域によらずほぼ一定している。この膨大な深層の海水は，高緯度の海の表層で生まれて沈降してきた海水である。温度が低いほど，また，塩分が大きいほど，海水の密度は大きくなる。(☞ **52**)

① 正しい。高緯度で海水が凍るとき，氷が塩類をほとんど含まないことから，海水中に塩類が取り残される。塩分が大きくなった海水は，0℃では凍らずさらに温度が下がり，密度が大きくなる。このような重い海水が深層へと沈み込む。

② 誤り。中緯度や低緯度の表層にある温度の高い軽い水が，水温躍層よりさらに深いところまで沈み込むことはできない。

③ 正しい。高緯度の表層水は温度が低く重いため，深層に沈み込む。1年で100 km にも満たないきわめてゆっくりした速さで，中緯度や低緯度の深海にも流れている。

④ 正しい。海水の密度は，主に水温と塩分によって決まる。水温が低下したときや，塩分が増大したときに，密度は大きくなる。

問2 海面の水温は低緯度で高く，高緯度で低い。これは，高緯度よりも低緯度の方が太陽高度が高いため，より多くの太陽放射エネルギーを得ているためである。各選択肢とも書かれている内容は正しいが，設問の解答として適当なのは ③ である。各選択肢を検討する。

① 誤り。海水を温めているのは空気ではない。

② 誤り。大気や海水の大循環が起こるのは，気温差や水温差が生じた結果である。

③ 正しい。太陽高度が高いほど，同じ面積当たりの太陽放射エネルギーが多い。

④ 誤り。陸から流入してきた氷河が海水全体を冷やしているわけではない。

問3 大気と海洋の間では，赤外線による放射，海面を介した伝導，水の気化に伴う潜熱などによって熱が交換されている。

① 誤り。台風が発生し発達する海域では，潜熱（気化熱）として海水から大気にエネルギーが移動するが，通過しているだけでは，他の海域よりも熱の放出が多いとはいえない。また，関東沖が他の海域より台風の通過数が多いわけではない。

② 誤り。海水の熱エネルギーを使って，大都市が稼働しているわけではない。

③ 誤り。夏の高気圧による晴天は，海水からの熱の放出ではなく，逆に海水温を上昇させるはたらきがある。

④ 正しい。冬，北西の季節風が日本列島を横切ったあと，乾燥して太平洋に出ると，海水面から水の蒸発が起こる。このとき，海水面からは潜熱（気化熱）が奪われ，日本海同様に太平洋上にも筋状の雲（積雲の列）ができる。

⑤ 正しい。黒潮は南方から流れてきて，千葉県もしくは茨城県の沖から太平洋に抜ける。そのため，関東沖は同じ緯度の他の海域に比べて水温が高く，熱を放出しやすい。

⑥　誤り。大気の湿度が高いときは，海水面からの水の蒸発が少ないため，潜熱による大気への熱の輸送は少ない。

B

問4　問題文および図1を読み取ると，4月から8月までは海水に入ってくる熱量が，出ていく熱量よりも多いため，海水中に熱は蓄積されていく一方であり，温度は上がり続ける。入ってくる熱量が最も多いのは6月であるが，7月も8月も出ていく熱よりはまだ多いため，温度は上がり続ける。だから，図2で表面水温が最も高い［エ］は9月である。

逆に，10月から2月までは海水から出ていく熱量が，入ってくる熱量よりも多いため，海水中から熱は逃げていく一方であり，温度は下がり続ける。だから，図2で表面水温が最も低い［ア］は3月である。

次に，問題文にある『加熱期に形成された暖水の層が，冷却期に対流により上下にかき混ぜられる』を理解する。加熱期が終わった9月には，水深30 m程度まで温度の高い層ができている。温度の高い海水は密度が小さく軽いため，短期間ではなかなか対流せずに表面にとどまる。しかし，何か月か経つと，少しずつ上下にかき混ぜられていく。そのため，温度の高い海水は深いところまで広がりをみせていく。図2の水深60 mをみると，［イ］のときに最も水温が高いが，これは9月に続く季節であり12月といえる。また，［ア］の3月になると，深部にもはや暖水部分はみられない。

問5　各選択肢を検討する。

①　誤り。海洋の温度は当然ながら太陽の温度よりもずっと低い。太陽が放射する電磁波（光）のうち最も強い波長帯は，0.5 μm前後の可視光線である（☞ ***36***）。一方，地球の地表面，海面，大気などは，10 μm前後の赤外線を放射する。一般に，温度の高い物体が放射する電磁波の波長は短く，温度の低い物体が放射する電磁波の波長は長い。

②　誤り。低緯度域は太陽高度が高いため，1年間の合計で，海洋に入る熱量の方は海洋から出る熱量よりも大きい。しかし，毎年赤道域に熱が蓄積されて温度が上がり続けているわけではない。余った熱量は高緯度に輸送されている。その輸送を担っているのが，海流の循環，水蒸気による潜熱の輸送，そして，大気の循環である。

③　正しい。海洋から水が蒸発する時に，水蒸気は潜熱（気化熱）を吸収する。その熱量は水1 gにつきおよそ2500 J (600 cal) である。この潜熱は，水蒸気が輸送された先で水滴や氷晶に変化するときに，周囲の大気に熱として放出される（☞ ***41***）。

④　誤り。放射による熱量は，放射をしている物体（この場合の海洋）の温度のみによって決まる。塩分には依存しない。なお，塩分とは海水1 kgに含まれる塩類の総量をgで示した数値（千分率）である。

50

A：2012 本○　B：2008 追○

問1　①　　問2　⑥　　問3　③　　問4　①

A

問1　海面から深さは数百 m までの海水は，日々変化の激しい表層（表層混合層）である。表層を流れる海流については，次の問2で解説する。

一方，それより深層では，ほとんど変化のない膨大な低温の海水がある。循環の速さも 1000～3000 年周期とたいへん遅い。この深層の海水は，高緯度で沈降した低温の海水である。表層と深層の境界が水温躍層である。

問2　太平洋や大西洋のような大きな海洋では，亜熱帯を中心として，赤道付近から中緯度までを大きく循環する亜熱帯環流がみられる。

大きな海流の流れは，風系と対応している（☞ ***40***）。北半球の大気の大循環では，北緯 20°～30°の亜熱帯高圧帯（中緯度高圧帯）を境界に，北側（高緯度側）は偏西風帯，南側（低緯度側）は北東貿易風帯である。これらの風に引きずられて，北太平洋の場合，赤道付近では北東貿易風に引きずられて北赤道海流が西へ向かい，その一部はユーラシア大陸沿いに北上して黒潮となる。黒潮から連続する中緯度の北太平洋海流は，偏西風の影響を受けて東へ向かう。その後，カリフォルニア海流として南下し，赤道付近へ戻るというように環流を形成している。

このように，北太平洋の亜熱帯環流は，右回り（時計回り）である。これは，北大西洋も同様である。逆に，南半球では，循環は左回り（反時計回り）である。

本問の北太平洋の亜熱帯環流では，海流の流れの向きは，右回り（時計回り）のA→B→D→Cである。このうち，赤道付近を流れるDからCにかけては，海水が吸収する熱量が大きいので，温度は上昇していく。よって，Cが最も高温の海域となる。温度の高い海水は，暖流の黒潮としてCからAへと中緯度へ流れていき，地球上の熱輸送のひとつを担っている。AからBにかけては，熱を放出していくため，温度は低下していく。よって，Bが最も低温の海域となる。BからDへは寒流として流れていく。

B

問3　亜熱帯環流と風系の対応は，問2で解説した通りであり，亜熱帯高圧帯の北側に西寄りの風である偏西風が，南側に東寄りの風である貿易風（偏東風）が吹いている。また，問題文にもあるように，地球の自転によって生じる転向力は，北半球では運動の向きに対し直角右向きにはたらく。そのため，海面を風が吹くと，海面の下の海水は全体として右向きに運ばれる。

北半球では，偏西風はおよそ西から東に向かう風だから，その下の海水は南に向かって運ばれることになる。一方，貿易風は東から西に向かう成分を持つから，その下の海水は北に向かって運ばれることになる。結果，偏西風帯と貿易風帯ではさまれた海域に海水が寄せられるので，その部分の海水面は高くなる。

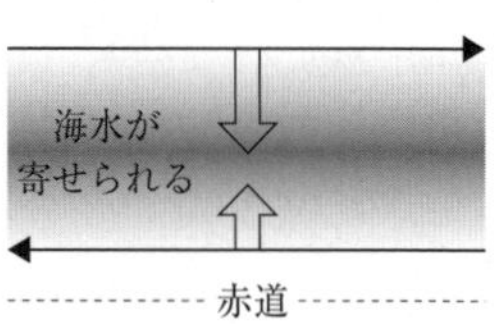

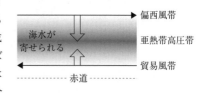

環流の内側は海面が高く，太平洋では，環流の内外で 1～2 m 程度の海水面の高さの差が

ある。この海水面の高さの差が，水圧の差を生み，海流の海水塊にはたらいている。

問4　環流の基本的なしくみは，北半球と南半球で同じであるが，南半球からみると赤道が北側にあるため，循環の向きが逆になる。南半球の大気の大循環では，南緯 20° ～ 30° の亜熱帯高圧帯（中緯度高圧帯）を境界に，南側（高緯度側）は偏西風帯，北側（低緯度側）は南東貿易風帯である。このことから，環流は南太平洋，インド洋，南大西洋の各々で，左回り（反時計回り）に回っている。各選択肢を検討する。

① 正しい。上記のように，北半球の環流は右回り（時計回り）であるが，南半球の環流は左回り（反時計回り）である。

② 誤り。同じしくみで流れている南北半球の亜熱帯環流だが，平均的な流速は南半球の方が遅い。速い海流として代表的な黒潮，（メキシコ）湾流，ともに北半球の海流である。

③ 誤り。転向力は，緯度が高くなると大きくなる。この緯度による変化が原因で，海洋からみて西岸に強い海流がみられる。これは西岸強化とよばれる。太平洋であれば黒潮，大西洋であれば湾流が，環流の中でも特に流れが速い。同様に，南半球でも海洋の西岸に強い海流がみられる。インド洋のアフリカ大陸側を流れる海流（モザンビーク海流）は強い海流である。南太平洋の東オーストラリア海流，南大西洋のブラジル海流も，北半球の黒潮や湾流ほどの流速はないが，それでも南半球では速い方である。

④ 誤り。南半球でも，環流の内側の海水面が高い。転向力の向きが逆だから，環流の向きも逆である。

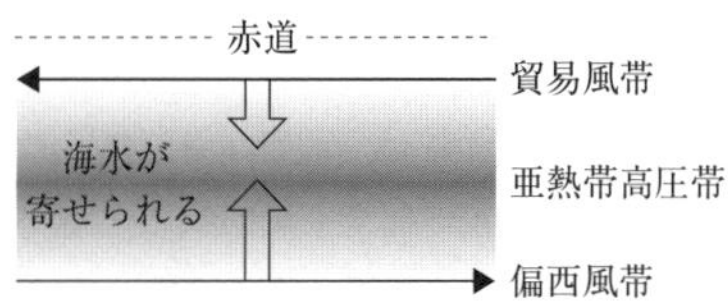

POINT【亜熱帯環流】

・中緯度高圧帯を境に
　高緯度側
　　＝偏西風で，東に向かう。
　低緯度側
　　＝貿易風で，西に向かう。
・北半球は時計回り
　南半球は反時計回りの環流
・南北半球とも，海洋の西側の海流は強い（西岸強化）

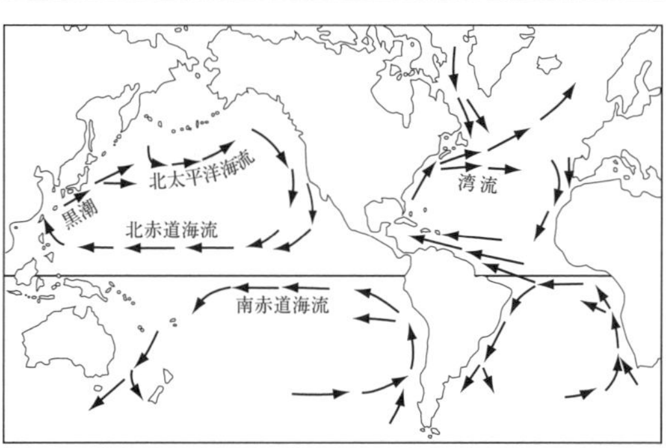

51

1998 追◆

問1 ③　問2 ②　問3 ④　問4 ③　問5 ②　問6 ①

問1　エルニーニョ現象とは，もともとは，南米大陸のペルー沖の海水温が上がり，ペルー付近での降水量が増加する現象を指していた。しかし，現在では太平洋赤道域をまたぐ大規模な変動の全体を指すことが多く，それらは，他の海域や大気の現象にも影響を与えていると理解されている。以下，赤道太平洋の通常期とエルニーニョ時のそれぞれの状態を解説する。

通常期（エルニーニョ現象の起こっていないとき）に，赤道太平洋の海域では，東から西へ貿易風が吹いているため，表面の暖かい海水は西側（アジア側）へ吹き寄せられている。そのため，温度の高い海水は西側ほど厚くなり，東側（南米側）では暖水層は薄い。それを補うように，東側では深部から湧昇してくる冷たい海水が水面近くまで来る。湧昇した海水には栄養塩類が多いため，付近の海域は好漁場となっている。

貿易風による吹き寄せと湧昇によって，太平洋の東側（南米側）では気温が低めであり，上昇気流を生じにくい。すなわち，大気が安定な状態であり，降水量は少ない。一方，太平洋の西側（アジア側）では，気温が高く，大気が不安定な状態で激しい上昇気流が生じ，多雨となる。以上のように，赤道太平洋の表面の暖水が西側（アジア側）に吹き寄せられている状態が通常の状態である。

しかし，何らかの影響で貿易風が弱まると，温度の高い水が東側（南米側）にもとどまるようになる。すると，東側（南米側）の海面近くの大気の温度が上がり，上昇気流が生じるようになる。ペルー側で大気の状態が不安定になると，大気の状態が不安定になり，降水量が多くなる。一方で，西側（アジア側）では温度が下がり，上昇気流が弱まるため，降水量が減少し，干ばつになることもある。

このように，暖水の吹き寄せが弱いことに関連する諸現象を，エルニーニョ現象と呼んでいる。エルニーニョ現象が起こると，北太平洋高気圧が弱まるため，日本は冷夏や暖冬となる傾向となる。

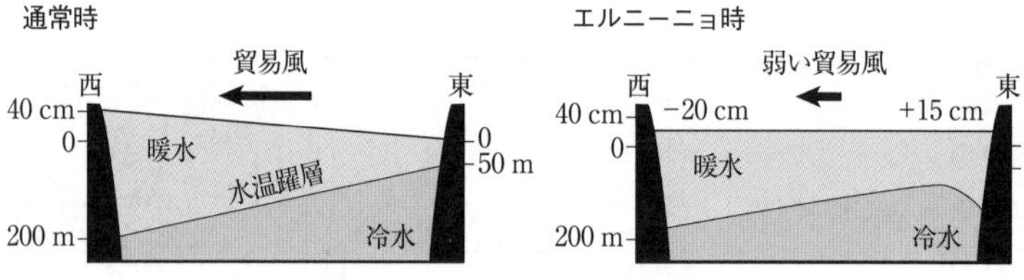

本問の 4 枚の図のうちでは，暖水が東側（右側，南米側）に残っているのがエルニーニョ現象が起こっているときである。よって，③ がエルニーニョのときの海水温である。

問2　気象庁では，海水温の基準値からのずれが半年以上継続したものをエルニーニョ現象としている。気象庁の資料では，近年エルニーニョ現象が起こっている時期は次のとおりであり，その頻度は数年に一度である。

「2002 夏～ 2002/03 冬」，「2009 夏～ 2010 春」，「2014 夏～ 2016 春」，「2018 秋～ 2019 春」

問3・問4　エルニーニョ現象のそもそもの舞台は赤道太平洋であり，貿易風が関与する現象である。偏西風は中緯度に吹くもので，直接的な原因ではない。問1でも解説したように，通常は貿易風によって，海洋表面の暖水は西側（アジア側）に吹き寄せられている。しかし，エルニーニョ現象のときは，貿易風が弱く，吹き寄せが弱く，東側（南米側）にも暖水が厚く残った状態になり，東西の差が小さくなる。

問5　エルニーニョは，もともとは雨の少ないペルーに雨が降る現象を，漁民たちが「神の子＝El Niño」とよんだのが最初である。栄養塩類を含んだ湧昇流が停止し，海水温が上がって，通常よりアンチョビの漁獲量が減少したり，獲れる魚の種類が変わったりする（③は正しい）。現在，エルニーニョ現象は，ペルーのみならず世界中の気候に波及する現象と理解されている（①は正しい）。インドネシア付近の上昇気流が弱まると，下降気流側の北太平洋高気圧も弱まるため，日本の気候にも影響がある（④・⑤は正しい）。誤りは②であり，到達する紫外線の増加は，オゾン層の破壊によるものである。

問6　海洋は，気候に大きな影響を与えている。各選択肢を検討する。

① 正しい。海洋は暖まりにくく冷めにくい。つまり，比熱が大きい。そのうえ，膨大な質量がある。比熱と質量の積が熱容量である。海洋の熱容量は大気の熱容量より大きい。そのため，たとえ0.1℃の海水温の上昇や低下でも，膨大な熱の出入りがある。

② 誤り。地球全体の海面水温の平均は18℃程度，地上気温の平均は15℃程度である。

③ 誤り。雪氷でおおわれた陸地など白いところほど反射率は大きい。海洋の反射率は極めて小さい。

④ 誤り。表面海水の循環でも，大気の循環より遅い。深層循環に至っては，数千年の循環になる。

POINT【エルニーニョ現象】

通常　…　貿易風によって，表面の暖水は西側（アジア側）に吹き寄せられる。
インドネシアでは，温度が高く，上昇気流が卓越し，多雨。
ペルー沖では湧昇によって海水温が低下。陸地でも温度が低く少雨。

エルニーニョ現象　…　貿易風が弱まり，暖水は東側（南米側）にも残る。
インドネシアでは，通常より温度が低く，上昇気流が弱まり，少雨，干ばつ。
ペルー沖では湧昇が停止。海水温が上昇。上昇気流の発生で降水量が増加。
日本では，太平洋高気圧が弱く，冷夏・暖冬の傾向。

ラニーニャ現象　…　通常よりも西側への暖水の吹き寄せが強い。
日本では，太平洋高気圧が強まり，猛夏・厳冬の傾向。

52

A：1991 本△　B：2006 本○

問1　ア ④　イ ④　ウ ③　エ ①　問2 ③　問3 ③

A

問1　各項目について解説する。

ア　海面付近の海水は，降水や陸水の流入，水の蒸発，日射の季節変化，海流や波などの流れ，大気との相互作用など，常に変化し続ける海水である。

海水の密度は，主に温度と塩分によって決まる。温度が低いほど，塩分が高いほど，密度が大きい。選択肢はいずれも海洋表面で日常的に変化するものであるが，そのうち，海水の密度が変化するのは④である。水の蒸発があると，海水は濃くなる，すなわち，塩分（海水1kgあたり含まれる塩類の総量）が大きくなるので，密度は大きくなる。また，蒸発によって潜熱（気化熱）が奪われ，水温が下がることでも，海水の密度は大きくなる。一方，降水があると，塩分が小さくなるので，密度は小さくなる。

他の選択肢は，海水が運動するだけで，密度の変化はほとんどみられない。海水の密度は圧力によっても変化するが，それは深海にいくときの水圧のことである。海面の気圧が少し変わったくらいでは，海水の密度はほとんど変わらない。

イ　海面から深さ数百 m までの表層の海水は，上記のように変化に富んだ海水である。一方，深さ数百 m よりも深層は，ほとんど変化のない膨大な低温の海水がある。その境界で，深さに応じて急激に水温が下がる層は，水温躍層とよばれる。

ウ　塩分とは，海水 1 kg に含まれる塩類の総量を g で表したものであり，〔g/kg〕あるいは千分率の〔‰〕の単位で表す。海洋の表層の塩分は，平均的には 33 ～ 38 g/kg 程度である。塩分は海域によって差があり，赤道付近では小さく，亜熱帯高圧帯では大きい（☞ ***48***）。

エ　深層の海水は，高緯度で沈み込んだものが，中緯度や低緯度の全海域に広がったものである。その温度はおよそ 2℃で，どこでもほとんど同じである。

B

問2　海水の鉛直方向の循環は，海水の密度差によって起こる。すなわち，密度の高い海水ができる場所では，海水の沈み込みが起こる。

海水の密度を決める要素は，水温，塩分，圧力などがあり，特に海洋表面では前 2 つの要素が重要である。水温が高いほど密度が小さく，水温が低いほど密度が大きい。また，塩分が高いほど密度は大きく，塩分が低いほど密度が小さい。

海洋の深層循環で，海水が沈み込む場所はほぼ限定されており，問題の図でみられる北大西洋のグリーンランド近海，および，南極のウェッデル海くらいである。この海域の海水は，そもそも水温が低いことに加え，海水が結氷するときに塩類が氷にあまり入らず海水中に取り残されることから，塩分も高い。このようにしてできた低温・高塩分の重い海水が深層へと沈み込んでいく。

一般に，海洋の深層（概ね水深 1000 ～ 2000 m 以深）にある，水温 2℃ほどの膨大な海水は，高緯度で沈み込んだ海水がもとになっている。

問3　問題文にあるように，沈み込んだ海水が上昇してくるまで数万 km を移動し，その速度が

1 mm/s ということから，年数を見積もる。1 年 = 365 × 24 × 60 × 60 で，およそ 3×10^7 秒だから，年数は次のように概算される。

$$\frac{数万 \times 10^6\ \mathrm{mm}}{1\ \mathrm{mm}/秒} \times \frac{1}{3 \times 10^7\ 秒/年} = 1 \sim 2 \times 10^3〔年〕$$

つまり，1000 年～2000 年を要する。これは海水の表層を流れる海流と比較しても，極めてゆっくりで，極めて長時間を要する循環である。このような深層循環は，第四紀の長期的な気候変動と相互に影響を与えているといわれている。

POINT【海洋の鉛直構造】

・海洋の平均水深は 4000 m 程度。
　そのうち，表層は 1000 m 未満。その下の膨大な海水が深層。

・表層…日々変化が大きく，循環速度が速い。
　降水や蒸発，陸水の流入，日射による加熱，海流，潮流，風浪，大気との相互作用などで変化。

・水温躍層…急激に水温が下がる。

・深層…高緯度で沈降した海水。
　・流れの速さ，循環速度が極めて遅い。
　・結氷のとき氷から排除された塩分により低温で高塩分の海水ができる。
　・海水が深層へ沈み込む海域は，
　　北大西洋のグリーンランド沖と，
　　南極のウェッデル海。

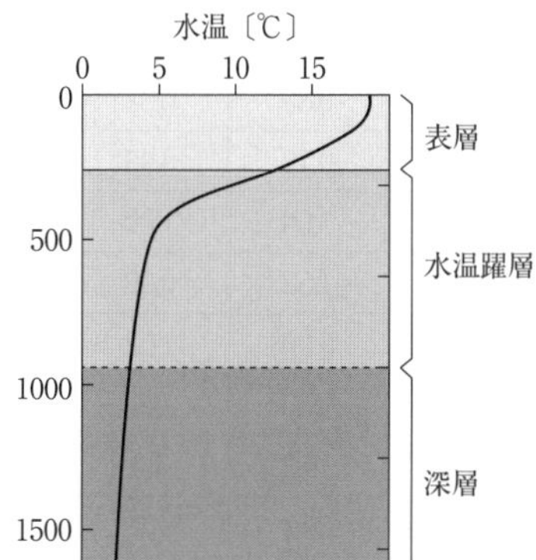

第5章　天文

53

2013 本●

問1　⑤　　問2　図1　②　　図2　⑥　　問3　③　　問4　②　　問5　①

問1　かつて，星間物質の濃い部分であった星間雲（原始太陽系星雲）が円盤状に回転し，中心に恒星である原始太陽が生まれた。

また，原始太陽系星雲の中では，原始太陽のまわりを回転していた固体微粒子（チリや氷の粒）が集合することで微惑星が形成され，さらにその微惑星の衝突と併合によって徐々に原始惑星，さらに惑星が誕生したと考えられている。

太陽や地球をはじめとする太陽系が誕生したのは，隕石や月の岩石に含まれる放射性元素を用いた年代測定などを根拠に，およそ46億年前であったというのが定説である。

問2　太陽系には，地球を含め8つの惑星がある。これらは，太陽から比較的近い水星，金星，地球，火星の地球型惑星と，太陽から比較的離れた木星，土星，天王星，海王星の木星型惑星に分類されている。木星型惑星をさらに2つずつのグループに分ける考え方もあるが，ここでは4つの惑星を一括して木星型惑星とする（☞ **55**）。

図1は，太陽からの平均距離の小さい4つの地球型惑星では小さいが，太陽からの平均距離の大きい4つの木星型惑星では大きい。特に，太陽からの平均距離が5番目の木星は，地球の100倍以上になっている。これは，惑星の質量を示している。

図2は，地球型惑星で大きく，木星型惑星で小さい。これは，平均密度である。地球型惑星では平均密度は5 g/cm^{3}程度，木星型惑星では平均密度は1 g/cm^{3}程度である。

参考として，選択肢①～⑥の具体的な値を表にまとめておく。

	太陽との平均距離（地球＝1）	① 半径（地球＝1）	② 質量（地球＝1）	③ 衛星数〔個〕	④ 公転周期	⑤ 平均表面温度〔℃〕	⑥ 平均密度〔g/cm^3〕
水星	0.39	0.38	0.06	0	88日	430～－160	5.4
金星	0.72	0.95	0.82	0	225日	460	5.2
地球	1.00	1.00	1.00	1	365日	15	5.5
火星	1.52	0.53	0.11	2	687日	25～－140	3.9
木星	5.20	11.2	318	79	11.9年	－150	1.3
土星	9.55	9.5	95	65	29.5年	－180	0.7
天王星	19.2	4.0	15	27	84.0年	－210	1.3
海王星	30.1	3.9	17	14	165年	－220	1.6

衛星数は2019年現在

問3　各文を検討する。

Ⅰ　正しい。地球型惑星のうち，太陽に近く，重力の小さい水星は大気を持たない。金星は

90 気圧という濃厚な二酸化炭素の大気，火星は 0.06 気圧という希薄な二酸化炭素の大気を持つ。地球の大気は 1 気圧であり，約 8 割が窒素，約 2 割が酸素である。

Ⅱ　誤り。金星は，濃厚な二酸化炭素の大気による温室効果のため，平均表面温度は約 460℃という高温である。また，地球も水蒸気や二酸化炭素による温室効果がはたらいているが，平均表面温度は 15℃程度である。なお，地球に温室効果がないと仮定した場合の表面温度は－18℃程度と計算されている。

Ⅲ　正しい。火星表面には，かつて水が存在していたと推定される痕跡が見つかっているものの，現在，大量の水からなる海洋は存在していない。

問4　各選択肢を検討する。

① 誤り。地球上に生物が出現したのは約 35 億年前の原核生物である嫌気性の細菌類である。ラン藻類（ラン細菌，シアノバクテリア）も早いうちから出現していたと考えられており，最古のものは 27 億年前のものが発見されている。ラン藻類は，光合成によって水中に少しずつ酸素を増やしていった。

② 正しい。先カンブリア時代末の動物化石にはエディアカラ動物群などが知られている。一方，古生代カンブリア紀の動物化石にはバージェス動物群などがある。大きな違いは，後者には殻や骨格のような硬組織がある点である。

③ 誤り。生物の陸上進出は，古生代の中期（シルル紀，デボン紀）ごろであり，カンブリア紀の動物，植物は，すべて水中生活をしていた。その中には，遊泳生活をするものも多数存在した。

④ 誤り。カンブリア紀に出現したバージェス動物群の中には，体長 50 cm 以上にもなるアノマロカリスなどがある。アノマロカリスは，水底の三葉虫などを捕食していた。

⑤ 誤り。植物が陸上進出したのは，シルル紀の原始的なシダ植物である。シダ植物が繁栄した古生代石炭紀ごろ，種子植物が出現し，中生代以降は種子植物が繁栄している。

問5　各選択肢を検討する。

① 誤り。脊椎動物が陸上進出したのは，古生代デボン紀であり，イクチオステガのような両生類である。また，中生代に動物界を支配したのは大型ハ虫類の恐竜である。これらは，周囲の温度によって体温も変化する変温動物である。体温を一定に保つことができる恒温動物は，鳥類やホ乳類だが，これらが繁栄したのは，新生代になってからである。

② 正しい。一生を水中生活する魚類の呼吸器はえらである。両生類の成体，および，爬虫類以降の脊椎動物は，大気中で呼吸ができる肺を持っている。

③ 正しい。水中生活から陸上生活に移るにつれ，乾燥に耐える必要がある。硬い皮膚や鱗(うろこ)は，乾燥に耐えるはたらきがある。

④ 正しい。水中生活では浮力があるために，身体を支持するつくりは簡易でよかったが，陸上生活では浮力がなく，重力すべてを四肢などで支える必要がある。そのため，体を支持するつくりである骨格が発達した。

⑤ 正しい。魚類や両生類は水中に産卵するので，卵の内部が乾燥することはなく，卵は膜におおわれている程度である。しかし，爬虫類以降の脊椎動物は陸上に産卵するため，内部の水の損失を防ぎ，乾燥から守るための卵殻が必要となった。

54

1996 追△

問1　④　　問2　②　　問3　④　　問4　②

問1　地球型惑星は，表面（地殻）がOやSiを主成分とするケイ酸塩鉱物からなり，固体の明瞭な表面を形づくっている。右表は，地球の地殻を構成する鉱物の体積の割合である。このうち⑦以外が二酸化ケイ素およびケイ酸塩鉱物である。このように，地殻を構成する物質の大半がケイ酸塩鉱物である。その下のマントルもケイ酸塩である。一方，中心の核は鉄を中心とする金属からなる（☞ **12**）。

鉱　物	体積の割合〔%〕
①　斜長石	42
②　カリ長石	22
③　石英	18
④　角閃石	5
⑤　輝石	4
⑥　黒雲母	4
⑦　磁鉄鉱	2
⑧　かんらん石	1.5

なお，ケイ酸塩鉱物とは，OやSiが結晶の骨格をなし，これにいくらかの金属イオンが組み合わさってできている鉱物である。

①　元素鉱物は，1種類の原子のみからできている自然金Auや自然銀Agなどであり，地殻中にはごく微量にしか存在しない。地球表面の物質の大半は，ケイ酸塩をはじめ酸化物などの化合物である。

②　炭酸塩鉱物は，方解石$CaCO_3$などであり，温暖な浅海底で形成されることが多く，化学的な沈殿だけでなく生物的な作用によっても形成される。

③　酸化鉱物は，赤鉄鉱Fe_2O_3や磁鉄鉱Fe_3O_4のように，ある元素が酸素と結びついた鉱物である。炭酸塩鉱物も酸化鉱物も，地殻内にある程度の量はあるが，ケイ酸塩鉱物の量には遠く及ばない。

問2　地球型惑星の表面について，各々解説する。

水星は，太陽に最も近い惑星で，大気や水は存在しない。自転周期が59日と長く，公転周期が88日であり昼と夜が各々88日ずつ続く。表面温度は，太陽に面した側で約400℃以上，反対側で約－150℃以下であり，その差は500℃を越える。

水星の表面には多数の隕石クレーターがある。隕石クレーターは，惑星や衛星の表面に隕石が衝突したときに形成される凹地であり，単にクレーターとよぶときには，隕石クレーターを指すことが多い。地球のように大気や水があるところでは，できたクレーターはすぐに侵食作用を受け原形を失い，また，地殻変動によっても消滅することがある。しかし，水星や月のように大気や水がない場所では，クレーターが消滅する原因は熱による物理的風化や，新たなクレーターの形成などしかないので，大半は残存する。実際，クレーターが数多く形成されたのは，約40億年前くらいであるが，水星や月のクレーターのほとんどは残存している。

金星は，太陽から2番目に近い惑星である。金星の半径6100 kmは，地球の半径6400 kmと近い。平均密度の5.2 g/cm^{3}も地球の5.5 g/cm^{3}に近い。内部の構造や組成も含め，惑星の固体部分は地球と類似する性質が多く，地球の兄弟惑星とまでいわれることもある。

一方で，金星の表面環境は地球とはずいぶん異なる。金星表面の大気圧は約90気圧であり，その95%以上が二酸化炭素である。金星大気は厚い硫酸の雲で覆われていて，太陽放射の反射率が高い。地球から金星がたいへん明るく見える原因の一つがこの大きな反射率である。反射率が大きいため，太陽に近いにもかかわらず，金星表面に到達する太陽放射は地球表面よりも少ない。一方，大気中の濃厚な二酸化炭素の温室効果がはたらいており，到達する太陽放射が少ない割に，表面温度は400℃～500℃と高く保たれている。また，大気があるので熱の輸送がはたらき，水星や月のように太陽側と反対側で数百度も差が生じることはない。

金星表面に降る硫酸の雨は，高温のためにすぐ蒸発し，金星表面に流水による地形をつくることはない。しかし，地球よりも規模の大きな火山地形が存在するなど，変動は激しく，褶曲や断層もみられる。そのため，金星にもプレートテクトニクスが存在するのではないかという説が出たこともあるが，現在の定説では否定的である。

火星は地球のすぐ外側を公転する，太陽に近い側から4番目の惑星である。半径は地球の半分ほどである。二酸化炭素を主とする大気があるが，0.006気圧ほどであり希薄である。そのため，両極と赤道，昼と夜の温度差は100℃以上になる。低温の両極では二酸化炭素の固体（ドライアイス）が，極冠として観察される。この極冠の大きさは周期的に変化をしており，火星に季節があることを示している。季節があるのは，地球同様に，自転軸が公転面に垂直な向きに対して傾きながら公転しているためである。その角度は25.2°ほどであり，地球（23.4°）と似通っている。衛星が2個あるが，いずれも球とはかけ離れた，いわゆるジャガイモ形である。

火星については，水 H_2O の存在がしばしば話題となる。現在，火星表面に大量の水や氷の存在は確認されていないが，火星に着陸した探査機によって，流水が形成したとみられる地形や地層はいくつも発見されている。そのため，過去のある時点では大量の液体の水が火星表面にあったのではないかとみられている。

問3　Aは，太陽系最大の火山とされる火星のオリンポス山である。周囲の地表からの高さは約27000 m，裾野の直径は600 km程度である。ちなみに，地球の火山で最大級の火山であるマウナロア（ハワイ島）は，周囲の海底からの高さが9000 mほどである。

Bは，小規模な隕石クレーターである。クレーターの内面の形は，小規模なものは写真のようにおわん型であり，大規模になると底に平坦な部分が現れる。

Cは，写真の右上－左下の向きに，流水による侵食でできた河川の跡の谷地形がみられる。

Dは，写真の右上－左下の向きから圧縮の力がかかった，褶曲と断層の多い地形である。

問4　惑星や月の表面に多数の隕石クレーターがみられるのは，できたクレーターが消滅せずに残存しているからである。地球では大気と水のはたらきや地殻変動で多くは消滅している。

①　誤り。プレート運動があると地殻変動がさかんになり，クレーターは消滅しやすい。

②　正しい。質量が小さい惑星は重力が小さく，大気や水を保持できない。そのため，クレーターは侵食されない。

③　誤り。固体の岩石の表面があるのは，太陽からの距離の小さい地球型惑星である。太陽からの距離が大きい木星型惑星の表面は固体でないため，隕石の衝突の跡は残らない。

④　誤り。大気があると，風化や侵食が進みやすく，クレーターは消滅しやすい。

55

2006 本●

問1　③　　問2　④　　問3　④

問1　生命が存在するには，適度な表面温度が必要である。そのためには，太陽のような恒星からの距離が適度であり，太陽放射の強さがちょうどよい範囲に含まれる条件が必要である。このように生命が存在可能な領域は，ハビタブルゾーンとよばれる。地球はハビタブルゾーンに含まれるが，金星や火星は含まれない。ただし，問2でみるように，恒星からの距離の条件だけで，生命が存在可能とはいいきれない。

本問のまゆみさんの仮説のとおり，生命の発生が，惑星の表面温度のみで決まると考える。図中の□で示される惑星 P2（表面温度約 45℃）と，△で示される惑星 Q4（表面温度約 10℃）で生命が発生しているから，その間の表面温度をもつ惑星にも生命が存在しなければならない。つまり，惑星 P3（表面温度約 20℃）にも生命が存在するはずである。しかし，惑星 P3 には生命が発生していないから，仮説は否定される。

問2　惑星に生命が生息するには，大気や水のような物質循環の仲立ちをする液体や気体が大量に必要だと考えられている。そのためには，大気や水を保持するため，ある程度の重力が必要である。

各選択肢を，**ア**～**エ**のグラフをもとにして検討する。

① 誤り。**エ**のグラフでは，恒星からの距離が 2 つの○（P2 と Q4）の間である惑星が 1 つある（P3）が，その 1 つの惑星では生命は存在しない。**ウ**のグラフでも同様である。

② 誤り。**ウ**のグラフでは，恒星からの距離，表面温度ともに 2 つの○の間である惑星が 1 つある（P3）が，その 1 つの惑星では生命は存在しない。

③ 誤り。**イ**のグラフでは，表面の重力が 2 つの○の間にある惑星が 1 つある（P か Q の 9 番目の惑星）が，その 1 つの惑星では生命は存在しない。**ア**のグラフでも同様である。

④ 正しい。**ア**のグラフから，表面温度と表面の重力がともに 2 つの○の間にある惑星は存在しない。そのため，④ の条件は否定できない。

問3　選択肢の ①～④ に書かれている内容そのものは，金星の特徴としてどれも間違ってはいないが，金星に液体の水が存在しない理由となりえているのは ④ だけである。

太陽から金星までの距離は約 0.7 天文単位であり，太陽に近いために太陽放射を強く受ける。それに加え，金星の大気は約 90 気圧と濃厚であり，その 90％以上が二酸化炭素である。そのため，金星表面が放射する赤外線を吸収・再放射する温室効果が著しい。結果として，金星表面は約 480℃の高温であり，水は存在したとしても液体ではありえない。

他の選択肢は問題文と合致しないが，内容は正しい。

① 金星の自転周期は 243 日で，8 つの惑星のうち最も長い。これは，金星の公転周期 225 日よりも長い。

② 8 つの惑星の公転の向きはすべて同じであり，多くの惑星では自転の向きも同じである。しかし，金星の自転の向きは逆向きである。また，天王星は横倒しになって自転している。

③ 金星は水星とともに，衛星をもたない惑星である。

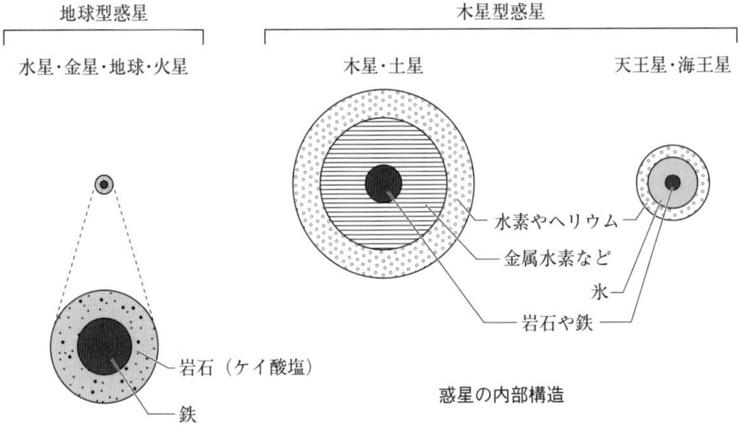

惑星の内部構造

POINT【地球型惑星と木星型惑星】

地球型惑星（水星，金星，地球，火星）

- 半径，質量ともに小さいが，密度は大きい（5 g/cm^3 程度，最大は地球の 5.5 g/cm^3）。
- 表面付近は主にケイ酸塩からなり，中心には鉄の核を持つ。
- 大気は，水星にはなく，金星は濃厚な CO_2，火星は希薄な CO_2，地球は N_2 と O_2。
- 衛星は少なく，水星，金星で 0，地球が 1 個，火星が 2 個。

木星型惑星（木星，土星，天王星，海王星）

- 半径，質量ともに大きいが，密度は小さい（1 g/cm^3 程度，最小は土星の 0.7 g/cm^3）。
- 固体の明瞭な表面を持たず，水素やヘリウムから構成される。
- 自転角速度が大きく，偏平率が大きい。
- 衛星数は多い。いずれも 2 桁。

56

A：1997 追◇　B：2015 本★

問1　ア　⑥　イ　⑤　ウ　①　　問2　②　　問3　⑤　　問4　③　　問5　④

A

問1・問2　太陽は主系列星であり，その中心では，水素 H がヘリウム He になる核融合反応によって，エネルギーが生み出されている。

太陽の表面は光球とよばれ，その表面温度は 6000 K 程度である。太陽の表面の直下は，中心核からの熱が細かな対流によって表面に伝わってきており，光球にはその対流のようすを示す無数の粒状斑がみられる。

太陽表面にはしばしば強い磁場を持つ黒点（**ア**）が出現する。黒点の部分の温度は 3500 K ～ 4500 K 程度で，周囲の光球面よりもかなり暗く見える。黒点の数は 11 年周期（**A**）で増減を繰り返している。黒点数が多いときは太陽活動が活発な時期である。このとき，太陽面の爆発現象であるフレア（**イ**）が起こり，電磁波のうちの X 線や，荷電粒子の流れである太陽風が強まる。この強い電磁波や太陽風は，地球にも影響をおよぼす（☞ ***57***）。

光球の上には，厚さ数千 km で低密度の彩層がある。その外側の大きな空間はコロナ（**ウ**）である。コロナはたいへん希薄で高温の領域であり，その温度は約 100 万～ 200 万K である。皆既日食のときに光球が隠されると，地球からも観測される。また，プロミネンス（紅炎）は，彩層の一部が突出したもので，数か月にわたって立ち上るものもある。

B

問3　上記のとおり，黒点は周囲より温度が低く，暗く見える部分である。黒点が太陽面を移動して見えるのは，黒点が光球上を動いているのではなく，太陽そのものが自転しているためである。地球のような固体の星であれば，自転周期はどこでも同じである。しかし，太陽は固体ではないので，自転周期がどこでも同じわけではない。

問題の図 1 を見ると，低緯度にある黒点**A**は，左図から右図へ，6 日間で経度にして 80° 動いている。これが 360° 動くのに要する日数が，低緯度の見かけの自転周期である。

$$6\text{日} \times \frac{360^\circ}{80^\circ} = 27\text{日}\quad(\textbf{エ})$$

次に，高緯度にある黒点**B**の動きをよく見ると，6 日間で経度にして 80° よりもやや少ない。だから，高緯度の見かけの自転周期は 27 日よりもやや長い。

以上から，ガス球である太陽の自転周期は，低緯度が高緯度よりもやや短い（**オ**）。

なお，問題文の「見かけの」といういい方は，この観察が地球から見ており，地球の公転の影響も含んでいるためである。真の自転周期はもう少し短い。

問4　太陽の黒点の大きさを見積もる設問である。地球の半径を R，直径を $2R$ とする。太陽の直径は地球の直径の 100 倍で $200R$，太陽全周は，$200\pi R$ である。このうち緯度方向に 2° ぶんを黒点**A**が占めている。よって，黒点**A**の大きさは，次のように求められる。

$$200\pi R \times \frac{2}{360} = 1.1\pi R = 3.5R$$

これが，地球の直径の何倍か求めればよいので，

$$\frac{3.5R}{2R} = 1.8 \text{ 倍}$$

すなわち，黒点Aの大きさは，地球の直径の2倍近くある。このように，太陽ではときどき，地球がすっぽり入るサイズの黒点が出現する。

問5　太陽をはじめ，恒星からの光には波長の短い電磁波から長い電磁波まで，さまざまな波長の光が混ざっている(☞ ***36***)。プリズムを利用した分光器で光を波長ごとに分けた(分光した)ものがスペクトルである。問題の図2では，スペクトルが帯になっており（連続スペクトル)，いろいろな波長の光が連続的に含まれていることを示す。しかし，その中に，特定の波長の光だけが弱い暗線（吸収線）がみられる。

暗線は，恒星が持つ元素が特定の波長の光を吸収したためにみられる現象である。ある1種類の元素が吸収する波長は，元素ごとに正確に決まっているため，吸収線を調べると，恒星の内部や大気の元素組成が分かる。例えば，0.393 μm なら Ca の吸収線，0.589 μm なら Na の吸収線である。太陽のスペクトルに現れる主な吸収線は，フラウンホーファー線とよばれる。

各選択肢を検討する。

① 正しい。宇宙の誕生であるビッグバンのときにつくられた元素は，ほとんど水素とヘリウムのみであった。それ以外の元素は，巨星の内部や超新星爆発のときにつくられ，宇宙空間にばらまかれたものである。太陽のスペクトルには，こうした元素の暗線も観測される。太陽は主系列星であり，内部ではまだヘリウムより重い元素はつくられていない。だから，このような元素は，太陽の誕生のときに宇宙空間から取り込まれたものである。

② 正しい。上記の通り，太陽光には，連続スペクトルが観測される。

③ 正しい。太陽を構成する元素は，水素が個数比で約9割，質量比で約7割である。太陽中心では，水素原子核（陽子）が，ヘリウム原子核に変化する核融合反応が起こっており，エネルギーが生み出されている。

④ 誤り。上記で解説した通り，暗線は太陽の内部や大気の元素が，特定の波長の光を吸収したために生じたものであり，元素が存在することを示している。

POINT【太陽の構造】

- 太陽の半径70万 km，質量 2.0×10^{30} kg。
  自転周期は約25～30日で，低緯度ほど短い。
- 中心部　…　1500万K。H → He の核融合
  放射によってエネルギーを周辺へ輸送する。
- 表面付近　…　光球（6000 K）に多数の粒状斑。
  黒点（4000 K 前後）は，強い磁場を持つ。
  黒点は11年周期で増減。
  黒点増加時は太陽の活動期。フレアがおこる。
- 光球の上が彩層。その外層はコロナ（150万 K)。

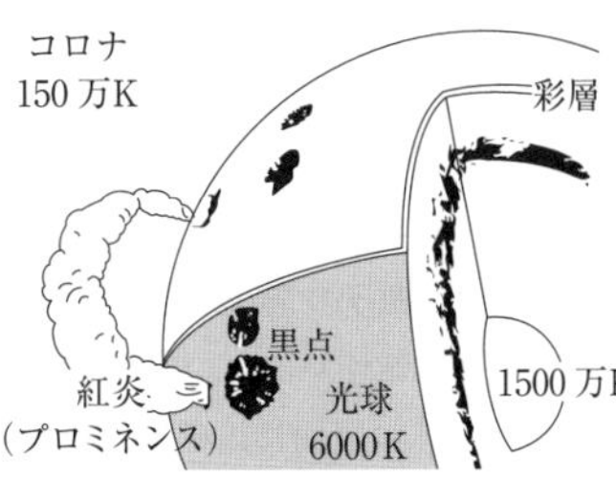

57

A：1998 本◇　B：1994 追△

問１　①　　問２　②　　問３　イ　④　ウ　①　　問４　④　　問５　③

A

問１　太陽系の起源は，星間物質の濃い部分であった星間雲（原始太陽系星雲）である。星間物質は水素やヘリウムのような気体と，ケイ酸塩などのチリや氷の粒のような固体微粒子からなる。原始太陽系星雲では，星間物質が円盤状に回転し，中心では重力収縮によって原始星（原始太陽）が生まれ，周囲にはいくつかの惑星が生まれた。

原始星で重力収縮が進むと，中心部の温度と圧力は増加していく。中心部の温度が 1000 万度以上に達すると，水素原子核（陽子）からヘリウム原子核（**ア**）への核融合反応がはじまり，主系列星となる。主系列星は，核融合反応によって生じる圧力と重力がつりあっていて，極めて安定な状態にある。恒星は，その一生のほとんどを主系列星として過ごす。太陽の場合，主系列星になるまでの時間が約 5000 万年程度と推定されているが，主系列星としての寿命は約 100 億年であり，現在は半分の 50 億年程度経過したところである。

恒星内部の水素の割合が少なくなり，ヘリウムの割合が増加すると，水素の核融合反応は中心部から周辺部へ移る。ヘリウムの増えた中心核は収縮し，ヘリウムから炭素や酸素をつくる核融合反応が開始される。恒星は膨張しながら光度が上がり，表面温度は下がる。これが赤色巨星や超巨星である。

太陽や太陽質量の数倍程度までの恒星は，巨星となった後，外層部分を宇宙空間に放出する。放出されたガスは惑星状星雲として空間に残される。中心核部分は収縮して白色矮星となる。白色矮星の半径はもとの恒星の 100 分の 1 程度であり，現在の地球と同程度のサイズである。白色矮星の放射する光は紫外線が強く，これが惑星状星雲に当たって発光する。

問２　現在の主系列星としての太陽の表面温度は約 6000 K であり，黄色に見える。約 50 億年後，巨星になると，表面温度は下がり赤色になる。表面温度が 3000 ～ 3500 K 程度まで低下すると，太陽の単位表面積から放射されるエネルギーは現在の 10 分の 1 程度になる。

しかし，半径は 100 倍以上まで膨張する。これは，地球と太陽の距離の半分以上の大きさである。表面積は 100^2 = 1 万倍以上になる。だから，表面温度が下がって暗くなる効果(10 分の 1)以上に，表面積が広がって明るくなる効果（1 万倍以上）の方がずっと大きい。結果的に，太陽は現在の 1000 倍程度の明るさの巨星となって輝くと推定されている。

B

問３　太陽のコロナは 100 万K 以上の高温の状態にあり，太陽の主成分である水素原子やヘリウム原子が電離したプラズマの状態になっている。コロナから放出される太陽風は，電子や陽子などの荷電粒子の流れであり，その速度は通常 400 km/s 程度である。

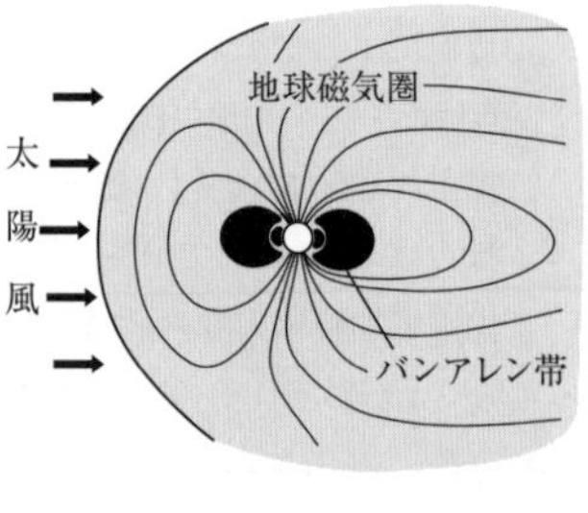

一方，地球の周囲には磁場の及ぶ範囲である地球磁気圏（**イ**）がある。地球のすぐ近くの磁力線の様子は，地球の中心に棒磁石を置いたと仮定したときの磁場の

様子に似ているが，その外側の磁場は，太陽風によって変形し，太陽風が直接に地球表面へ降り注ぐのを防ぐ壁，生命にとっていわばバリアーのような役割を果たしている。この壁の内側が地球の磁気圏である。地球磁気圏の形は，太陽側は地球半径の10倍程度のところで押しつぶされている。一方，反対側は地球半径の1000倍くらいまで尾を引く形になっている。

太陽活動が活発なときは，太陽の黒点が増加する。黒点は強い磁場があって低温だが，その周囲ではエネルギーの解放に伴って，彩層の一部が数分間に渡って爆発的に明るくなるフレアがおこる。フレアのときには，コロナの温度は1000万Kに達する。電波からX線にかけて幅広い波長の電磁波が強くなる。太陽風も1000 km/s程度に達し，いわば突風となる。このように太陽風が強いときには，磁気圏が縮み，地球磁場との相互作用によって超高層大気に流れる電流が変化する。これが地磁気の急激な変動である磁気嵐（ウ）を引きおこす。磁気嵐は，電波障害などを招くことがある。

なお，選択肢の他の語について，［イ］の①の熱圏は地球の大気の上層の部分，③の電離層は熱圏で大気の原子が電離している層である，また，②の彩層は太陽表面の気体の層である。［ウ］の②の永年変化は地磁気の長期的な変動であり，原因は地球内部にある。一方，③の日変化は地磁気の1日周期のわずかな変化であり，フレアと関係なく昼と夜で変化する。④の磁気異常は，ある地点での地磁気の観測値と想定値との差である。

問4　太陽風は通常，太陽から地球までの距離（1.5×10^8 km = 1天文単位）を4日ほどかかって到達する。フレアのときには，太陽風の速度は速まり，問題のように約2日で到達する。その速度は，次のように計算され，およそ900 km/sである。

$$\frac{1.5 \times 10^8\ \mathrm{km}}{2 \times 8.6 \times 10^4\ \mathrm{s}} = 8.7 \times 10^2\ \mathrm{km/s}$$

問5　フレアが起こると，地球にも影響が及ぶ。各選択肢を解説する。

①　正しい。フレアによって大気上層の熱圏にある電離層の電離の度合いが強まる。電離層は短波通信などの遠距離通信の電波を反射させるなどに利用されているが，電離層の状態が変わると，通信障害が起こる。これがデリンジャー現象である。

②　正しい。地磁気に捉えられた荷電粒子の一部が磁力線に沿って極域に流れ込み，高層大気の窒素や酸素などの原子と相互作用をおこして，オーロラ（極光）を生じる。大気の層構造では熱圏の高さにあたり，下端が地上約100 km，上端が地上500 km以上に及ぶ。

③　誤り。地球上で方位磁針のN極が北を向くのは，地球自体が磁石であって，北極の近くにS極が，南極の近くにN極があるからである。この極性は，過去に何度も反転しているが，その原因は地球内部にあり，フレアの度に反転しているわけではない。

④　正しい。地磁気に捉えられた荷電粒子は，ドーナツ状に地球を取り巻く領域のバンアレン帯を形成する。地球磁場に閉じ込められた高速の荷電粒子に満ちた空間である。地上約3500 kmの内帯と，地上約20000 kmの外帯からなっている。

58

1996 本△

問　ア ④　イ ①　ウ ①　エ ①

問　各空欄について解説する。

［ア］太陽のエネルギーは，主に可視光線を中心とする電磁波（光）の形で周囲に放射されている。このエネルギー量は，問題文にあるように，年間あたりおよそ 10^{34} J である。この値は，地球に到達するエネルギーの測定と，太陽・地球間の距離から計算されたものである。なお，地球が受け取っている太陽放射エネルギーは，太陽放射エネルギーの総量の 20 億分の 1 程度である。

本問では，太陽のエネルギー源として，重力エネルギーを考えている。重力エネルギーは，重力の中心（この場合は太陽の中心）から離れたところにある物質が持っている位置エネルギーのことである。物質が中心に接近すると，位置エネルギーは運動エネルギーを経て熱エネルギーに変わっていく。星間雲の中で星間物質から原始星が形成されていくときのエネルギー源が重力エネルギーである。

問題文のように，1 年当たりの太陽放射エネルギーが 10^{34} J，重力エネルギーの総量を 10^{41} J とする。消費し尽くしてしまうまでの年数は，次の計算で求められる。

$$\frac{10^{41}\ \mathrm{J}}{10^{34}\ \mathrm{J/年}} = 10^{7}\ 年$$

計算結果は，わずか 1000 万年である。太陽系や地球の歴史は約 50 億年前にはじまっており，おかしい。だから，重力エネルギーは，主系列星としての太陽放射の主なエネルギーではありえない。

［イ］太陽を含め恒星のエネルギー源は，核融合反応である。太陽の中心部では，水素がヘリウムへ変化する核融合反応が起こっている。

水素原子核（陽子）がヘリウム原子核となるとき，わずかながら質量が消滅している。アインシュタインによると，質量はエネルギーと等価であり，核融合によるエネルギーは，質量欠損を Δm，光速を c とすると Δmc^2 とあらわされる。太陽の中心部では，毎秒 10^9 kg 程度の質量が失われ，それがエネルギーに変わっている。問題文のように，恒星の質量から太陽はあと 50 億年は現在と同様に輝き続ける。

［ウ］太陽と同じように，水素からヘリウムへの核融合のエネルギーによって，安定して輝いている恒星が主系列星である。恒星の一生のうち大半の時間が主系列星としての時間である。だから，恒星の寿命とは，主系列星としての時間だと考えて，ほぼ差し支えない。

問題の図は，恒星の質量と光度の関係を示したものである。光度とは星が出している光エネルギー全体のことであり，恒星のエネルギーの消費量といってもよい。この図では，縦軸，横軸ともに，通常の等間隔の目盛でなく，桁を強調した目盛（対数目盛）になっているので，読み取りには注意が必要である。

この図をみると，太陽の質量の 10 倍の恒星の光度は太陽の 10^3 ～ 10^4 倍である。すなわち，太陽の 10 倍の質量の恒星は，太陽の 10^3 ～ 10^4 倍も明るく輝き，太陽の 10^3 ～ 10^4 倍のエネルギーを消費している。そのため，エネルギー源となっている水素が尽きる速度が速い。すなわち，質量の大きい恒星は，それ以上に水素の消費速度が速いので，寿命は短い。

設問では，光度が質量の3乗に比例する場合を考える。このとき，質量が太陽の10倍の星の光度は10^3倍であり，水素の消費速度も10^3倍である。寿命は太陽に比べ，次のように計算される。

$$\frac{10}{10^3}=\frac{1}{10^2}\text{倍}$$

太陽の寿命が約100億年だから，問題の星の寿命は約1億年である。

エ　太陽程度の恒星は，寿命を迎えると，巨星の段階を経て惑星状星雲を形成し，白色矮星となる。

②と③は太陽の数倍以上の質量を持つ星の最期である。パルサーの正体は超高密度の中性子星であり，パルス状の電磁波を発する。④は巨星のうち膨張と収縮を繰り返す脈動変光星の一種である。

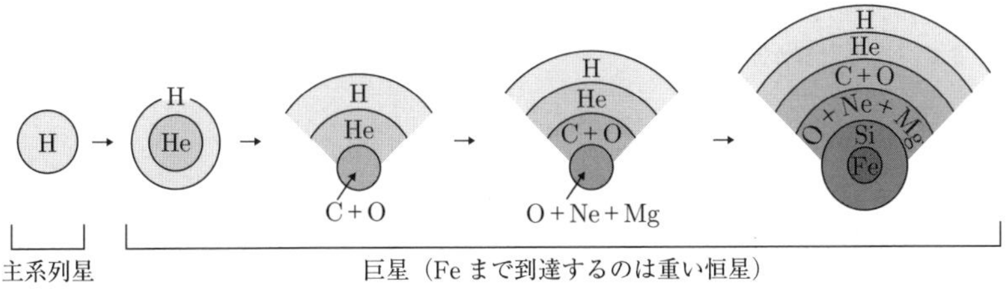

POINT【フレアの影響】

・フレア　…　太陽表面での爆発的なエネルギー放出の現象。
　太陽活動の活発な時期（黒点の多い時期，約11年周期）に多い。

・X線などの電磁波　…　光速で約8分20秒で到達。
　→　デリンジャー現象　…　電離層の電離の度合いを強め，短波無線による遠距離通信の障害を起こす。

・太陽風　…　コロナから出た荷電粒子の流れ。
　通常は約4日で地球に到達するが，フレア時は約2日。
　→　オーロラ（極光）…　荷電粒子が磁力線に沿って極域に流れ込み，大気中の分子と相互作用を起こして光を生じる。
　→　磁気嵐　…　地磁気の強さや向きが数時間程度で急激に変化する。

59

問1　④	問2　②	問3　②	問4　⑤	問5　①	問6　④
問7　③	問8　④				

問1　主系列星である太陽の中心核は，1000 万 K（10^7 K）程度の温度であり，水素がヘリウムに変化する核融合反応をエネルギー源として輝いている。発生したエネルギーは，γ 線として表層に向かって放射され，吸収や放射を繰り返しながらさまざまな電磁波となって，表層へ向かう。太陽の表層付近は対流層になっており，光球には小さな対流を示す無数の粒状斑がみられる。熱せられ表面に達したガスは，外部に光を放射して，再び下降する。

なお，赤色巨星では，ヘリウムからさらに重い元素がつくられる核融合反応が起こっている。

問2　太陽の表面温度はおよそ 6000 K であり，黄色に見える恒星である。

問3　地球から太陽の直径をみたときの角度は視直径とよばれ，太陽の視直径は問題のように 0.5° である。この値から，太陽の実際の直径（実直径）を求める問題である。太陽までの距離をもとに，次のように円の弧の長さとして求めることができる。

地球と太陽の距離は，表にあるように 1.5 億 km である。地球を中心にして，半径 1.5 億 km の円弧を考え，その弧のうち中心角 0.5° ぶんが太陽の直径だと考えればよい。よって，次の計算が成り立つ。

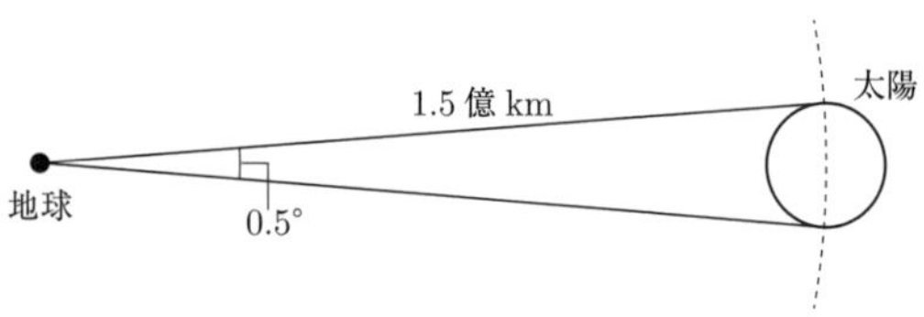

$$2\pi \times 1.5\text{ 億 km} \times \frac{0.5}{360} = 125\text{ 万 km}$$

以上より，太陽の実直径は 130万 km である。もっと詳しい値（視直径 0.53°，π = 3.14）を用いて計算すると，139万 km となり，より実際に近い値となる。この直径は，地球の直径の約 109 倍である。

なお，円の弧は曲線であり，直径は直線であるから，上記の計算は正確でないように思えるかもしれない。しかし，中心角が 0.5° と小さな角度なので，精度が有効数字 2 桁程度の計算であれば，弧と直線は等しいと考えて差し支えない。

問4　星の明るさは等級で表す。もともとは，古代ギリシアのヒッパルコスが，空の星の明るさを階級に分けたのが発祥であり，現在は古代ギリシア以来の等級を大まかには引き継ぎながら，階級ではなく小数も含めた量として扱われている。

現在では，等級の 5 等差が明るさの $100 = 10^2$ 倍となるように定義されている。1 等差ならば明るさの $\sqrt[5]{10^2} = 10^{0.4} = 2.5$ 倍に相当する。また，値が小さい方が明るい。

本問では，太陽のみかけの等級が −27 等，満月のみかけの等級が −12 等だから，15 等の差がある。5 等差が明るさの 10^2 倍だから，15 等差なら明るさの 10^6 倍である。すなわち，太陽の明るさは満月の明るさの 100 万倍である。

問5　太陽は問4のようにたいへん明るいので，肉眼で見ることはできず，ましてや望遠鏡でのぞくことはできない。太陽の観察では，望遠鏡を使って太陽の像を投影し，像を観察するという方法を使うのが一般的である。

太陽の中心付近は明るいが，太陽の円の縁に近い部分は暗く見える。これは，太陽の表面の層のうち，外側に行くほど温度が下がるためである。温度が低いと，放射する光エネルギーも小さいため暗く観察される。

問6　恒星の見かけの色は，表面温度と密接に関係する。青白く見えるのは，表面温度の高い星であり，12000 K ～ 30000 K という最も高い表面温度のグループの星である。問題の表の中ではリゲル（オリオン座）である。

シリウス（おおいぬ座）やベガ（こと座）のような表面温度 9000 ～ 10000 K 程度の星は白であり，夜空に見える明るい「1 等星」には白色の星が多い。夏の大三角（ベガ，デネブ，アルタイル）はすべて白色，シリウスとともに冬の大三角の 1 つであるプロキオンも白色である。

太陽のように，表面温度 6000 K 程度の星は黄色である。また，アンタレス（さそり座）のように，太陽より低温の表面温度 3000 ～ 4000 K 程度の星は赤色である。

問7　アンタレスは，表面温度が 3500 K であり赤色の星である。恒星の中では表面温度が低い部類に入り，恒星の単位表面積あたり放射される光エネルギーは小さい。にもかかわらず，600 光年の遠くから出た光が地球からみて 1.2 等という明るさで見えるのだから，アンタレス全体から出る光エネルギーはかなり大きい。ここから，アンタレスの表面積はかなり大きいことが分かる。すなわち，表面温度が低いわりに明るいのは赤色巨星である。

赤色巨星は，主系列星が寿命に近づいたころ，中心核でヘリウムの核融合反応がはじまり，星全体が膨張してできたものである。主系列星時代に比べ，表面温度は下がるが，表面積が大きくなるため，明るさは同等か明るくなる。

問8　シリウスの等級（－1.4 等）は，リゲルの等級（0.1 等）よりも 1.5 等差ぶんだけ小さく明るい。問4でみたように，等級の 1 等差が明るさの 2.5 倍になる。1.5 等差ならば，1 等差の 2.5 倍より大きく，2 等差の $2.5^2 = 6.25$ 倍より小さい。選択肢では 4.0 倍が該当する。

シリウスの距離は 8.6 光年，リゲルの距離は 860 光年であり，リゲルの方が 100 倍の距離である。問題文にあるように，明るさは距離の 2 乗に反比例するから，距離が 100 倍ならば明るさは 10000 分の 1 である。もしリゲルをシリウスの位置まで持ってくれば，今見えている明るさの 10000 倍，つまり 10 等も明るく見えるということである。よって，本来のリゲルはシリウスよりもずっと明るいということが分かる。

POINT【恒星の性質】

・等級　…　等級の 5 差　＝　明るさの 10^2 倍

　　　　　等級の 1 差　＝　明るさの 2.5 倍

・色と表面温度

青白色	白色	黄色	赤色
30000 ～ 12000K	10000 ～ 9000K	6000K	4000 ～ 3000K

K は絶対温度の単位。℃の値より 273 大きい。

60

A：2008 本○　B：2013 追○

問1　②　　問2　②　　問3　①　　問4　④　　問5　⑤

A

問1　宇宙空間には，きわめて希薄な星間物質がある。星間物質は，星間ガスと星間塵からなる。星間ガスの組成は，主に約 90 % の水素と約 10 % のヘリウムである。星間塵は，星間ガスよりもさらに少なく，ごくわずかのケイ酸塩など固体微粒子からなる。星間物質の濃度の高い領域を星間雲といい，そこでは星間物質の重力収縮によって原始星が誕生する。

問題文にも説明されているように，星間雲が付近の天体から放射される紫外線や可視光線などの光を受けて明るく輝いているものを散光星雲という。また，星間雲が背後の天体の光を散乱，吸収し，暗く見える影の領域を暗黒星雲という。

問題の写真は，オリオン座にある馬頭星雲とよばれる星雲付近の視野である。

①　正しい。右側の領域は輝いてみえるが，星間物質自身が輝くことはないので，周囲に明るい天体があってその放射を受けていると考えられる。

②　誤り。④でも解説するが，この写真の左側の領域は，右側の領域に比べて，背後に写っている恒星の数が少ないので，暗黒星雲が存在していると考えられる。

③　正しい。馬の頭に見えるAの部分は，背後の天体の光を隠している部分（暗黒星雲）である。つまり，暗黒星雲が背後の明るい領域（散光星雲）よりも，太陽系に近い位置にある。

④　正しい。背後にある恒星の分布は，この写真に写っている程度の領域内で極端に偏っているとは考えられない。にもかかわらず，左側の領域にみられる恒星の数が少ないのは，それを隠す星間雲，すなわち暗黒星雲があるためと考えられる。

問2　各選択肢を検討する。

①　誤り。ブラックホールは，重い恒星が寿命を迎えて重力崩壊をしたときなどに形成される，たいへん大きな質量の天体である。一方，暗黒星雲は星間物質が他の領域よりも濃度が大きい領域のことであり，背後の恒星の光が隠れているから暗く見えるのである。暗黒星雲では新しい恒星も誕生しており，ブラックホールとは全く異なる。

②　正しい。散光星雲や暗黒星雲のような星間雲では，星間物質が万有引力によって重力収縮して原始星が生まれる。原始星のエネルギー源は重力エネルギーであり，主に赤外線を放射している。原始星の中心核の温度が 1000 万K 程度まで上がり，核融合反応が始まると，可視光線でも見える主系列星になる。

③　誤り。星間雲は星間物質が周囲よりは密に集まっているものの，依然として低温である。ふつう，星間物質は希薄だから，原子どうしが結合して分子を作る確率はゼロに近いが，星間物質が比較的密な星間雲では，水素分子 H_2 や一酸化炭素 CO などの分子がつくられることがある。分子が形成された星間雲は，とくに分子雲とよばれる。近年では電波による観測によって，さらに複雑な分子も見出されている。

④　誤り。星間物質は，水素とヘリウムからなる星間ガスと，ケイ酸塩やセキボクなど重元素を含む固体微粒子である星間塵からなる。星間塵の質量は星間ガスの質量の 100 分の 1 程度と小さい。

B

問3　われわれの銀河系は，円盤部（ディスク）の直径が約10万光年，ハロー部まで含めた球の直径が約15万光年の渦巻銀河（あるいは棒渦巻銀河）である。中心部分は半径1万光年程度のふくらみであるバルジがある。太陽は，銀河中心から約2.8万光年の円盤部に位置している。

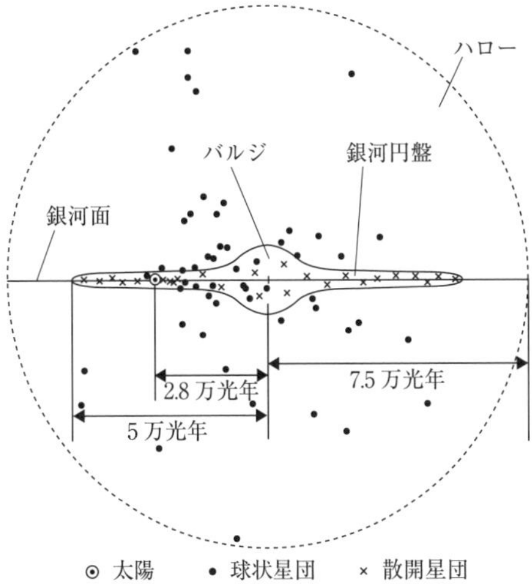

各選択肢を検討する。

① 正しい。銀河の円盤部には，星間物質が多く，重力収縮によって現在でも新しい恒星が次々と誕生している。

② 誤り。散開星団は，新しい星の集団であり，星間物質が密な銀河の円盤部に多く分布する。ハローには老齢星団である球状星団が多い（☞ ***61***）。

③ 誤り。年周光行差は，地球の公転によって恒星からの光の向きが本来と異なって見える現象である。年周光行差は地球の公転を示すだけで，天体の距離には関係しない。銀河系の大きさは，球状星団をはじめ天体の距離測定から調べる。

④ 誤り。球状星団は，円盤部を取り巻く広大なハロー部に多い。

問4　地球を含む太陽系は，銀河系の円盤部にあるため，地球から銀河系の円盤を見ると，空にかかる淡い光の帯に見える（都市部で観察するのは難しい）。この多数の星からなる光の帯が「天の川」である。「天の川」には多数の星があるから，明るく輝いているはずであるが，問題の写真のように，中央付近には暗く写る細い帯がある。これは，円盤部に星間物質が多く，星間物質の濃い部分が背後の光を吸収してしまうためにみられる。

問5　銀河の後退速度とは，銀河が地球から遠ざかる速度であり，光のドップラー効果による波長のずれから観測される。図4の回転の向きを見ると，図3のRは地球に近づこうとしており，Lは地球から遠ざかろうとしている。銀河全体が地球から遠ざかっているとき，銀河自体の後退速度よりRの後退速度は小さく，Lの後退速度は大きい。

POINT【銀河の構造】

・バルジ　…　直径2万光年の球。中心部。老齢な星とブラックホール。
・円盤部　…　直径10万光年の円盤（ディスク）。星間物質が多く，星の誕生の場。
・ハロー　…　直径15万光年の球。老齢な球状星団が分布。星間物質は少ない。

61

1994 本△

問1 ⑤　問2 ①　問3 ③　問4 ③　問5 ④

問1 星団は，星間物質から同時期に生まれた星の集団である。だから，星団の中にある星の年齢はすべて同じである。しかし，1つ1つの星の質量は異なるから，寿命は異なる。

星が一生の大半の時間を過ごす形を主系列星という。主系列星の中心部では，水素がヘリウムに変わる核融合反応が起こっている。質量が大きい主系列星ほど明るく，質量比以上に水素の消費量が多い。そのため，質量の大きい恒星から順に寿命を迎え，赤色巨星に進化する。

星団全体の色は，明るく輝く質量の大きな恒星の色の影響が大きい。星団は年月とともに質量の大きな青白い星が減っていき，寿命の長い黄色や赤色の星が目立ってくる。だから，星団の色は，青白色から黄色，赤色というように変化していく。

問2 星団は，散開星団と球状星団に大別される。

散開星団は，年齢が数千万年～数億年程度の若い恒星からなる星団である。質量が大きく明るく青白い恒星が主系列星の状態にあり，星団全体も青白く見える。銀河系では，星間物質の多い円盤部に数多く分布する。

球状星団は，年齢が数十億年～百億年程度の老齢な恒星からなる星団である。多数の恒星が球状の空間に集合している星団であり，その規模や星の個数は散開星団より大きい。年齢が古いため，重く明るい恒星は既に寿命を迎えており，寿命の長い黄色や赤色の主系列星と，赤色巨星などからなっている。ビッグバンで宇宙が誕生したのが137億年前だから，球状星団ができた当時は，宇宙の初期の頃である。かつて，銀河系は現在のような形をしておらず，球状星団は当時の運動を現在も残しているため，銀河系のハローを含む全体に分布している。

問3 星間空間には希薄な星間物質（星間ガスと固体微粒子）がある。その濃度がいくぶん高いところが星間雲である。星間物質が重力収縮すると，原始星が誕生する。原始星は，核融合反応をおこなっておらず，エネルギー源は，重力収縮による重力エネルギーである。中心温度が充分に高くなって，核融合反応が始まると，主系列星となる（☞ ***57***）。

各選択肢を検討する。

① 正しい。星間物質を材料に恒星が生まれるので，星間ガスの密度の高いところでは，恒星が生まれやすい。銀河系の円盤部の特に腕の部分は星間ガスの密度が高い。

② 正しい。小さいガス塊だと，材料が少なく，重力も小さいので，恒星は生まれない。

③ 誤り。暗黒星雲は，星間物質が密な星間雲のうち，遠方の天体の光をさえぎって黒く見える領域のことである。星間物質の多いところなので，星の生まれやすい領域である。

④ 正しい。ガス塊の重力はガス塊の内側に向き，圧力は外側に向く。重力が大きいときに，収縮して原始星が生まれる。

問4 各選択肢を検討する。

① 誤り。質量の小さい主系列星は，光度も暗く，赤っぽい。質量の大きい主系列星は，光度も明るく，青白っぽい。

② 誤り。主系列星が寿命を迎えると，膨張して赤色巨星となる。しかし，他から物質が供給されるわけではないので，質量が大きくなることはない。

③　正しい。太陽の10倍の質量を持った主系列星の明るさ（光度）は，太陽の1000倍～10000倍である（☞ ***58***）。等級では7～10等明るい。だから，太陽100個分より明るい。

④　誤り。太陽程度の質量の恒星が寿命を迎えると，赤色巨星になったのち，外層を放出して惑星状星雲を形成し，中心核は収縮して，地球サイズの白色矮星となる。

問5　球状星団の100万個の恒星が，宇宙空間の立方体の領域に均一に並んでいると仮定する。100万 = 100^3 だから，恒星は，縦に100個，横に100個，高さに100個ずつ並べばよい。立方体の一辺の長さは10パーセクであり，その一辺と平行に100個の恒星が並んでいるので，恒星と恒星の間隔は，10 ÷ 100で0.1パーセクである。

ここで〔パーセク〕は，天文学で用いられる距離の単位であり，問題文にあるように1パーセクは 3×10^{13} kmである。恒星と恒星の間隔の0.1パーセクは，3×10^{12} kmである。

一方，恒星1個の大きさは 10^6 kmだから，その比率は，次のようになる。

$$\frac{3\times10^{12}}{10^6} = 3 \times 10^6 \text{倍}$$

あるいは，次のように体積を求めてから比率を求めてもよい。

一辺が10パーセクの立方体の体積は 10^3 立方パーセクである。この体積を100万個の恒星に平均して分配すれば，1個の恒星あたりの体積は 10^3 ÷ 100万 = 10^{-3} 立方パーセクとなる。この体積となる立方体の一辺の長さは，10^{-1} パーセクであり，あとは上と同じ計算である。

計算の結果，恒星と恒星の間隔は，星の大きさの300万倍もある。星団は多数の星が密集している印象があるが，それでも，星と星の間隔は充分に離れており，互いに衝突する確率は極めて低いと言える。この間隔は，散開星団でも同程度である。

参考までに，太陽から最も近い恒星であるケンタウルス座 α 星まではおよそ1.4パーセクほどであり，星団内の間隔よりさらに10倍以上大きい。

POINT【散開星団と球状星団】

散開星団	球状星団
10^2 ～ 10^3 個の恒星	10^4 ～ 10^6 個の恒星
若い（数億年以内）	老齢（百億年程度）
円盤部に分布	ハローにも分布

62

問1　③　　問2　④　　問3　②　　問4　③　　問5　①　　問6　④

問1　光年は，天文学で用いられる距離の単位であり，光が1年間で進む距離である。よって，1光年は，秒速であらわされた光速と，1年間の秒数を掛ければ求められる。

1年の秒数は，60秒×60分×24時間×365日で，3.15×10^7 秒である。これと光速をかけるから，1光年をkmに直した値は次のとおりである。

$$1光年 = 30万 km/s \times 3.15 \times 10^7 s = 9.5 \times 10^{12} km$$

なお，天文学で使われる距離の単位をまとめておくと次の通りである。

1天文単位 = 1.5×10^8 km　（太陽〜地球の平均距離）
1　光　年 = 9.5×10^{12} km　（光が1年かけて進む距離）
1パーセク = 3.1×10^{13} km　（1パーセク = 3.26光年）

問2　太陽系には8つの惑星があり，最も外側に位置するのが太陽から約40天文単位の海王星である。しかし，そこが太陽系の果てではない。その外側には，冥王星をはじめ多数の天体があることが分かっており，太陽系外縁天体とよばれている。このうち，惑星の公転面と近い平面を公転する天体は，エッジワース・カイパーベルト天体（**ア**）とよばれ，冥王星もその一つである。また，数多くの彗星がこのベルト状の領域に達している。ところが，公転周期が200年を超える長周期彗星は，惑星の公転面と近い平面だけではなく，空間的にあらゆる方向からやってきていることが判明し，オールトの雲（**イ**）の存在が有力となった。ただし，オールトの雲の天体が具体的には確認されていない。

問3　彗星は，直径数kmの塊である頭部（コマ）と，そこから伸びる尾部からなる。彗星の核にはケイ酸塩があるが，頭部を構成する主な固体物質として，H_2O（氷），CO（一酸化炭素），CO_2（二酸化炭素，ドライアイス），NH_3（アンモニア），CH_4（メタン）などがある。彗星が太陽に近づくと，彗星が受け取る太陽放射エネルギーが増えて表面が蒸発し，流されて長い尾部が生じる。太陽から離れると，尾は見られなくなる。彗星の尾は，イオンの尾とチリの尾の2つがある。太陽からの荷電粒子の流れである太陽風のため，イオンの尾は太陽とほぼ反対向き，チリの尾は反対向きからやや曲がるように出る。条件が良ければ，地球からみて彗星の2つの尾がV字に見えることもある。

① 誤り。楕円軌道を描いて周回する彗星は多いが，放物線などの曲線を描いて，一度太陽に近づいたら二度と戻って来ないものもある。

② 正しい。彗星が軌道上に残したチリに地球が突っ込むと，チリが大気圏に飛び込んで発光する。これが流星である。チリを残した彗星を流星群の母天体という。

③ 誤り。上記のとおり，太陽に近づくと彗星からは尾が伸びるが，それは太陽に対し反対側，あるいは，反対側から曲がって進む後方に伸びる。

④ 誤り。彗星の中には水星軌道の内側へ入って太陽に接近するものも多い。中には太陽に近づきすぎて分裂したり蒸発したりして消滅するものもある。

問4　われわれの銀河系は，バルジ，円盤部（ディスク），ハローからなり，ハローの直径は約15万光年（**ウ**）である（☞ ***60***）。

銀河系は，大小マゼランやアンドロメダ銀河とともに40個ほどの銀河からなる局部銀河群（**エ**）を形成している。また，数百～数千の銀河の集まりが銀河団（**オ**）である。銀河群や銀河団は集まって超銀河団を形成している。われわれの局部銀河群は，おとめ座銀河団を中心とする局部超銀河団を形成している。

問5　問題のアンドロメダ銀河や，われわれの銀河系をはじめ，宇宙には多数の銀河が存在する。銀河の規模は，大小さまざまではあるが，各々 10^{10} ～ 10^{12} 個程度の恒星を含み，平均的な直径が 10^4 パーセク程度である。銀河の分類として，下図のようなハッブルの分類法がしばしば用いられる。

渦巻銀河は，バルジ（中心部）と渦巻き構造をもつ円盤部（ディスク）からできている。円盤部には星間物質を多く含み，渦巻の腕の部分には年齢の若い青く明るい星が数多く見られる。アンドロメダ銀河はこの形である。

棒渦巻銀河は渦巻銀河とほぼ同様の性質である。中央に天体が棒状に分布する構造があり，その両端から渦巻きの腕が出ている。

楕円銀河は，星間物質が少なく，若い青白色の恒星に乏しい。見かけの形は偏平であり，主に年齢の古い赤色や黄色の恒星からなっている。

不規則銀河は上記以外の形の銀河である。成因はさまざまで，銀河と銀河どうしの衝突など相互作用で変形したものもあれば，渦巻きの腕の形が崩れて変形したものもあり，さまざまである。大マゼラン雲や小マゼラン雲は不規則銀河に分類されているが，渦巻銀河とする考え方もある。

われわれの銀河系は渦巻銀河に分類されていたが，近年では棒渦巻銀河ではないかとする説が有力になりつつある。

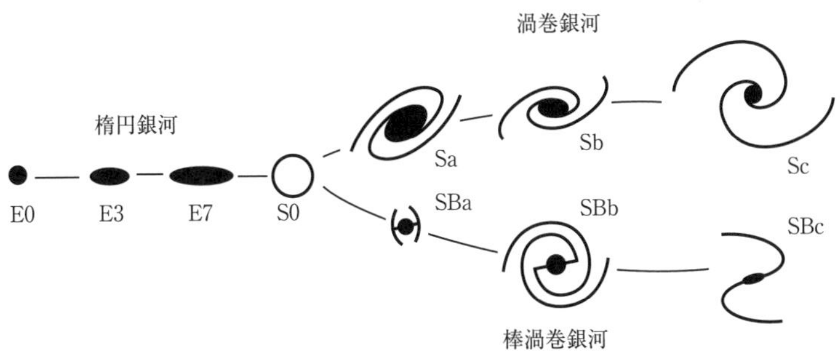

問6　銀河は宇宙の中で均一には分布していない。銀河が密集した超銀河団が帯状に連なっており，銀河がほとんど分布しない空洞（ボイド）とよばれる直径1億光年ほどの空間の周りを取り巻くように分布している。このように，宇宙の大規模構造は泡構造ともいわれる。

63

A：2006 追○　B：2016 本★

問1　④	問2　③	問3　①	問4　③	問5　①

A

問1　問題文および図で示されるように，銀河が地球から遠ざかる速度（後退速度）v は，地球からその銀河までの距離 r に比例している（$v = Hr$）。この関係は，1929 年にハッブル（アメリカ）によって見出され，それとは別に，1927 年にルメートル（ベルギー）も見出していた。今後は，ハッブル・ルメートルの法則とよばれるようになる。

この法則は，遠い銀河ほど速い速度で遠ざかっていることを意味し，宇宙が膨張していることのあらわれといえる。なお，われわれの銀河系の内部にある天体や，われわれの銀河系の近縁にある銀河のように，近距離の天体どうしには，この法則は適用できない。引力で結びついているためである。

① コペルニクス（ポーランド）は，16 世紀半ばに地動説を主張した。

② ケプラー（ドイツ）は，17 世紀初頭に，惑星の運動に関する 3 法則を見出した。

③ アインシュタイン（ドイツ）は，20 世紀前半に相対性理論など現代物理学の基礎を築いた。

問2　問題の図によると，10 万 km/s の後退速度を持つ銀河の距離はおよそ 35 億光年である。後退速度と距離が比例している関係から，その 3 倍の 30 万 km/s の後退速度を持つ銀河の距離はおよそ 35 億 × 3 でおよそ 100 億光年である。

なお，後退速度 v は，銀河から来る光のドップラー効果によるスペクトル線のずれ（赤方偏移）を観測して求められる。

問3　宇宙空間には，きわめて希薄な星間ガスと星間塵があり，これらを星間物質とよんでいる。星間ガスの組成は，主に約 90 % の水素と約 10 % のヘリウムである。星間塵は，星間ガスよりもさらに少なく，ごくわずかのケイ酸塩など固体微粒子からなる。

星間物質の濃度の高い領域を星間雲という。星間雲の大きさは 10 光年程度である。星間雲の密度が高くなると，原子どうしが結び付いた水素分子 H_2 や一酸化炭素 CO などの分子がみられるようになり，やがて星間物質の重力収縮によって原始星が誕生する。原始星の放射エネルギーの起源は，重力エネルギー（位置エネルギー）であり，まだ核融合反応ははじまっていない。数百万年～数千万年ほど経って原始星の中心部の温度が充分に上昇すると，水素がヘリウムに変わる核融合反応が始まり，主系列星となる。

問4　恒星はその一生の大部分の時間を主系列星として過ごす。主系列星の内部では水素からヘリウムをつくる核融合反応がおこっている。水素が 1 割ほど減少すれば，ヘリウムがさらに重い炭素や酸素に変わる核融合反応が始まり，巨星になる。巨星内部では順次重い元素がつくられていき，重い星では鉄までの元素がつくられる。

各選択肢を検討する。

① 正しい。炭素や酸素など鉄までの元素は，巨星の内部でつくられる。また，重い恒星の最期である超新星爆発のときにも核融合は起こる。超新星爆発のとき，鉄より重い元素もつくられる。

② 正しい。木星の質量は太陽の 1000 分の 1 程度であり，軽すぎて恒星になれなかった星で

ある。木星程度の質量では内部の圧力が充分に高まらず，核融合反応はできない。恒星（主系列星）になるには，少なくとも太陽の0.1倍くらいの質量が必要だと考えられている。

③　誤り。主系列星の間は炭素がつくられることはないが，太陽程度の恒星でも巨星の段階に進めば炭素などがつくられる。

④　正しい。巨星以降の核融合反応は，恒星の質量によって差異があるが，重い恒星であれば最終的に鉄までの元素がつくられる。鉄より重い元素は超新星爆発の際につくられる。

B

問5　図2は，半径方向の1目盛りが1億光年であり，点の1つ1つは銀河である。つまり，この図は宇宙の大規模構造，宇宙における銀河の分布を示したものである。この図を見ると，銀河は宇宙に均一に分布しているわけではない。

各選択肢を検討する。

①　誤り。問1で解説したように，われわれの銀河系からの距離が遠い銀河ほど，われわれから離れていく後退速度が大きい。距離が等しいならば，後退速度も等しい。ハッブル・ルメートルの法則は，われわれの銀河系を宇宙の中心として特別扱いしている法則ではない。宇宙のどこからでも同じ法則が成り立っている。

本問の図1では，銀河系から4.7億光年の距離にある銀河A，銀河Bの後退速度がともに10000 km/sである。銀河系から銀河A，銀河Bまでの距離は等しく，間の角が60°だから，三者を結ぶと正三角形となる。よって，銀河Aから銀河Bまでの距離もまた4.7億光年であり，銀河Aからみた銀河Bの後退速度も10000 km/sである。

②　正しい。光年は距離の単位で，光が1年間に進む距離である。銀河Aは地球から4.7億光年の距離にあるから，銀河Aの光が地球に届くのに4.7億年かかる。だから，いま地球から銀河Aを観測することは，4.7億年前の銀河Aを観測していることに他ならない。このように，宇宙の遠方を見ることは，過去を見ていることと同じである。

③　正しい。宇宙で銀河は均一に分布していない。直径1～2億光年ほどの，銀河の少ない超空洞（ボイド）があり，超空洞と超空洞の間の狭い空間に銀河が壁のように密集している（グレートウォール）。

④　正しい。銀河系からの向きに関わらず，遠い銀河ほど後退速度が速いのは，個々の銀河の勝手な運動をとらえているのではなく，宇宙全体が膨張しているためにみられる現象と考えてよい。図2のスケールでは，個々の銀河の勝手な運動は無視できるくらい小さい。

M E M O

M E M O

M E M O